U0655785

华为
HCIA-Datacom
认证通关题库详解

（视频讲解+在线刷题）

刘伟◎编著

清华大学出版社
北京

内 容 简 介

本书以新版的华为网络技术职业认证 HCIA-Datacom（考试代码为 H12-811）为基础，从考证的实际情况出发组织全部内容。全书共分三篇，第 1 篇介绍华为 HCIA-Datacom 认证考试报考及考试流程，第 2 篇介绍华为 HCIA-Datacom 认证考试高频考点讲解，第 3 篇介绍华为 HCIA-Datacom 考试试题。附录为考试试题的参考答案。

本书既可以作为华为 ICT 学院的备考用书，用于增强学生的理论知识能力，也可以作为计算机网络相关专业的参考书，还可以作为相关企业的培训教材。对于从事网络管理和运维的技术人员来说，也是一本很实用的技术参考书。

版权所有，侵权必究。举报：010-62782989，beiqinquan@tup.tsinghua.edu.cn。

图书在版编目（CIP）数据

华为 HCIA-Datacom 认证通关题库详解：视频讲解+在线刷题 / 刘伟编著.
北京 ：清华大学出版社，2025. 8. -- ISBN 978-7-302-70252-8
Ⅰ. TP393
中国国家版本馆 CIP 数据核字第 20255G9E05 号

责任编辑：袁金敏
封面设计：刘　超
责任校对：徐俊伟
责任印制：丛怀宇
出版发行：清华大学出版社
　　　　　网　　　址：https://www.tup.com.cn，https://www.wqxuetang.com
　　　　　地　　　址：北京清华大学学研大厦 A 座　　　　邮　　编：100084
　　　　　社 总 机：010-83470000　　　　　　　　　　邮　　购：010-62786544
　　　　　投稿与读者服务：010-62776969，c-service@tup.tsinghua.edu.cn
　　　　　质量反馈：010-62772015，zhiliang@tup.tsinghua.edu.cn
印 装 者：三河市君旺印务有限公司
经　　销：全国新华书店
开　　本：190mm×235mm　　　　印　　张：14.5　　　　字　　数：360 千字
版　　次：2025 年 10 月第 1 版　　　印　　次：2025 年 10 月第 1 次印刷
定　　价：59.80 元

产品编号：107047-01

前　言

编写背景

　　随着网络技术的迅猛发展，5G、物联网、云计算等新技术不断普及，网络环境日趋复杂。这不仅催生了行业对具备专业知识和技能的复合型网络技术人才的需求，也对相关人才的培训与认证提出了更高的要求。作为全球通信设备市场的佼佼者，华为的产品线覆盖路由、交换、安全、无线、存储、云计算等诸多领域，为全球用户提供了一站式的解决方案。

　　为了满足行业对高素质、高水平网络技术人才的需求，华为推出了 HCIA、HCIP、HCIE 系列职业认证。这些认证不仅得到了业界的广泛认可，更成为衡量网络技术人才能力的重要标准。

　　作为华为网络技术职业认证体系中的一员，HCIA-Datacom 认证旨在培养初学者和从业者在数据通信领域的实践操作能力，为他们未来的职业发展奠定坚实基础。通过此认证的人员，不仅具备基本的网络配置、故障排除和网络安全防护能力，更能满足企业在基础网络技术人才方面的需求。

　　本书作者从事教育工作多年，对大学生的技能水平和企业的用人需求有着深入的了解。针对网络初学者在理论知识和设备操作能力上的不足，结合自己多年的实践与教学经验，精心编写了本书。本书不仅严格按照华为官方考试大纲进行内容设计，更结合市场需求梳理知识内容，为读者提供详细的试题解析，并提供必要的资源辅助读者学习成长。真正实现学练一体，帮助读者更好地掌握网络技术的实际应用。

作者寄语

　　"读书之法，在循序而渐进，熟读而精思"，建议读者在学习本书时，可以参考以下学习方法。

　　（1）对于理论知识，要先学会总结，然后去理解和记忆。

　　华为相关技术的知识点特别多，有的读者学完以后去找相关的工作，面试官问的问题他都觉得学过，但就是答不上来。所以读者在学习的过程中，一定要对所学的知识点进行提炼和总结，然后再记忆，这样才能在面试时从容应对。本书对应教材《华为 HCIA-Datacom 网络技术学习指导（视频讲解+在线刷题）》和《华为 HCIA-Datacom 网络技术实验指导（视频讲解+在线刷题）》，对华为 HCIA-Datacom 的每个知识点都进行了总结，方便读者记忆。

　　（2）多做实验，提高操作能力和排错能力。

　　华为的职业认证比较注重学员的动手能力，所以读者在平时的学习中要加强操作能力和排错能力的培养。俗话说："熟读唐诗三百首，不会作诗也会吟。"本书大部分篇幅都在讲解实验习题，就是希望读者通过实践提高操作能力和排错能力。

（3）多问为什么，每个知识点的问题都要及时解决。

许多学生在刚开始学一门技术时，很有激情，能全身心地投入。但是当遇到问题时，他们觉得请教同学和老师是一件很难为情的事情，等问题积累得越来越多时，慢慢就听不懂老师所讲的内容了，也做不出来实验了，最后对这门课就失去了信心。所以一定要记得多请教，有问题马上解决，这样才能时刻保持钻研技术的激情，从而把一门技术学好、学透。

（4）不理解的内容多看几遍，反复学，肯定可以学会。

面对初次接触的新技术，感到困惑和挑战是难免的。但请记住，每一次的反复学习和实践都是通往精通之路的基石。初始的不理解，正是知识探索的起点。面对海量的内容，记不住是常态，正是这些反复的挑战，最终造就了读者的掌握和理解。所以，不要被初次的困难所吓倒，每一次的坚持和重复，都是通往精通的必经之路。

本书资源及服务

（1）教学视频。本书提供关键知识点的教学视频，读者可使用手机扫描书中各知识点旁边的二维码观看教学视频。

（2）在线刷题。本书提供在线刷题小程序进行在线刷题，读者可扫描以下二维码进入在线刷题平台。

（3）技术支持。若您在学习本书的过程中发现疑问或错漏之处，也可通过扫描以下技术支持二维码与我们取得联系。您可以进入读者交流群，与更多读者在线交流学习，也可以通过技术支持或者售后服务与我们取得联系，感谢您的支持。

本书刷题二维码

技术支持二维码

本书作者

本书由长沙卓应教育咨询有限公司的刘伟编写并统稿，针对庞大的华为网络及其复杂技术编写一本适合学生的题库确实不是一件容易的事情，衷心感谢长沙卓应教育咨询有限公司各位领导的支持和指导。本书的顺利出版也离不开清华大学出版社编辑的支持与指导，在此一并表示衷心的感谢。

尽管本书经过作者与出版社编辑的精心审读与校对，但限于时间、篇幅，难免存在疏漏之处，请各位读者不吝赐教。

编著

2025 年 8 月

目　　录

第 1 篇　华为 HCIA-Datacom 认证考试报考及考试流程 1
　　1.1　华为 Datacom 认证考试介绍 2
　　　　1.1.1　什么是 Datacom 认证 2
　　　　1.1.2　Datacom 不同级别考试报考科目 3
　　1.2　华为认证考试流程 3
第 2 篇　华为 HCIA-Datacom 认证考试高频考点讲解 5
　　2.1　考试内容 6
　　2.2　知识点占比 6
　　2.3　HCIA-Datacom 重要知识点梳理 8
　　　　2.3.1　数据通信和网络基础 8
　　　　2.3.2　构建互联互通的 IP 网络 10
　　　　2.3.3　构建以太网交换网络 14
　　　　2.3.4　网络安全基础与网络接入 19
　　　　2.3.5　网络服务与应用 21
　　　　2.3.6　WLAN 基础 21
　　　　2.3.7　网络管理与运维 24
　　　　2.3.8　IPv6 基础 25
　　　　2.3.9　SDN 与自动化基础 27
第 3 篇　华为 HCIA-Datacom 考试试题 28
　　第 1 章　数据通信和网络基础 29
　　第 2 章　构建互联互通的 IP 网络 42
　　第 3 章　构建以太网交换网络 63
　　第 4 章　网络安全基础与网络接入 100
　　第 5 章　网络服务与应用 110
　　第 6 章　WLAN 基础 116
　　第 7 章　广域网基础 120
　　第 8 章　网络管理与运维 126
　　第 9 章　IPv6 基础 131
　　第 10 章　SDN 与自动化基础 133
附录　参考答案 136
　　第 1 章　数据通信和网络基础 137

第 2 章　构建互联互通的 IP 网络 147

第 3 章　构建以太网交换网络 166

第 4 章　网络安全基础与网络接入 189

第 5 章　网络服务与应用 196

第 6 章　WLAN 基础 201

第 7 章　广域网基础 207

第 8 章　网络管理与运维 213

第 9 章　IPv6 基础 218

第 10 章　SDN 与自动化基础 221

第 1 篇

华为 HCIA-Datacom 认证考试报考及考试流程

1.1 华为 Datacom 认证考试介绍

华为认证是华为技术有限公司（简称"华为"）基于"平台+生态"战略，围绕"云-管-端"协同的新 ICT（Information and Communication Technology，信息与通信技术）技术架构，打造的业界覆盖 ICT 领域最广的认证体系，包含"ICT 技术架构认证""平台与服务认证""行业 ICT 认证"三类认证。

根据 ICT 从业者的学习和进阶需求，华为认证分为工程师级别、高级工程师级别和专家级别三个认证等级，如图 1.1 所示。

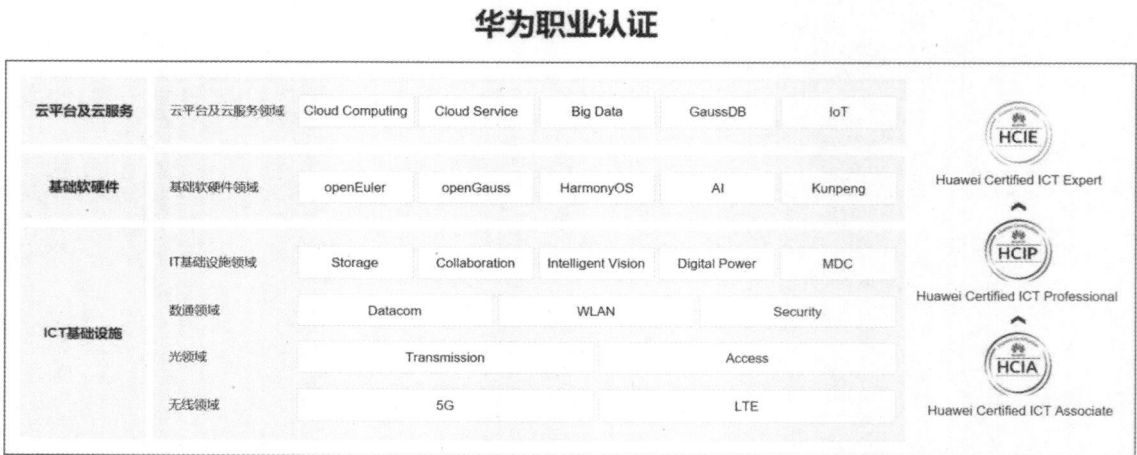

图 1.1 华为职业认证界面

1.1.1 什么是 Datacom 认证

华为职业认证覆盖 ICT 全领域，截至 2024 年，已经拥有 20 多个技术方向，100 多门认证考试，而作为华为网络技术职业认证体系中的"核心成员"，华为 Datacom 认证已经成为覆盖领域最广、学习人数最多、报考人数占比最高的认证考试。

Datacom（Data Communication，数据通信）属于 ICT 技术架构与应用类别（华为认证包含 ICT 技术架构与应用、云服务与平台两类认证）。作为 Routing & Switching 认证的升级版，Datacom 认证已于 2020 年 4 月 18 日正式发布（各等级认证发布时间详情请见官网），并行期结束后将取代 Routing & Switching 认证成为华为构建数通人才能力的标准。Datacom 认证架构如图 1.2 所示。

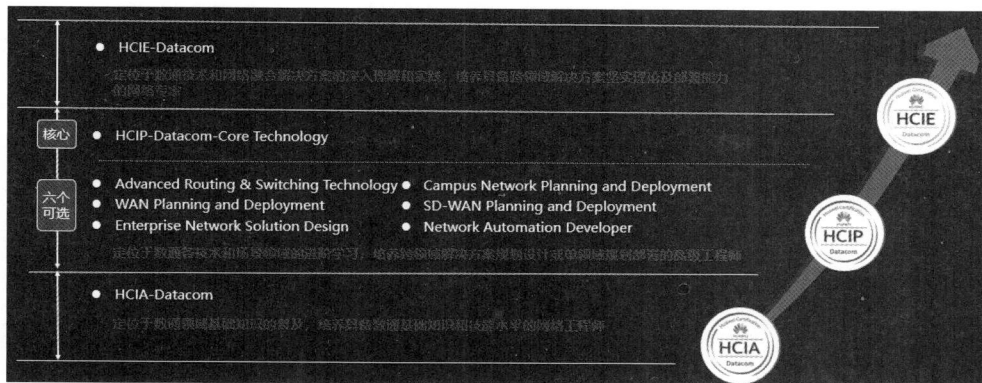

图 1.2　Datacom 认证架构

1.1.2　Datacom 不同级别考试报考科目

根据不同方向定位，Datacom 认证考试设置了多个子方向。其中，HCIA-Datacom 作为 Datacom 初级认证，有且只有一门考试科目。下面以 Datacom 不同级考试报考科目为例介绍考试细节（见表 1.1～表 1.3）。

表 1.1　华为 HCIA-Datacom 认证考试

考试科目	考试代码	语言	考试费用	考试时间	通过分数	考试题型	总分
HCIA-Datacom	H12-811	CHS/ENU	200USD	90 分钟	600 分	选择/判断	1000 分

表 1.2　华为 HCIP-Datacom 认证考试

考试科目	考试代码	语言	考试费用	考试时间	通过分数	考试题型	总分
HCIP-Datacom-Core Technology	H12-821	CHS/ENU	300USD	90 分钟	600 分	选择/判断/填空/拖曳	1000 分
HCIP-Datacom-Advanced Routing & Switching Technology	H12-831	CHS/ENU	180USD	90 分钟	600 分	选择/判断/填空/拖曳	1000 分

表 1.3　华为 HCIE-Datacom V1.0 认证考试

考试科目	考试代码	语言	考试费用	考试时间	通过分数	考试题型	总分
HCIE-Datacom 笔试	H12-891	CHS/ENU	300USD	90 分钟	600 分	选择/判断/填空/拖曳	1000 分
HCIE-Datacom 机试	H12-892	CHS/ENU	8000CNY	480 分钟	80 分	实验/论述	100 分

1.2　华为认证考试流程

华为认证笔试考试由 Pearson VUE 考试服务公司代理。华为认证不同级别、不同方向的认证考试具有不同的考试要求与流程。华为认证考试主要包含以下几个流程，如图 1.3 所示。

图 1.3　华为认证考试流程

步骤 1：可以在 Pearson VUE 官网、华为官网或培训机构购买数字考券。

步骤 2：在华为人才在线官网和 Pearson VUE 官网完成考试预约报名，选择考试的时间和地点。

步骤 3：在报名时间前往 Pearson VUE 考试中心（笔试考试）或华为 HCIE 考试中心（实验考试）完成考试。

步骤 4：通过考试后，可以在华为人才在线官网下载证书。

步骤 5：证书的有效期为 3 年，过期前要重新参加笔试（重考当前证书级别的必考科目或参加当前考试更高一级的笔试科目）刷新证书。

华为认证报名及考试流程

第 2 篇

华为 HCIA-Datacom
认证考试高频考点讲解

华为 HCIA-Datacom 认证考试

认证名称	考试代码	考试名称	语言	考试费用	考试时长	通过分数/总分
HCIA-Datacom	H12-811	HCIA-Datacom V1.0	CHS/ENU	200USD	90 分钟	600/1000

2.1 考试内容

HCIA-Datacom V1.0 考试覆盖数通基础知识，包括 TCP/IP 协议栈基础知识，OSPF 路由协议的基本原理及其在华为路由器中的配置实现。以太网技术、生成树协议、VLAN 原理、堆叠技术及其在华为交换机中的配置实现，网络安全技术及其在华为路由交换设备中的配置实现，WLAN 相关技术与基本原理及其在华为无线设备中的配置实现，SNMP 等网络管理的基本原理，PPP 等广域网协议的基本原理及其在华为路由器中的配置实现，IPv6 的基础知识以及 ICMPv6、DHCPv6 协议的基本原理和配置实现，SDN 的基本原理以及华为相应产品与解决方案的实现，编程自动化基本原理。

2.2 知识点占比

华为 HCIA-Datacom 章节内容及其占比如表 2.1 所示。

表 2.1 华为 HCIA-Datacom 章节内容及其占比

章 节	占比
数据通信和网络基础	8%
构建互联互通的 IP 网络	27%
构建以太网交换网络	28%
网络安全基础与网络接入	8%
网络服务与应用	5%
WLAN 基础	10%
广域网基础	3%
网络管理与运维	3%
IPv6 基础	5%
SDN 与自动化基础	3%

数据通信和网络基础
- 数通基础知识。
- 网络基本概念、IP 网络构架、标准化组织与协议。
- OSI 和 TCP/IP 协议模型结构、各个层次的功能以及报文封装。
- ARP 原理。
- TCP/UDP 原理。

- 数据转发过程。
- 园区网络基本概念及其生命周期。
- VRP 系统基本原理及操作。

构建互联互通的 IP 网络
- IPv4 协议基础（基本概念、地址分类、子网划分）。
- IP 路由基础以及三层设备的转发原理。
- 静态路由原理、OSPF 协议基本原理以及在 VRP 中的实现。
- 如何在华为路由器上使用静态、OSPF 等技术构建小型路由网络。

构建以太网交换网络
- 以太网技术、交换机基本原理。
- STP、RSTP、VLAN 基本原理以及在 VRP 中的实现。
- 链路聚合、堆叠等技术的基本原理以及配置实现。
- 如何在华为交换机上使用 STP、RSTP、VLAN 等技术构建小型交换网络。

网络安全基础与网络接入
- ACL 的基本原理以及配置方法。
- AAA 的原理及应用场景。
- NAT 的基本原理。
- NAT 的应用场景以及相对应的配置方法。

网络服务与应用
- Telnet、FTP、TFTP、DHCP、HTTP、NTP 基本原理。
- FTP、Telnet、DHCP 的基本配置。

WLAN 基础
- WLAN 基本概念（802.11 协议族、基本设备、基本组网）。
- WLAN 基本工作流程。
- WLAN 基本配置。

广域网基础
- 广域网基本概念。
- PPP 与 PPPoE 配置。
- MPLS/SR 基本概念。

网络管理与运维
- 网络管理基本概念。
- SNMP 协议基础。
- 华为 SDN 网管与运维解决方案基本概念。

IPv6 基础
- IPv6 基础（地址结构、报文结构、地址分类）。
- IPv6 地址配置方式及过程。

➘ IPv6 静态路由配置。

SDN 与自动化基础

➘ SDN 基本概念及华为产品与解决方案。

➘ NFV 基本概念及华为产品与解决方案。

➘ 自动化运维基本概念。

➘ Python 基础。

2.3 HCIA-Datacom 重要知识点梳理

2.3.1 数据通信和网络基础

1．网络类型

➘ 局域网（LAN）：在某一地理区域内由计算机、服务器以及各种网络设备组成的网络。局域网的覆盖范围一般是方圆几千米以内。典型的局域网有一家公司的办公网络、一个网吧的网络、一个家庭网络等。

➘ 城域网（MAN）：在一个城市范围内所建立的计算机通信网络。典型的城域网有宽带城域网、教育城域网、市级或省级电子政务专网等。

➘ 广域网（WAN）：通常覆盖很大的地理范围，从几十公里到几千公里。它能连接多个城市甚至国家，并能提供远距离通信，形成国际性的大型网络。典型的广域网有 Internet（因特网）。

2．网络拓扑

常见的网络拓扑类型如图 2.1 所示。

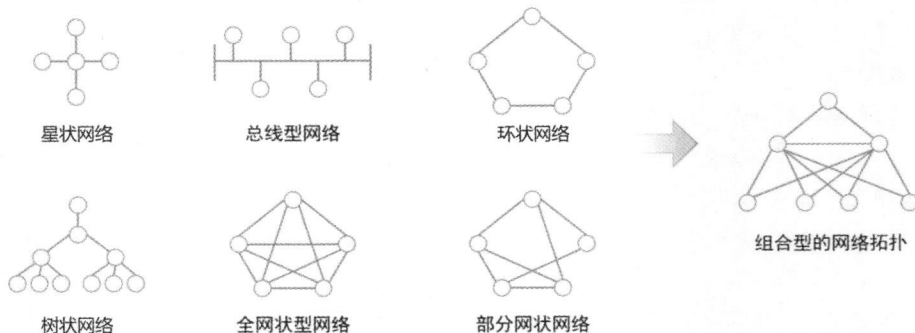

星状网络　　　　总线型网络　　　　环状网络

树状网络　　　全网状型网络　　　部分网状网络

组合型的网络拓扑

图 2.1　常见的网络拓扑类型

3．OSI 参考模型

OSI 参考模型如图 2.2 所示。

7. 应用层	对应用程序提供接口
6. 表示层	进行数据格式的转换,以确保一个系统生成的应用层数据能够被另外一个系统的应用层所识别和理解
5. 会话层	在通信双方之间建立、管理和终止会话
4. 传输层	建立、维护和取消一次端到端的数据传输过程。控制传输节奏的快慢,调整数据的排序等
3. 网络层	定义逻辑地址;实现数据从源到目的地的转发
2. 数据链路层	将分组数据封装成帧;在数据链路上实现数据的点到点或点到多点方式的直接通信;差错检测
1. 物理层	在媒介上传输比特流;提供机械的和电气的规约

图 2.2　OSI 参考模型

4. TCP/IP 参考模型

TCP/IP 参考模型与 OSI 参考模型如图 2.3 所示。

图 2.3　TCP/IP 参考模型与 OSI 参考模型

5. VRP 系统命令行视图

VRP 的视图可以分为用户视图、系统视图、接口视图、协议视图等,如图 2.4 所示。

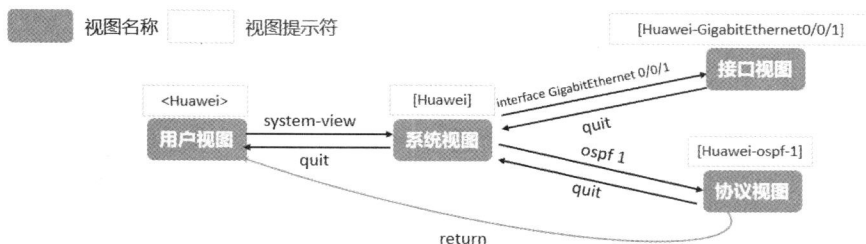

图 2.4　华为设备的 VRP 视图

6. VRP 的常用快捷操作

VRP 的常用快捷操作如表 2.2 所示。

表 2.2　VRP 的常用快捷操作

快捷键	功　能
Ctrl+A	把光标移动到当前命令行的最前端
Ctrl+E	把光标移动到当前命令行的最尾端
Ctrl+C	停止当前命令的运行
Ctrl+Z	直接回到用户视图
Ctrl+]	终止当前连接或切换连接，如终止 Telnet 连接等
Ctrl+U	删除整行命令行
Backspace	刷除光标左边的第一个字符
Ctrl+B or <	光标左移一位
Ctrl+F or >	光标右移一位
Tab	输入一个不完整的命令并按 Tab 键，就可以补全该命令；读者可以多按几次 Tab 键体验一下结果

2.3.2　构建互联互通的 IP 网络

1．IP 地址分类（有类编址）

为了方便 IP 地址的管理及组网，将 IP 地址分成五类，如图 2.5 所示。

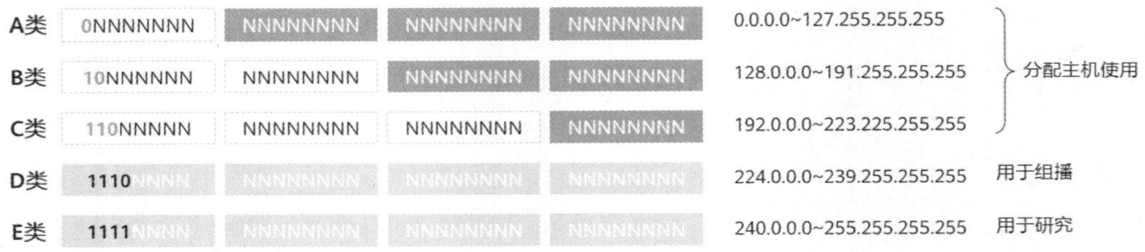

图 2.5　IP 地址分类

A/B/C 类 IP 地址的默认网络掩码。

A 类：8 位，0.0.0.0～127.255.255.255/8

B 类：16 位，128.0.0.0～191.255.255.255/16

C 类：24 位，192.0.0.0～223.255.255.255/24

我们通常把一个网络号所定义的网络范围称为一个网段。

网络地址：用于标识一个网络。

例如：192.168.10.0/24

192.	168.	10.	00000000

广播地址：用于向网络中的所有主机发送数据的特殊地址。

例如：192.168.10.255/24

192.	168.	10.	11111111

可用地址：可分配给网络中的节点或网络设备接口的地址。

例如：192.168.10.1/24

192.	168.	10.	00000001

📢 注意：

> 网络地址和广播地址不能直接被节点或网络设备所使用。
>
> 一个网段可用地址数量为：$2^n - 2$（n：主机部分的比特位数）。

2. IP 地址计算

以 172.16.10.1/16 为例，IP 地址计算规则如图 2.6 所示。

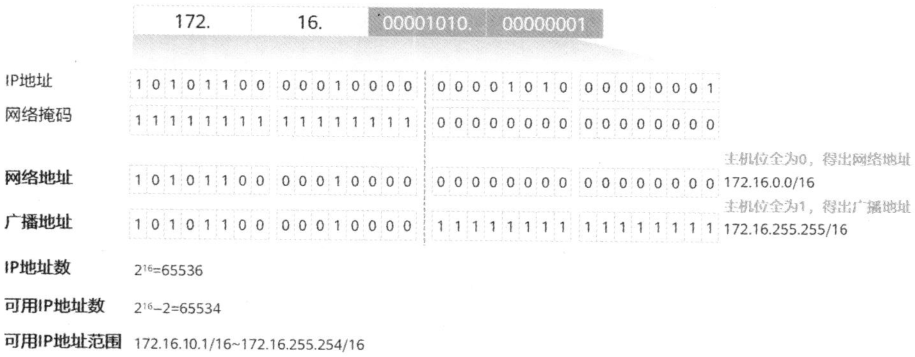

	172.	16.	00001010.	00000001

IP地址	10101100 00010000	00001010 00000001
网络掩码	11111111 11111111	00000000 00000000
网络地址	10101100 00010000	00000000 00000000	主机位全为0，得出网络地址 172.16.0.0/16
广播地址	10101100 00010000	11111111 11111111	主机位全为1，得出广播地址 172.16.255.255/16

IP地址数　　　$2^{16}=65536$

可用IP地址数　$2^{16}-2=65534$

可用IP地址范围　172.16.10.1/16~172.16.255.254/16

图 2.6　IP 地址计算规则

思考：B 类地址的网络地址、广播地址以及可用地址数分别是什么？

3. 特殊 IP 地址

在 IP 地址空间中，有一些特殊的 IP 地址，这些 IP 地址有特殊的含义和作用，举例如表 2.3 所示。

表 2.3　特殊 IP 地址

特殊 IP 地址	地址范围	作　用
有限广播地址	255.255.255.255	可作为目的地址，发往该网段所有主机（受限于网关）
任意地址	0.0.0.0	"任何网络"的网络地址；"这个网络上这个主机接口"的 IP 地址
环回地址	127.0.0.0/8	测试设备自身的软件系统
本地链路地址	169.254.0.0/24	当主机自动获取地址失败后，可使用该网段中的某个地址进行临时通信

4．路由信息获取方式

路由器依据路由表进行路由转发，为实现路由转发，路由器需要发现路由。常见的路由获取方式如图 2.7 所示。

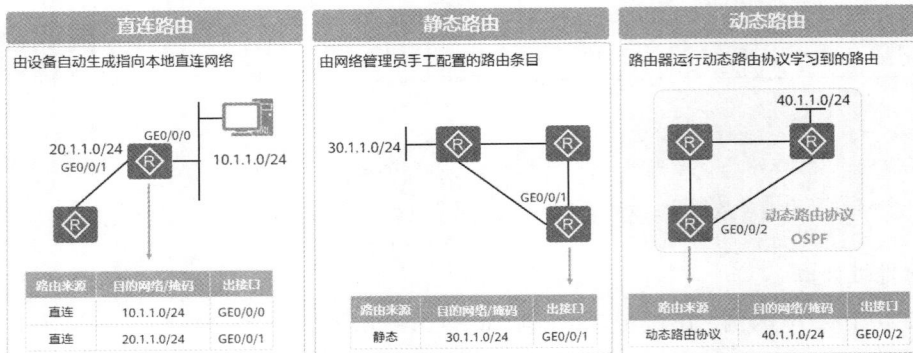

图 2.7　常见的路由获取方式

5．查看 IP 路由表

IP 路由表参数类型如图 2.8 所示。

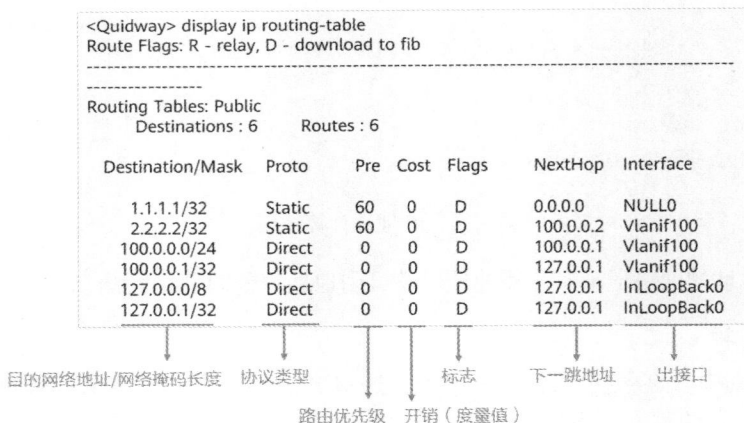

图 2.8　IP 路由表参数类型

- ❯ Destination/Mask：表示此路由的目的网络地址与网络掩码长度。将目的地址和子网掩码"逻辑与"后可得到目的主机或路由器所在网段的地址。例如，目的地址为 1.1.1.1，掩码为 255.255.255.0 的主机或路由器所在网段的地址为 1.1.1.0。
- ❯ Proto（Protocol）：路由的协议类型，即路由器是通过什么协议获知该路由的。
- ❯ Pre（Preference）：表示路由协议优先级。针对同一目的地，可能存在不同的下一跳、出接口等多条路由，这些不同的路由可能是由不同的路由协议发现的，也可以是手工配置的静态路由。优先级最高（数值最小）者将成为当前的最优路由。

↪ Cost：路由开销。当到达同一目的地的多条路由具有相同的路由优先级时，路由开销最小的将成为当前的最优路由。

↪ NextHop：表示对于本路由器而言，到达该路由指向的目的网络的下一跳地址。该字段指明了数据转发的下一个设备。

↪ Interface：表示此路由的出接口。指明数据将从本路由器的哪个接口转发出去。

6．OSPF

（1）OSPF 特性。

① 版本：V2 支持 IPv4，V3 支持 IPv6。

② 基于 SPF 算法，也称为 Dijkstra 算法。

③ 使用组播收发部分协议报文，组播地址：224.0.0.5、224.0.0.6。

④ 支持区域划分。

⑤ 支持等价路由。

⑥支持报文认证（明文、密文）。

（2）OSPF 专业术语。

① Router-ID：用于在一个 OSPF 域中唯一地标识一台路由器。

② Area：区域用于逻辑上将设备划分为不同的组，每个组用区域号（Area ID）来标识。

③ Cost：Cost 值 $= \dfrac{100\text{Mbit/s}}{\text{接口带度}}$。其中，100Mbit/s 为 OSPF 指定的默认参考值。

④ 进程号：OSPF 支持多进程，在同一台设备上可以运行多个不同的 OSPF 进程，它们之间互不影响，彼此独立。

（3）OSPF 维护三张表。

① 邻居表：用于查看 OSPF 路由器之间的邻居状态，使用命令 display ospf peer 查看。

② LSDB 表：用于保存路由器自己产生的及从邻居路由器收到的 LSA 信息，使用命令 display ospf lsdb 查看 LSDB 表。

③ OSPF 路由表：包含 Destination、Cost 和 NextHop 等指导报文转发的信息，使用命令 display ospf routing 查看 OSPF 路由表。

（4）OSPF 的包文类型。

① Hello：发现和维护邻居关系。

② Database Description：交互链路状态数据库摘要。

③ Link State Request：请求特定的链路状态信息。

④ Link State Update：发送详细的链路状态信息。

⑤ Link State Ack：发送确认报文。

（5）OSPF 的邻居状态。

① down：邻居的初始状态，表示没有从邻居收到任何信息。

② init：收到 Hello 报文，但是自己不在所收到的 Hello 报文的邻居列表中。

③ two-way：收到对方的 hello 包，而且在 hello 包里看到自己的 Router-ID。

④ extart：发送 DD 包，此状态的作用是选 DR/BDR。

⑤ exchange：相互发送包含链路状态信息摘要的 DD 报文，描述本地 LSDB 的内容。

⑥ loading：相互发送 LSR 报文请求 LSA，发送 LSU 通告 LSA。

⑦ full：两台路由器的 LSDB 已经同步。

（6）DR/BDR 的选择原则。

① 等待 40s。

② 比较优先级：默认为 1，范围为 0～255，0 不能参与选举。

③ 比较 Router-ID。

2.3.3　构建以太网交换网络

在网络中传输数据需要遵循一些标准，以太网协议定义了数据帧在以太网上的传输规范，了解以太网协议是充分掌握数据链路层通信原理的基础。而以太网交换机作为实现数据链路层通信的主要设备，了解其工作原理也是十分必要的。

1．Ethernet_Ⅱ格式

以太网技术所使用的帧称为以太网帧（Ethernet Frame），或简称以太帧。以太帧 Ethernet_Ⅱ 的格式如表 2.4 所示。

表 2.4　以太帧 Ethernet_II 的格式

DMAC(6B)	SMAC(6B)	Type(2B)	DATA(46～1500B)	FCS(4B)

（1）DMAC：目的 MAC 地址，6B，该字段标识帧的接收者。

（2）SMAC：源 MAC 地址，6B，该字段标识帧的发送者。

（3）Type：协议类型，2B，常见值如下。

➘ 0x0800：Internet Protocol Version 4 (IPv4)。

➘ 0x0806：Address Resolution Protocol (ARP)。

（4）DATA：数据字段，46～1500B，标识帧的负载。

（5）FCS：帧校验序列，4B，为接收者提供一种判断是否传输错误的方法，如果发现错误，丢弃此帧。

2．MAC 地址分类

（1）单播 MAC 地址：第 8 位为 0，用来标识链路上的一个单一节点。

（2）组播 MAC 地址：第 8 位为 1，用来代表局域网上的一组终端。

（3）广播 MAC 地址：全 1，用来表示局域网上的所有终端设备。

MAC 地址分类如图 2.9 所示。

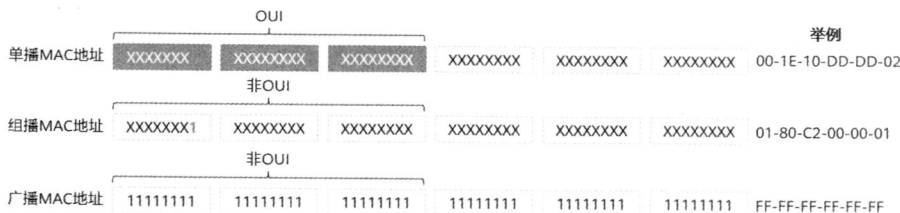

图 2.9　MAC 地址分类

3．冲突域

连接在同一共享介质上的所有节点的集合。

4．广播域

一个节点发送一个广播报文，其余节点都能够收到的节点的集合。

5．交换机的原理

（1）基于源 MAC 地址学习。

（2）基于目的 MAC 地址转发。

（3）收到的是一个广播帧或者未知的单播帧，除源端口以外的所有端口转发。

6．交换机的 3 种转发行为

（1）Flooding（泛洪）：指交换机把从某一个接口收到的数据帧除源端口以外转发到其他所有的端口，是一种点到多点的转发行为，如图 2.10 所示。交换机在以下情况会泛洪数据帧。

➥ 收到广播数据帧。

➥ 收到组播数据帧。

➥ 收到未知单手数据帧。

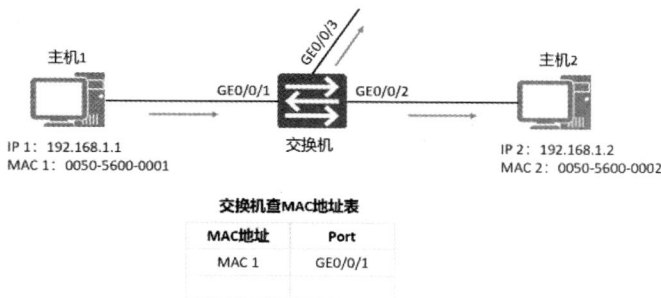

图 2.10　泛洪

（2）Forwarding（转发）：指交换机把从某一个接口收到的数据帧从另一个端口转发出去，是一种点到点的行为，如图 2.11 所示。

图 2.11　转发

（3）Discarding（丢弃）：指交换机把从某一端口进来的帧直接丢弃，如图 2.12 所示。

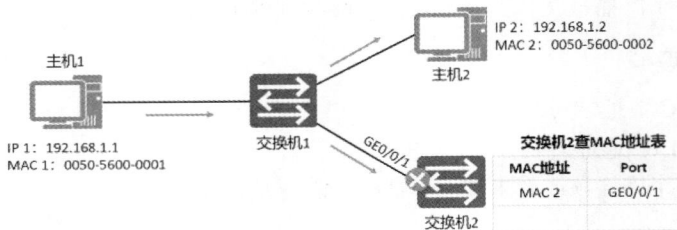

图 2.12　丢弃

7．VLAN、Trunk 和 Hybrid

VLAN 帧的格式如表 2.5 所示。

表 2.5　802.1q 帧携带 IEEE 802.q 标签的数据帧格式

DMAC	SMAC	TAG	Type	Data	FCS

其中，TAG 共 4 字节，包括以下 4 个部分。

（1）TPID（标签协议标识符）：16 位，标识数据帧的类型，值为 0x8100 时表示 802.1q 帧。

（2）PRI（优先级）：3 位，标识帧的优先级，主要用于 QoS。

（3）CFI（标准格式指示符）：1 位，在以太网环境中，该字段的值为 0。

（4）VLAN ID（VLAN 标识符）：12 位，标识该帧所属的 VLAN。

接口链路类型如下。

（1）Access 接口：交换机上用于连接终端的端口类型。

（2）Trunk 接口：交换机与交换机互连的端口类型。

（3）Hybrid 接口：是一个混合端口，同时具备 Access 端口和 Trunk 端口的特性。

VLAN、Trunk 和 Hybrid 命令如表 2.6 所示。

表 2.6　VLAN、Trunk 和 Hybrid 命令汇总

命　　　令	作　　　用
vlan 10	创建 vlan 10
vlan batch 10 20	批量创建 vlan 10 和 20
port link-type access	配置 access 接口
port default vlan 10	接口属于 vlan 10
port link-type trunk	配置接口类型为 trunk
port trunk pvid vlan 1	配置 trunk 的 pvid 为 vlan 1
port trunk allow-pass vlan 10 20	配置 trunk 只允许 vlan 10 和 20 通过
display vlan	查看 VLAN 的相关信息
port link-type hybrid	配置接口类型为混合端口
port hybrid untagged vlan 10 100	vlan 10、100 的帧以 Untagged 方式通过接口
port hybrid tagged vlan 10 20 100	vlan 10、20、100 的帧以 Tagged 方式通过接口

8．STP

（1）STP 的作用。

解决二层环路，二层环路具体表现为如下。

① 广播风暴。

② MAC 地址表不稳定。

③ 多帧复制。

（2）STP 专业术语。

① 桥 ID：IEEE 802.1d 标准中规定 BID 由 16 位的桥优先级（Bridge Priority 默认为 32768）与桥 MAC 地址构成。

② Cost：每个激活了 STP 的接口都维护着一个 Cost 值，接口的 Cost 值主要用于计算根路径开销，也就是到达根的开销。

不同标准定义的路径开销列表如表 2.7 所示。

表 2.7　不同标准定义的路径开销列表

端口速率	IEEE 802.1d 标准	IEEE 802.1t 标准	华为计算方法
10Mbps	100	2000000	2000
100Mbps	19	200000	200
1000Mbps	4	20000	20
10Gbps	2	2000	2
40Gbps	1	500	1

③ 根路径开销（Root Path Cost）：一台设备从某个接口到达根桥的 RPC，等于从根桥到该设备沿途所有入方向接口的 Cost 累加。

④ 接口 ID（Port ID，PID）：接口 ID 由两部分构成，高 4 位是接口优先级（默认为 128），

低 12 位是接口编号。

⑤ BPDU（Bridge Protocol Data Unit，网桥协议数据单元）：STP 交换机之间会交互 BPDU 报文，这些 BPDU 报文携带着一些重要信息，正是基于这些信息，STP 才能够顺利工作。

（3）STP 选择原则。

① 选择根网桥。

➥ 比较优先级（默认为 32768），越小越优。

➥ 优先级相同，比较 MAC 地址，越小越优。

② 选择根端口。

➥ 比较到达根网桥的根路径开销（RPC），优选 RPC 小的。

➥ 比较 BPDU 报文发送者（即上游交换机）的网桥 ID，优选网桥 ID 小的。

➥ 比较 BPDU 报文发送者的端口 ID，优选端口 ID 小的。

③ 选择指定端口。

➥ 比较到达根网桥的根路径开销（RPC），优选 RPC 小的。

➥ 比较端口所在交换机的网桥 ID，优选网桥 ID 小的。

➥ 比较本地端口的端口 ID，优选端口 ID 小的。

9. VLAN 间通信

实际网络部署中，一般会将不同 IP 地址段划分到不同的 VLAN 中。同 VLAN 且同网段的 PC 之间可直接进行通信，无须借助三层转发设备，该通信方式称为二层通信。VLAN 之间需要通过三层通信实现互访，三层通信需借助三层设备来完成。

（1）Dot1q 终结子接口（单臂路由）。

① 子接口是一种三层的逻辑接口，可以实现 VLAN 间的三层互通。

② Dot1q 终结子接口适用于通过一个三层以太网接口下接多个 VLAN 网络的环境。由于不同 VLAN 的数据流会争用同一个以太网主接口的带宽，因此网络繁忙时，会导致通信瓶颈。

（2）VLANIF 接口。

① VLANIF 接口是一种三层的逻辑接口，可以实现 VLAN 间的三层互通。

② VLANIF 配置简单，是实现 VLAN 间互访常用的一种技术。每个 VLAN 对应一个 VLANIF，在为 VLANIF 接口配置 IP 地址后，该接口即可作为本 VLAN 内用户的网关，对需要跨网段的报文进行基于 IP 地址的三层转发。但每个 VLAN 需要配置一个 VLANIF，并在接口上指定一个 IP 子网网段，比较浪费 IP 地址。

10. 以太网链路聚合的模式

根据是否启用链路聚合控制协议（Link Aggregation Control Protocol，LACP），链路聚合分为手工模式和 LACP 模式。

（1）手工模型。

如图 2.13 所示，DeviceA 与 DeviceB 之间创建 Eth-Trunk，需要将 DeviceA 上的 4 个接口与 DeviceB 捆绑成一个 Eth-Trunk。由于错将 DeviceA 上的一个接口与 DeviceC 相连，因此可能会导

致 DeviceA 将本应该发到 DeviceB 的数据发送到 DeviceC 上。而手工模式的 Eth-Trunk 不能及时检测到此故障。

　　如果在 DeviceA 和 DeviceB 上都启用 LACP 协议，经过协商后，Eth-Trunk 就会选择正确连接的链路作为活动链路来转发数据，从而使 DeviceA 发送的数据能够正确到达 DeviceB。

　　（2）LACP 模式。

　　LACP 模式链路聚合由 LACP 确定聚合组中的活动和非活动链路，又称为 $M:N$ 模式，即 M 条活动链路与 N 条备份链路的模式。这种模式提供了更高的链路可靠性，并且可以在 M 条链路中实现不同方式的负载均衡，如图 2.14 所示。

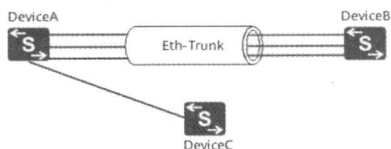

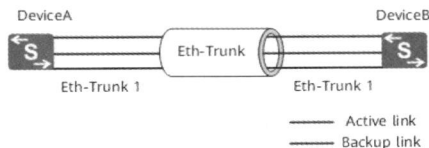

图 2.13　手工模式　　　　　　图 2.14　成员接口间 $M:N$ 备份

　　这种场景主要应用在只向用户提供 M 条活动链路的带宽，同时又希望提供一定的故障保护能力时。当有一条链路出现故障时，系统能够自动选择一条优先级最高的可用备份链路作为活动链路。如果在备份链路中无法找到可用链路，并且目前处于活动状态的链路数目低于配置的活动接口数下限阈值，那么系统将会把聚合接口关闭。

2.3.4　网络安全基础与网络接入

1. ACL 分类

　　（1）基于 ACL 规则定义方式进行划分，ACL 可分为基本 ACL、高级 ACL、二层 ACL、用户自定义 ACL 和用户 ACL。它们的编号范围和规则如图 2.15 所示。

分类	编号范围	规则定义描述
基本ACL	2000~2999	仅使用报文的源IP地址、分片信息和生效时间段信息来定义规则
高级ACL	3000~3999	可使用IPv4报文的源IP地址、目的IP地址、IP协议类型、ICMP类型、TCP源/目的端口号、UDP源/目的端口号、生效时间段等来定义规则
二层ACL	4000~4999	使用报文的以太网帧头信息来定义规则，如根据源MAC地址、目的MAC地址、二层协议类型等
用户自定义ACL	5000~5999	使用报文头、偏移位置、字符串掩码和用户自定义字符串来定义规则
用户ACL	6000~6999	既可使用IPv4报文的源IP地址或源UCL（User Control List）组，也可使用目的IP地址或目的UCL组、IP协议类型、ICMP类型、TCP源端口/目的端口、UDP源端口/目的端口号等来定义规则

图 2.15　基于 ACL 规则定义方式的分类

　　（2）基于 ACL 标识方法进行划分，ACL 可分为数字型 ACL 和命名型 ACL，如图 2.16 所示。

分类	规则定义描述
数字型ACL	传统的ACL标识方法。创建ACL时，指定一个唯一的数字标识该ACL
命名型ACL	通过名称代替编号来标识ACL

图 2.16　基于 ACL 标识方法的分类

2. AAA 概述

（1）AAA 的定义。

① 认证：确认访问网络的用户的身份，判断访问者是否为合法的网络用户。

② 授权：为不同的用户赋予不同的权限，限制用户可以使用的服务。

③ 计费：记录用户使用网络服务过程中的所有操作，包括使用的服务类型、起始时间、数据流量等，用于收集和记录用户对网络资源的使用情况，并可以实现针对时间、流量的计费需求，也可以对网络起到监视作用。

（2）基本架构。

① AAA 客户端：运行在接入设备上，通常被称为 NAS 设备，负责验证用户身份与管理用户接入。

② AAA 服务器：是认证服务器、授权服务器和计费服务器的统称，负责集中管理用户信息。

（3）AAA 实现的协议。

① RADIUS（Remote Authentication Dial In User Service）：远程用户拨号认证系统。

② HWTACACS（Huawei Terminal Access Controller Access Control System）：华为终端访问控制器访问控制系统。

3. NAT

NAT 是一种地址转换技术，可以将 IP 数据报文头中的 IP 地址转换为另一个 IP 地址，并通过转换端口号达到地址重用的目的。NAT 作为一种缓解 IPv4 公网地址枯竭的过渡技术，由于实现简单，因此得到了广泛应用。NAT 的分类如下。

（1）静态 NAT。每个私有地址都有一个与之对应并且固定的公有地址，即私有地址和公有地址之间的关系是一对一映射。

（2）动态 NAT。静态 NAT 严格地一对一进行地址映射，这就导致即便内网主机长时间离线或者不发送数据时，与之对应的公有地址也处于使用状态。为了避免地址浪费，动态 NAT 提出了地址池的概念：所有可用的公有地址组成地址池。

（3）NAPT。从地址池中选择地址进行地址转换时，不仅转换 IP 地址，同时也会对端口号进行转换，从而实现公有地址与私有地址的 1:n 映射，可以有效提高公有地址的利用率。

① Easy-IP。

实现原理和 NAPT 相同，同时转换 IP 地址、传输层端口，区别在于 Easy-IP 没有地址池的概念，使用接口地址作为 NAT 转换的公有地址。

② NAT Server。

指定[公有地址:端口]与[私有地址:端口]的一对一映射关系，将内网服务器映射到公网，当私有网络中的服务器需要为公网提供服务时使用。

2.3.5　网络服务与应用

1. FTP

采用典型的 C/S 架构（即服务器端与客户端模型），客户端与服务器端建立 TCP 连接之后即可实现文件的上传、下载。

（1）主动模式。

由客户端向服务器端的 TCP PORT 21 发起 TCP 三次握手，建立控制连接。

由服务器端向客户端的 TCP PORT P 发起 TCP 三次握手，建立传输连接，其中服务器端的源端口为 20。

（2）被动模式。

由客户端向服务器端的 TCP PORT 21 发起 TCP 三次握手，建立控制连接。

由客户端向服务器端的 TCP PORT N 发起 TCP 三次握手，建立传输连接。

2. Telnet

Telnet 协议与使用 Console 接口管理设备不同，无须专用线缆直连设备的 Console 接口，只要 IP 地址可达，能够和设备的 TCP 23 端口通信即可。

3. DHCP

（1）DHCP Discover（广播）：用于发现当前网络中的 DHCP 服务器端。

（2）DHCP Offer（单播）：携带分配给客户端的 IP 地址。

（3）DHCP Request（广播）：告知服务器端自己将使用该 IP 地址。

（4）DHCP Ack　（单播）：最终确认，告知客户端可以使用该 IP 地址。

4. HTTP

HTTP（Hyper Text Transfer Protocol，超文本传输协议）是客户端浏览器或其他程序与 Web 服务器之间的应用层通信协议。

5. DNS

网络中的每个节点都有自己唯一的 IP 地址，通过 IP 地址可以实现节点之间的相互访问，但是如果和所有的节点进行通信都使用 IP 地址的方式，人们很难记住这么多 IP 地址，为此提出了 DNS，即将难以记忆的 IP 地址映射为字符类型的地址。

2.3.6　WLAN 基础

1. WLAN 的无线标准

WLAN 有两个无线标准，分别为 IEEE 801.11 和 Wi-Fi。

IEEE 802.11 的第一个版本发表于 1997 年。此后，更多的基于 IEEE 802.11 的补充标准逐渐被定义，最为熟知的是影响 Wi-Fi 代际演进的标准：802.11b、802.11a、802.11g、802.11n、802.11ac 等。

Wi-Fi 联盟成立于 1999 年，当时的名称为 Wireless Ethernet Compatibility Alliance（WECA）。在 2002 年 10 月，正式改名为 Wi-Fi Alliance。

如图 2.17 所示，在 IEEE 802.11ax 标准推出之际，Wi-Fi 联盟将新 Wi-Fi 规格的名字简化为 Wi-Fi 6，主流的 IEEE 802.11ac 改称 Wi-Fi 5、IEEE 802.11n 改称 Wi-Fi 4，其他世代以此类推。

频率	2.4GHz	2.4GHz	2.4GHz、5GHz	2.4GHz & 5GHz	5GHz	5GHz	2.4GHz & 5GHz
速率	2Mbit/s	11Mbit/s	54Mbit/s	300Mbit/s	1300Mbit/s	6.9Gbit/s	9.6Gbit/s
协议	802.11	802.11b	802.11a、802.11g	802.11n	802.11ac wave1	802.11ac wave2	802.11ax
Wi-Fi	Wi-Fi 1	Wi-Fi 2	Wi-Fi 3	Wi-Fi 4	Wi-Fi 5		Wi-Fi 6
时间	1997	1999	2003	2009	2013	2015	2018

图 2.17　IEEE 802.11 标准与 Wi-Fi 的世代

2. WLAN 的工作流程

（1）AP 上线：AP 获取 IP 地址并发现 AC，与 AC 建立连接。

① AP 获取 IP 地址。

↘ 静态方式：登录到 AP 设备上手工配置 IP 地址。

↘ DHCP 方式：通过配置 DHCP 服务器，使 AP 作为 DHCP。

② AP 发现 AC 并与之建立 CAPWAP 隧道。

第一步：Discovery 阶段（AP 发现 AC 阶段）。

↘ 静态方式：AP 上预先配置 AC 的静态 IP 地址列表。

↘ 动态方式：DHCP 方式、DNS 方式和广播方式。

第二步：CAPWAP 隧道阶段。

↘ 数据隧道：AP 接收的业务数据报文经过 CAPWAP 数据隧道集中到 AC 上转发。

↘ 控制隧道：通过 CAPWAP 控制隧道实现 AP 与 AC 之间管理报文的交互。

③ AP 接入控制。

AC 上支持三种对 AP 的认证方式：MAC 认证、序列号（SN）认证和不认证。

④ AP 版本升级。

⑤ CAPWAP 隧道维持。

↘ 数据隧道维持：AP 与 AC 之间交互 Keepalive 报文来检测数据隧道的连通状态。

↘ 控制隧道维持：AP 与 AC 交互 Echo 报文来检测控制隧道的连通状态。

（2）WLAN 业务配置下发：AC 将 WLAN 业务配置下发到 AP 生效。

① 配置网络互通。

② 创建 AP 组。

③ 配置 AC 的国家代码。

④ 配置源接口或源地址。

⑤ 添加 AP 设备。

（3）STA 接入：STA 搜索到 AP 发射的 SSID 并连接、上线，接入网络。

① 扫描。

↘ STA 发送：probe request。

↘ AP 回应：probe response。

② 链路认证。

↘ WEP。

↘ WPA/WPA2-802.1x。

↘ WPA/WPA2-PSK。

③ 关联：协商速率、信道等。

④ 接入认证。

↘ PSK 认证。

↘ 802.1x 认证。

⑤ DHCP。

⑥ 用户认证。

↘ 802.x 认证。

↘ MAC 认证。

↘ Portal 认证。

（4）WLAN 业务数据转发：WLAN 网络开始转发业务数据。

↘ 隧道转发。

↘ 直接转发。

3．WAN 技术

（1）PPP 链路建立流程。

① LCP：通过 LCP 报文进行链路参数协商，建立链路层连接。

协商通信双方的 MRU（Maximum Receive Unit，最大接收单元）、认证方式和幻数（Magic Number）等选项。

② 认证：通过链路建立阶段协商的认证方式进行链路认证。

↘ PAP 二次握手。

第一次握手：被认证方将配置的用户名和密码信息使用 Authenticate-Request 报文以明文的方式发送给认证方。

第二次握手：认证方收到被认证方发送的用户名和密码信息之后，根据本地配置的用户名和密码数据库检查用户名和密码信息是否匹配。如果匹配，则返回 Authenticate-Ack 报文，表示认证成功；否则，返回 Authenticate-Nak 报文，表示认证失败。

↘ CHAP 三次握手。

第一次握手：认证方主动发起认证请求，认证方向被认证方发送 Challenge 报文，报文内包含随机数（Random）和 ID。

第二次握手：被认证方收到此 Challenge 报文之后，进行一次加密运算，运算公式为 MD5{ID+随机数＋密码}，意思是将 ID、随机数和密码三部分连成一个字符串，然后对此字符串做 MD5 运算，得到一个 16B 长的摘要信息，最后将此摘要信息和端口上配置的 CHAP 用户名一起封装在 Response 报文中发回认证方。

第三次握手：认证方接收到被认证方发送的 Response 报文之后，按照其中的用户名在本地查找相应的密码信息，得到密码信息之后，进行一次加密运算，运算方式和被认证方的加密运算方式相同；然后将加密运算得到的摘要信息和 Response 报文中封装的摘要信息进行比较，相同则认证成功，不相同则认证失败。

③ NCP：通过 NCP 协商来选择和配置一个网络层协议并进行网络层参数协商。最常见的 NCP 协议是 IPCP，用来协商 IP 参数。

（2）PPPoE。

① PPPoE 发现：用户接入，创建 PPPoE 虚拟链路。

↘ PPPoE 客户端在本地以太网中广播一个 PADI 报文，此 PADI 报文中包含客户端需要的服务信息。

↘ 如果服务器端可以提供客户端请求的服务，就会回复一个 PADO 报文。

↘ 客户端可能会收到多个 PADO 报文，此时将选择最先收到的 PADO 报文对应的 PPPoE 服务器端，并发送一个 PADR 报文给这个服务器端。

↘ PPPoE 服务器端收到 PADR 报文后，会生成一个唯一的 Session ID 来标识和 PPPoE 客户端的会话，并发送 PADS 报文。

② PPPoE 会话：PPP 协商内容包括 LCP 协商、PAP/CHAP 认证、NCP 协商等阶段。

③ PPPoE 终结：用户下线，客户端断开连接或者服务器端断开连接。

↘ 如果 PPPoE 客户端希望关闭连接，会向 PPPoE 服务器端发送一个 PADT 报文，用于关闭连接。

↘ 如果 PPPoE 服务器端希望关闭连接，也会向 PPPoE 客户端发送一个 PADT 报文。

2.3.7 网络管理与运维

简单网络管理协议（Simple Network Management Protocol，SNMP）是广泛应用于 TCP/IP 网络的网络管理标准协议。SNMP 提供了一种通过运行网络管理软件的中心计算机（即网络管理工作站）来管理设备的方法。

SNMP 的管理模型如图 2.18 所示。

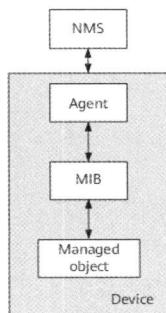

图 2.18　SNMP 的管理模型

（1）NMS：采用 SNMP 协议对网络设备进行管理/监视的系统，运行在 NMS 服务器上。

（2）Agent：用于维护被管理设备的信息数据并响应来自 NMS 的请求，把管理数据汇报给发送请求的 NMS。

（3）MIB：指明了被管理设备所维护的变量，是能够被 Agent 查询和设置的信息。

（4）Managed object：一个设备可能包含多个被管理对象，被管理对象可以是设备中的某个硬件，也可以是在硬件、软件（如路由选择协议）上配置的参数集合。

SNMP 端口是 SNMP 通信端点，SNMP 通过 UDP 进行消息传输，通常使用 UDP 端口号 161/162，有时也使用传输层安全性（TLS）或数据报传输层安全性（DTLS）协议，端口使用情况如表 2.8 所示。

表 2.8　SNMP 端口使用情况

过　　　程	协　　　议	端　口　号
代理进程接收请求信息	UDP 协议	161
NMS 与代理进程之间的通信	UDP 协议	161
NMS 接收通知信息	UDP 协议	162
代理进程生成通知信息	无	任何可用的端口
接收请求信息	TLS/DTLS	10161
接收通知信息	TLS/DTLS	10162

2.3.8　IPv6 基础

1．IPv6 地址的表示方法

IPv6 地址总长度为 128 位，通常分为 8 组，每组为 4 个十六进制数，每组十六进制数之间用冒号分隔。例如，FC00:0000:130F:0000:0000:09C0:876A:130B，这是 IPv6 地址的首选格式。

为了书写方便，IPv6 还提供了压缩格式，以上述 IPv6 地址为例，具体压缩规则如下。

（1）每组中的前导"0"都可以省略，所以上述地址可写为 FC00:0:130F:0:0:9C0:876A:130B。

（2）地址中包含的连续两个或多个均为 0 的组，可以用双冒号"::"来代替，所以上述地址又可进一步简写为 FC00:0:130F::9C0:876A:130B。

（3）需要注意的是，在一个 IPv6 地址中只能使用一次双冒号"::"，否则，当计算机将压缩后的地址恢复成 128 位时，无法确定每个"::"代表的 0 的个数。

2．IPv6 地址的结构

IPv6 地址可以分为如下两部分。

（1）网络前缀。n 位，相当于 IPv4 地址中的网络 ID。

（2）接口标识。$128-n$ 位，相当于 IPv4 地址中的主机 ID。

接口标识可通过三种方法生成：手工配置、系统通过软件或 IEEE EUI-64 规范自动生成。其中，IEEE EUI-64 规范自动生成最为常用。

3．IPv6 的基本报头

IPv6 的基本报头如表 2.9 所示。

表 2.9　IPv6 的基本报头

Version	Traffic Class		Flow Label	
Payload Length			Next Header	Hop Limit
Source Address				
Destination Address				
Extension Headers				

IPv6 的基本报头各个字段的解析如下。

（1）Version：版本号，长度为 4 位。对于 IPv6，该值为 6。

（2）Traffic Class：流类别，长度为 8 位。等同于 IPv4 中的 ToS 字段，表示 IPv6 数据包的类或优先级，主要应用于 QoS。

（3）Flow Label：流标签，长度为 20 位。IPv6 中的新增字段，用于区分实时流量，不同的流标签+源地址可以唯一确定一条数据流，中间网络设备可以根据这些信息更加高效率地区分数据流。

（4）Payload Length：有效载荷长度，长度为 16 位。有效载荷是指紧跟 IPv6 报头的数据包的其他部分（即扩展报头和上层协议数据单元）。

（5）Next Header：下一个报头，长度为 8 位。该字段定义紧跟在 IPv6 报头后面的第一个扩展报头（如果存在）的类型，或者上层协议数据单元中的协议类型（类似于 IPv4 的 Protocol 字段）。

（6）Hop Limit：跳数限制，长度为 8 位。该字段类似于 IPv4 中的 Time to Live 字段，它定义了 IP 数据包所能经过的最大跳数。每经过一个路由器，该数值减去 1，当该字段的值为 0 时，数据包将被丢弃。

（7）Source Address：源地址，长度为 128 位，表示发送方的地址。

（8）Destination Address：目的地址，长度为 128 位，表示接收方的地址。

4．IPv6 地址分类

（1）单播地址。

↘ 全球单播地址：相当于 IPv4 的公网地址，其地址结构如表 2.10 所示。

表 2.10 全球单播地址结构

001（3 位）	全局路由前缀（45 位）	子网 ID（16 位）	接口标识（64 位）

- 唯一本地地址：IPv6 私网地址，只能够在内网中使用，其地址结构如表 2.11 所示。

表 2.11 唯一本地地址结构

1111 1101（8 位）	Global id（40 位）	子网 ID（16 位）	接口标识（64 位）

- 链路本地地址：IPv6 中另一种应用范围受限制的地址类型。LLA 的有效范围是本地链路，前缀为 FE80::/10，其地址结构如表 2.12 所示。

表 2.12 链路本地地址结构

1111 1110 10（10 位）	固定为 0（54 位）	接口标识（64 位）

（2）组播地址：IPv6 组播地址标识多个接口，一般用于“一对多”的通信场景，其地址结构如表 2.13 所示。

表 2.13 组播地址结构

11111111（8 位）	Flags（4 位）	Scope（4 位）	Reserved（4 位）	Group id（32 位）

（3）任意播地址：标识一组网络接口（通常属于不同的节点）。任意播地址可以作为 IPv6 报文的源地址，也可以作为目的地址。

2.3.9 SDN 与自动化基础

1. 传统网络运维困境

日常的网络运维中经常遇到以下问题。

（1）设备升级：现网有数千台网络设备，需要周期性、批量性地对设备进行升级。

（2）配置审计：企业年度需要对设备进行配置审计。例如，要求所有设备开启 sTelnet 功能，以太网交换机配置生成树安全功能。需要快速找出不符合要求的设备。

（3）配置变更：因为网络安全要求，需要每三个月修改设备账号和密码，还要在数千台网络设备上删除原有账号并新建账号。

传统的网络运维工作需要网络工程师手动登录网络设备，人工查看和执行配置命令，肉眼筛选配置结果。这种严重依赖“人”的工作方式操作流程长、效率低下，而且操作过程不易审计。

2. 网络自动化

网络自动化是指通过工具实现网络自动化部署、运行和运维，逐步减少对“人”的依赖。这能够很好地解决传统网络运维的问题。

业界有很多实现网络自动化的开源工具，如 Ansible、SaltStack、Puppet、Chef 等。从网络工程能力构建的角度考虑，更推荐工程师具备代码编程能力。

第 3 篇

华为 HCIA–Datacom

考试试题

华为 HCIA-Datacom 考试在经过第一次升级改版之后，会不定期变更题目。本书共计整理了 800 多道考题，方便考生顺利通过考试。

第 1 章　数据通信和网络基础

1.1　单选题

1．在 VRP 平台上，可以通过（　　）方式返回到上一条历史命令。

　　A．Ctrl+U　　　　　　B．Ctrl+P　　　　　　C．左光标　　　　　　D．上光标

2．如下图所示，HOST A 和 HOST B 使用（　　）网络设备可以实现通信。

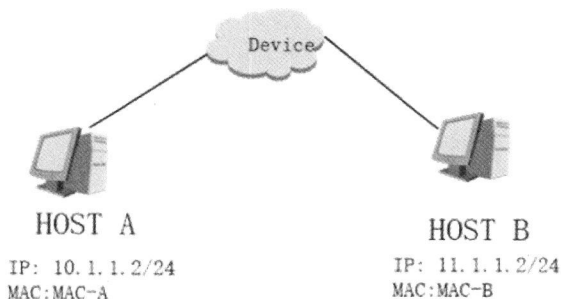

　　A．路由器　　　　　　B．集线器　　　　　　C．HUB　　　　　　D．二层交换机

3．以下关于路由器的描述说法错误的是（　　）。

　　A．路由器可以作为网关设备　　　　　　B．路由器不能隔离广播域

　　C．路由器能够实现 IP 报文转发　　　　　D．路由器工作在网络层

4．在 VRP 平台上使用 ping 命令时，如果需要指定一个 IP 地址作为回显请求报文的源地址，那么应该使用（　　）参数。

　　A．-d　　　　　　　　B．-a　　　　　　　　C．-s　　　　　　　　D．-n

5．OSI 参考模型从高层到底层分别是（　　）。

　　A．应用层、传输层、网络层、数据链路层、物理层

　　B．应用层、会话层、表示层、传输层、网络层、数据链路层、物理层

　　C．应用层、表示层、会话层、网络层、传输层、数据链路层、物理层

　　D．应用层、表示层、会话层、传输层、网络层、数据链路层、物理层

6．通用路由平台 VRP 的全称是（　　）。

　　A．Versatile Redundancy Platform　　　　　B．Versatile Routing Protocol

　　C．Versatile Routing Platform　　　　　　　D．Virtual Routing Platform

7．VRP 支持 OSPF 多进程，如果在启用 OSPF 时不指定进程号，则默认使用的进程号是（　　）。

　　A．10　　　　　　　　B．100　　　　　　　　C．0　　　　　　　　D．1

8．VRP 平台对于输入命令不完整使用（　　）信息提示。

A．Error:Ambiguous command found at'^'position

B．Error:incomplete command found at'^'position

C．Error:Too many parameters found at'^'position

D．Error:Wrong parameter found at'^'position

9．如下图所示的网络，下列描述正确的是（　　）。

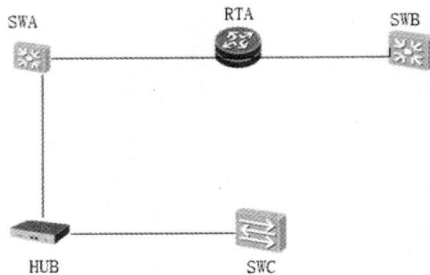

A．RTA 与 SWC 之间的网络为同一个冲突域

B．SWA 与 SWC 之间的网络为同一个冲突域

C．SWA 与 SWB 之间的网络为同一个广播域

D．SWA 与 SWC 之间的网络为同一个广播域

10．关于下面的配置命令说法正确的是（　　）。

```
[Huawei]
[Huawei]command-privilege level 3 view user save
```

A．修改用户视图命令的权限等级为 3，并且保存配置

B．修改用户的权限等级为 3，并且保存配置

C．修改用户视图下的 save 命令的权限等级为 3

D．修改某一用户使用的 save 命令的权限等级为 3

11．VRP 平台命令划分为访问级、监控级、配置级、管理级 4 个级别，能运行各种业务配置命令但不能操作文件系统的是（　　）。

A．配置级　　　　B．监控级　　　　C．访问级　　　　D．管理级

12．如果一个以太网数据帧的 Length/Type=0x8100，下列说法正确的是（　　）。

A．这个数据帧上层一定存在 IP 首部　　　B．这个数据帧一定携带了 VLAN TAG

C．这个数据帧上层一定存在 UDP 首部　　D．这个数据上层一定存在 TCP 首部

13．如下图所示的网络，Host A 没有配置网关，Host B 存在网关的 ARP 缓存，下列说法正确的有（　　）。

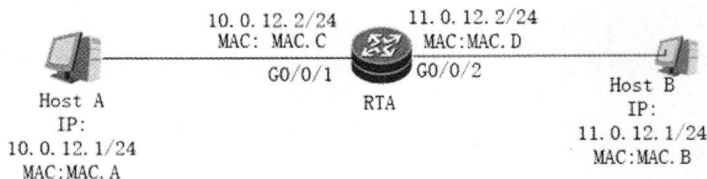

A．在路由器的 G0/0/1 端口开启 ARP 代理，则 Host A 可以和 Host B 通信

B．Host A 和 Host B 不能双向通信

C．主机目的 IP 地址为 10.0.12.1 的数据包可以转发到 Host A

D．主机目的 IP 地址为 11.0.12.1 的数据包可以转发到 Host B

14．以下关于交换机的描述，说法错误的是（　　）。

A．交换机一般作为网络的出口设备

B．交换机一般工作在数据链路层

C．交换机能够完成数据帧的交换工作

D．交换机可以为终端设备（PC/服务器）提供网络接入服务

15．接口通过数据帧的（　　）信息判断进行二层转发或三层转发。

A．源 IP　　　　　B．源 MAC　　　　　C．目的端口　　　　　D．目的 MAC

16．DNS 协议的主要作用是（　　）。

A．文件传输　　　　B．邮件传输　　　C．域名解析　　　　D．远程接入

17．包含以太网头部的 Ethernet_Ⅱ 帧的长度为（　　）。

A．60～1560B　　　B．46～1500B　　　C．64～1500B　　　D．64～1518B

18．路由器输出信息如下图所示，下列说法错误的是（　　）。

```
<R1>display ip interface Ethernet 0/0/0
Ethernet0/0/0 current state : UP
Line protocol current state : UP
The Maximum Transmit Unit : 1500 bytes
input packets : 0, bytes : 0, multicasts : 0
output packets : 0, bytes : 0, multicasts : 0
Directed-broadcast packets:
 received packets:           0, sent packets:          0
 forwarded packets:          0, dropped packets:       0
ARP packet input number:               0
 Request packet:                       0
 Reply packet:                         0
 Unknown packet:                       0
Internet Address is 10.0.12.1/24
Broadcast address : 10.0.12.255
```

A．Ethernet0/0/0 接口的 IP 地址为 10.0.12.1/24

B．Ethernet0/0/0 接口的 MTU 值为 1480

C．Ethernet0/0/0 接口物理链路正常

D．Ethernet0/0/0 接口对应的广播地址为 10.0.12.255

19．通过 Console 配置路由器时，终端仿真程序的正确设置为（　　）。

A．19200bps，8 位数据位，1 位停止位，无校验和无流控

B．9600bps，8 位数据位，1 位停止位，偶校验和硬件流控

C．9600bps，8 位数据位，1 位停止位，无校验和无流控

D．4800bps，8 位数据位，1 位停止位，奇校验和无流控

20．在 VRP 平台上，接口视图下显示当前接口配置的命令是（　　）。

A．display users　　　　　　　　　　B．display version

    C．display this   D．display ip interface brief

21．以下是路由器的 display startup 信息，关于这些信息，说法错误的是（　　）。

```
<Huawei>display startup
MainBoard:
Startup system software:              sd1:/ar2220-v200r003c00spc200.cc
Next startup system software:         sd1:/ar2220-v200r003c00spc200.cc
Backup system software for next startup:    null
Startup saved-configuration file:           null
Next startup saved-configuration file:      null
Startup license file:                       null
Next startup license file:                  null
Startup patch package:                      null
Next startup patch package:                 null
Startup voice-files:                        null
Next startup voice-files:                   null
```

    A．设备下次启动时的系统文件可以使用命令 startup system software 来修改

    B．正在运行的配置文件没有保存

    C．设备此次启动使用的系统文件是 ar2220-v200r003c00spc00.cc

    D．设备下次启动时的系统文件不能被修改

22．关于下图的配置，说法正确的是（　　）。

```
<Huawei> system-view
[Huawei] user-interface console 0
[Huawei-ui-console0] history-command max-size 20
```

    A．history-command max-size 20 是希望调整历史命令缓存的大小为 20 条

    B．历史命令缓存的默认大小是 5 字节

    C．上述配置完成后，历史命令缓存可以保存 20 字节的命令

    D．历史命令缓存的默认大小是 5 条

23．关于 OSI 参考模型中网络层的功能，说法正确的是（　　）。

    A．在设备之间传输比特流规定了电平、速度和电缆针脚

    B．OSI 参考模型中最靠近用户的那一层为应用程序提供网络服务

    C．提供面向连接或非面向连接的数据传递以及进行重传前的差错检测

    D．将比特组合成字节，再将字节组合成帧，使用链路层地址（以太网使用 MAC 地址）来访问介质，并进行差错检测

    E．提供逻辑地址，实现数据从源到目的地的转发

24．UDP 是面向无连接的，必须依靠（　　）来保障传输的可靠性。

    A．传输控制协议   B．应用层协议   C．网络层协议   D．网际协议

25．下图所示为管理员在网络中捕获到的三个数据包。下列说法不正确的是（　　）。

```
Source destination protocol info
10.0.12.1 10.0.12.2 TCP 50190>telnet[SYN] seq=0 win=8192 Len=0 mss=1460
10.0.12.2 10.0.12.1 TCP telnet>50190[SYN,ACK]seq=0 Ack=1 win=8192 Len=0 mss=1460
10.0.12.1 10.0.12.2 TCP 50190>telnet[ACK]seq=1 Ack=1 win=8192 Len=0
```

A. 这三个数据包中都不包含应用层数据

B. 这三个数据包代表了 TCP 的三次握手过程

C. Telnet 客户端使用 50190 端口与服务器建立连接

D. Telnet 服务器的 IP 地址是 10.0.12.1，Telnet 客户端的 IP 地址是 10.0.12.2

26. 某网络工程师在输入命令行时提示如下信息：Error: unrecognized command found '^'at position，对该提示信息说法正确的是（　　）。

A. 输入命令不明确　　　　　　　　B. 参数类型错

C. 没有查找到关键字　　　　　　　D. 输入命令不完整

27. 以下（　　）协议不属于文件传输协议。

A. FTP　　　　　B. SFTP　　　　　C. HTTP　　　　　D. TFTP

28. 管理员在（　　）视图下才能为路由器修改设备名称。

A. User-view　　　B. Protocol-view　　　C. System-view　　　D. Interface-view

29. VRP 平台登录方式不包括下列（　　）项。

A. Telnet　　　　　B. Web　　　　　C. SSH　　　　　D. Netstream

30. 以下（　　）不属于中型园区网络架构中常见的网络层次。

A. 接入层　　　　　B. 网络层　　　　　C. 汇聚层　　　　　D. 核心层

31. 关于 ARP 报文的说法错误的是（　　）。

A. 任何链路层协议都需要 ARP 协议辅助获取数据链路层标识

B. ARP 应答报文是单播方发送的

C. ARP 报文不能被转发到其他广播域

D. ARP 请求报文是广播发送的

32. 如下图所示的网络，要通过静态路由的方式使 Router A 和 Router B 的 loopback0 通信，则需要在 Router A 输入（　　）命令。

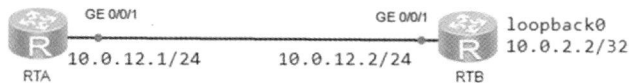

A. ip route-static 10.0.2.2 32 GigabitEthernet 0/0/0

B. ip route-static 10.0.2.2 255.255.255.255 10.0. 12.2

C. ip route-static 10.0.2.2 255.255.255.255 10.0. 12.1

D. ip route-static 10.0.2.2 0 GigabitEthernet 0/0/0

33. 200.200.200.200/30 所对应的广播地址为（　　）。

A. 200. 200. 200. 255　　　　　　　B. 200. 200. 200. 200

C. 200. 200. 200. 203　　　　　　　D. 200. 200. 200. 252

34. RED 技术可以解决（　　）问题。

A. TCP 全局同步现象　　　　　B. TCP 饿死现象　　　C. 无差别的丢弃

35. 路由器上电时，会从默认存储路径中读取配置文件进行路由器的初始化工作。如果默认存储路径中没有配置文件，则路由器会使用（   ）来进行初始化。

    A．默认参数   B．当前配置   C．起始配置   D．新建配置

36．在华为 AR G3 路由器上，VRP 中 Ping 命令的-i 参数用来设置（   ）。

    A．接收 Echo Reply 报文的接口

    B．发送 Echo Request 报文的接口

    C．发送 Echo Request 报文的源 IP 地址

    D．接收 Echo Reply 报文的目的 IP 地址

37．一个 IPv4 数据包首部长度字段为 20B，总长度字段为 1500B，则此数据包的有效载荷为（   ）。

    A．1480B   B．1520B   C．20B   D．1500B

38．以下说法正确的是（   ）。

    A．路由器工作在网络层   B．交换机工作在物理层

    C．交换机工作在网络层   D．路由器工作在物理层

39．在 VRP 平台上，直连路由、静态路由、RIP、OSPF 区域内路由的默认协议优先级从高到低的排序是（   ）。

    A．直连路由、OSPF、RIP、静态路由   B．直连路由、OSPF、静态路由、RIP

    C．直连路由、RIP、静态路由、OSPF   D．直连路由、静态路由、RIP、OSPF

40．管理员发现两台路由器在建立 OSPF 邻居时，停留在 2-WAY 状态，则下面描述正确的是（   ）。

    A．路由器配置了相同的区域 ID

    B．这两台路由器是广播型网络中的 DROther 路由器

    C．路由器配置了相同的进程 ID

    D．路由器配置了错误的 Router-ID

41．如下图所示的网络，Router A 使用手工模式的链路聚合，并且把 GE0/0/1 和 GE0/0/2 端口均加入聚合组 1，关于 Router A 聚合端口 1 的状态说法错误的是（   ）。

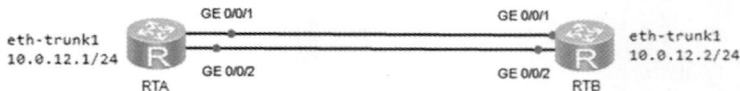

    A．同时关闭 Router B 的 GE0/0/1 和 GE0/0/2 端口，Eth-Trunk 1 protocol up

    B．同时关闭 Router B 的 GE0/0/1 和 GE0/0/2 端口，Eth-Trunk 1 protocol down

    C．只关闭 Router B 的 GE0/0/1 端口，Eth-Trunk 1 protocol up

    D．只关闭 Router B 的 GE0/0/2 端口，Eth-Trunk 1 protocol up

42．在 STP 协议中，假设所有交换机所配置的优先级相同，交换机 1 的 MAC 地址为 00-e0-fc-00-00-40，交换机 2 的 MAC 地址为 00-e0-fc-00-00-10，交换机 3 的 MAC 地址为 00-e0-fC-00-00-20，交换机 4 的 MAC 地址为 00-e0-fc-00-00-80，则根交换机应当为（   ）。

    A．交换机 4   B．交换机 3   C．交换机 1   D．交换机 2

43．无线接入控制器（Access Controller，AC）作为 FIT AP 架构中的系统管理、控制设备，以下关于 AC 的作用描述错误的是（　　）。

A．无论何种数据转发方式，用户的数据报文都由 AC 进行转发

B．用户接入认证

C．用户接入控制

D．AP 配置下发

44．以太网交换机工作在 OSI 参考模型的（　　）。

A．数据链路层　　　　B．传输层　　　　　C．物理层　　　　　　D．网络层

45．Tracert 诊断工具记录下每一个 ICMP TTL 超时消息的（　　），从而可以向用户提供报文到达目的地所经过的 IP 地址。

A．目的端口　　　　B．目的 IP 地址　　C．源端口　　　　　　D．源 IP 地址

46．在系统视图下，输入（　　）命令可以切换到用户视图。

A．quit　　　　　　B．souter　　　　　　C．system-view　　　D．user-view

47．下列（　　）命令可以修改设备名字为 Huawei。

A．hostname Huawei　　　　　　　　B．do name Huawei

C．sysname Huawei　　　　　　　　D．rename Huawei

48．以下（　　）不是小型园区网络的特点。

A．网络层次简单　　B．覆盖范围广　　　C．用户数量较少　　D．网络需求简单

49．如下图所示，关于此网络拓扑图描述正确的是（　　）。

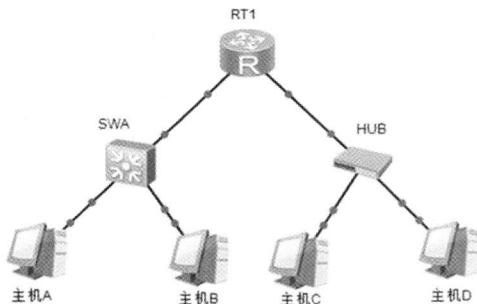

A．此网络中有 6 个广播域　　　　　　B．此网络中有 2 个冲突域

C．此网络中有 6 个冲突域　　　　　　D．此网络中有 2 个广播域

50．使用（　　）命令可以查看路由器的 CPU 使用率。

A．display memory　　　　　　　　B．display cpu-usage

C．display interface　　　　　　　　D．display cpu-state

51．IP 报文头部中有一个 TTL 字段，关于该字段说法正确的是（　　）。

A．该字段用于数据包防环　　　　　　B．该字段用于数据包分片

C．该字段用于表示数据包的优先级　　D．该字段长度为 7 位

1.2 多选题

扫一扫，看视频

1．关于传输层协议说法正确的有（   ）。

    A．TCP 连接的建立是一个三次握手的过程，而 TCP 连接的终止则要经过四次握手

    B．UDP 使用 SYN 和 ACK 标志位来请求建立连接和确认建立连接

    C．知名端口号范围为 1～1023

    D．UDP 适合传输对时延敏感的流量并且可以依据报文首部中的序列号字段进行重组

2．以下（   ）是通信网络。

    A．使用计算机在线看视频

    B．使用计算机访问官方网络

    C．从公司的邮箱下载邮件到自己的计算机中

    D．使用即时通信软件（如 QQ、微信）与好友聊天

3．一台网络设备有（   ）。

    A．控制平面   B．业务平面   C．数据平面   D．管理平面

4．可能会发生丢包的情况有（   ）。

    A．可能由于 CPU 繁忙无法处理报文而导致丢包

    B．在传输过程发生丢包

    C．在队列中发生丢包

    D．在接收过程中发生丢包

5．为什么说可以通过提高链路带宽容量来提高网络的 QoS？（   ）

    A．链路带宽的增加减小了拥塞发生的概率，从而减少了丢包的数量

    B．链路带宽的增加可以增加控制协议的可用带宽

    C．链路带宽的增加意味着更小的延迟和抖动

    D．链路带宽的增加可以支持更高的流量

6．华为企业级 AP 支持的工作模式有（   ）。

    A．FIT   B．Local   C．FAT   D．Cloud

7．OSPF 协议的优点是（   ）。

    A．OSPF 支持对等价路由进行负载分担   B．支持区域的划分

    C．OSPF 支持无类型域间选路（CIDR）   D．OSPF 支持报文认证

8．以下关于 IPv6 任播地址说法正确的有（   ）。

    A．任播地址和单播地址使用相同的地址空间

    B．实现服务的负载分担

    C．为服务提供冗余功能

    D．目标地址是任播地址的数据包将发送给其中路由意义上最近的一个网络接口

9．路由表的生成方式有（   ）。

　　A．直连　　　　　　　B．静态　　　　　　C．OSPF　　　　　　D．RIP

10．一台 AR2200 路由器需要恢复初始配置，则（　　）操作是必需的。

　　A．重复指定下次启动加载的配置文件　　B．清除 current configuration

　　C．重置 saved configuration　　　　　　D．重启该 AR2200 路由器

11．VRP 平台存在（　　）命令行视图。

　　A．用户视图　　　　B．协议视图　　　　C．接口视图　　　　D．系统视图

12．下列说法不正确的是（　　）。

　　A．在 VRP 中，路由协议优先级数值越大，则表示该路由的优先级越高

　　B．若路由条目的 Cost 值越大，则该路由的优先级越高

　　C．默认情况下，直连路由高于 OSPF 路由的优先级

　　D．每条静态路由的优先级可以不相同

13．SWA 和 SWB 运行 RSTP 协议，下列说法正确的有（　　）。

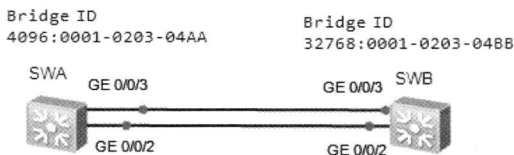

　　A．SWA 的 GE0/0/3 端口是指定端口　　B．SWB 的 GE0/0/3 端口是 Backup 端口

　　C．SWA 的 GE0/0/2 端口是指定端口　　D．SWB 的 GE0/0/3 端口是 Alternate 端口

14．管理员想要更新华为路由器的 VRP 版本，则正确的方法有（　　）。

　　A．管理员把路由器配置为 FTP 服务器，通过 FTP 来传输 VRP 软件

　　B．管理员把路由器配置为 FTP 客户端，通过 FTP 来传输 VRP 软件

　　C．管理员把路由器配置为 TFTP 客户端，通过 TFTP 来传输 VRP 软件

　　D．管理员把路由器配置为 TFTP 服务器，通过 TFTP 来传输 VRP 软件

15．以下（　　）属于局域网。

　　A．某公司办公网络　　　　　　　　B．因特网

　　C．一个家庭网络　　　　　　　　　D．宽带城域网

16．某路由器输出信息如下图，下列说法正确的有（　　）。

```
<Huawei>display startup
MainBoard:
Startup system software:  flash:/AR2220E-V200R007C00SPC600.cc
Next startup system software:  flash:/AR2220E-V200R007C00SPC600.cc
Backup system software for next startup: null
Startup saved-configuration file:        flash:/vrpcfg.zip
Next startup saved-configuration file:   flash:/backup.zip
Startup license file:                    null
Next startup license file:               null
Startup patch package:                   null
Next startup patch package:              null
Startup voice-files:                     null
Next startup voice-files:                null
```

　　A．当前使用的配置文件和下次启动使用的配置文件不同

　　B．当前使用的 VRP 版本文件和下次启动使用的 VRP 文件相同

  C．当前使用的 VRP 版本文件和下次启动使用的 VRP 文件不同

  D．当前使用的配置文件和下次启动使用的配置文件相同

  17．如下图所示的网络，所有交换机运行 STP 协议，当拓扑稳定后，关闭 SWA 的 STP 功能。下列说法正确的是（ ）。

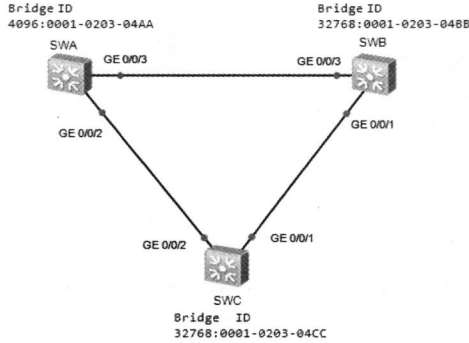

  A．SWC 经过 Max Age 时间之后，从 GE0/0/2 端口发送配置 BPDU

  B．SWB 仍然周期性从 GE0/0/1 端口发送配置 BPDU

  C．SWB 经过 Max Age 时间之后从 GE0/0/3 端口发送配置 BPDU

  D．SWC 和 SWB 立刻重新进行根桥的选举

  18．如下图所示的网络，通过（ ）配置可以实现 Host A 可以访问 Internet，而 Host B 不可以访问。

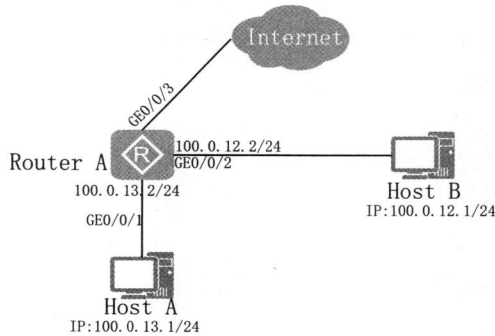

  A．

acl number 2000

rule 5 permit source 100. 0.13.0 0. 0.0.255

rule 10 deny

#

interface GigabitEthernet0/0/3

traffic- filter outbound ac1 2000

\#

B．

acl mumber 2000

rule 5 deny source 100. 0.12. 0　0. 0.0.255

rule 10 permit source 100. 0.13.0　0. 0.0.255

\#

interface GigabitEthernet0/0/3

traffic-filter outbound ac1 2000

\#

C．

ac1 number 2000

rule 5 permit source 100. 0.13.0　0. 0.0. 255

rule 10 deny source 100. 0. 12. 0　0. 0. 0. 255

\#

interface GigabitEthernet0/0/3

traffic- filter outbound ac1 2000

\#

D．

acl number 2000

rule 5 deny source 100. 0.12. 0　0. 0.0.255

rule 10 permit

\#

interface GigabitEthernet0/0/3

traffic- filter outbound acl 2000

\#

19．以下应用程序中基于 TCP 协议的是（　　）。

　　A．Ping　　　　　　　B．FTP　　　　　　C．IFTP（TFTP）　　　D．HTTP

20．下列选项中（　　）与封装解封装相关。

　　A．缩短报文长度

　　B．封装和解封装的过程可以完成故障定位

　　C．封装和解封装是实现不同协议功能的重要步骤

　　D．不同网络之间可以互通

21．网络管理员使用 ping 命令来测试网络连通性用到（　　）协议。

　　A．UDP　　　　　　　B．TCP　　　　　　C．ARP　　　　　　　D．ICMP

22．VRP 平台中，Ctrl＋Z 组合键具备的功能是（　　）。

A．从任何视图退回用户视图　　　　B．退出接口视图　　　C．退出当前视图

D．退出 Console 接口视图　　　　E．从系统视图退回到用户视图

23．VRP 支持通过哪几种方式对路由器进行配置？（　　）

A．通过 FTP 对路由器进行配置　　　　B．通过 Telnet 对路由器进行配置

C．通过 Console 口对路由器进行配置　　D．通过 mini USB 口对路由器进行配置

24．某台设备输出信息如下所示，下列说法正确的是（　　）。

```
<Huawei>display version
Huawei Versatile Routing Platform Software
VRP(R)software Version 5.130(AR2200,V200R003C00)
Huawei AR2220 Router uptime is 0 week,0 day,0 hour,1 minute
BSP 0 version information
1.PCB version: AR01 RAK2A VERNC
2.If Supporting PoE: No
3.Board Type: AR2220
4.MPU Slot Quantity: 1
5.LPU Slot Quantity: 6
MPU(Master): uptime is 0 week,0 day,0 hour,1 minute
MPU version information:
1.PCB version:AR01SR02A.VER.NC
2.MAB Version:0
3.Board Type:AR2220
4.MPU Slot Quantity: 0
5.MPU Slot Quantity: 6
```

A．该设备的 VRP 平台版本为 VRP5　　B．该设备已运行 1 分钟

C．该设备备用主控板正常运行　　　　D．该设备名称为 Huawei

1.3　判断题

扫一扫，看视频

1．如果为 UDP，则网络层 Protocol 字段取值为 6。（　　）

A．对　　B．错

2．由于 TCP 协议在建立连接和关闭连接时都采用三次握手机制，因此 TCP 支持可靠传输。（　　）

A．对　　B．错

3．VRP 平台中使用命令 Mkdir test，系统会创建一个名字为 test 的目录。（　　）

A．对　　B．错

4．使用传统座机进行通话，是网络通信的一种方式。（　　）

A．对　　B．错

5．UDP 不能保证数据传输的可靠性，不提供报文排序和流量控制的功能，适合传输可靠性要求不高，但是对传输速度和延迟要求较高的流量。（　　）

A．对　　B．错

6．VTY 的配置如下图所示，用户权限等级被设置为 3 级。（　　）

```
[Huawei]user-interface vty 0 4
[Huawei-ui-vty0-4]acl 2000 inbound
[Huawei-ui-vty0-4]user privilege level 3
[Huawei-ui-vty0-4]authentication-mode password
Please configure the login password (maximum length 16):huawei
```

A．对　　B．错

7．VRP 界面下，使用命令 startup saved-configuration backup.cfg 可以配置下次启动时使用 backup.cfg 文件。（　　　）

A．对　　B．错

8．Telnet 基于 TCP 协议。（　　　）

A．对　　B．错

9．VRP 平台中的登录超时时间只能在 vty 接口下设置。（　　　）

A．对　　B．错

10．VRP 平台中的 pwd 和 dir 命令都可以查看当前目录下的文件信息。（　　　）

A．对　　B．错

11．树状网络拓扑实际上是一种层次化的星状结构，易于扩充网络规模，但是层级越高的节点故障导致的网络问题越严重。（　　　）

A．对　　B．错

12．如果传输层协议为 TCP，则网络层 Protocol 字段取值为 6。（　　　）

A．对　　B．错

13．VTY 用户界面的 maximum-vty 命令可以配置多个用户同时通过 Telnet 登录设备。（　　　）

A．对　　B．错

14．华为 AR 路由器的命令行界面下，save 命令的作用是保存当前的系统时间。（　　　）

A．对　　B．错

15．主机在访问服务器的 Web 服务器时，网络层 protocol 字段取值为 6。（　　　）

A．对　　B．错

16．STP 协议中，根桥发出的配置 BPDU 报文中的 Message Age 为 0。（　　　）

A．对　　B．错

17．AP 的一个射频上只能绑定一个 SSID。（　　　）

A．对　　B．错

18．RSTP 中处于 Discarding 状态下的端口，虽然会对接收到的数据帧做丢弃处理，但可以根据该端口收到的数据帧维护 MAC 地址表。（　　　）

A．对　　B．错

19．Telnetlib 中 telnet.read._all()的作用是读取所有数据直到 EOF。如果回显没有返回 EOF，则会一直阻塞。（　　　）

A．对　　B．错

20．交换机堆叠支持两台以上设备，通过堆叠可以将多台交换机组建成逻辑上的一台设备。（　　　）

A．对　　B．错

21．Trunk 端口既能发送带标签的数据帧，也能发送不带标签的数据帧。（　　　）

A．对　　B．错

第 2 章　构建互联互通的 IP 网络

2.1　单选题

扫一扫，看视频

1．默认情况下，广播网络上 OSPF 协议的 RouterDeadInterval 是（　　　）。

A．10s　　　　　　　B．40s　　　　　　　C．30s　　　　　　　D．20s

2．（　　　）属性不能作为衡量 cost 的参数。

A．带宽　　　　　　B．sysname　　　　　C．时延　　　　　　D．跳数

3．某公司申请到一个 C 类地址段，需要平均分配给 8 个子公司，最大的一个子公司有 14 台主机，不同的子公司必须在不同的网段中，则子网掩码应该设计为（　　　）。

A．255.255.255.240　　　　　　　　　B．255.255.255.128

C．255.255.255.192　　　　　　　　　D．255.255.255.0

4．当以 IPv4 协议作为网络层协议时，网络层首部不包含（　　　）字段。

A．Source IPv4 Address　　　　　　　B．TTL

C．Destination IPv4 Address　　　　　D．Sequence Number

5．OSPF 报文类型有（　　　）种。

A．2　　　　　　　　B．4　　　　　　　　C．5　　　　　　　　D．3

6．如果一个网络的广播地址为 172.16.1.255，那么它的网络地址可能是（　　　）。

A．172.16.1.128　　　B．172.16.2.0　　　C．172.16.1.1　　　D．172.86.1.253

7．管理员要在路由器的 G0/0/0 接口上配置 IP 地址，那么使用（　　　）地址才是正确的。

A．192.168.10.112/30　　　　　　　　B．237.6.1.2/24

C．127.3.1.4/28　　　　　　　　　　　D．145.4.2.55/26

8．OSPF 协议的 HELLO 报文中不包含（　　　）字段。

A．Neighbor　　　B．Network Mask　　C．Hello Interval　　D．Sysname

9．主机的 IPv4 地址为 200.200.200.201/30，拥有（　　　）IPv4 地址的主机和其通信不需要经过路由器转发。

A．200.200.200.202　　　　　　　　　B．200.200.200.200

C．200.200.200.203　　　　　　　　　D．200.200.200.1

10．下列配置默认路由的命令正确的是（　　　）。

A．[Huawei-Seria10]ip route-static 0.0.0.0. 0.0.0.0 0.0.0.0

B．[Huawei]ip route-static 0.0.0.0 0.0.0.0 192.168.1.1

C.　[Huawei]ip route-static 0.0.0.0 0.0.0.0 0.0.0.0

D.　[Huawei]ip route-static 0.0.0.0 255.255.255.255 192.168.1.1

11．关于直连路由说法正确的是（　　　）。

A.　直连路由优先级低于动态路由

B.　直连路由优先级低于静态路由

C.　直连路由优先级最高

D.　直连路由需要管理员手工配置目的网络和下一跳地址

12．在路由表中存在到达同一个目的网络的多个路由条目，这些路由称为（　　　）。

A.　次优路由　　　　　B.　多径路由　　　　　C.　等价路由　　　　　D.　默认路由

13．主机使用（　　　）IPv4 地址不能直接访问 Internet。

A.　100.1.1.1　　　　　B.　50.1.1.1　　　　　C.　10.1.1.1　　　　　D.　200.1.1.1

14．OSPF 协议使用（　　　）报文对接收到的 LSU 报文进行确认。

A.　LSU　　　　　　　B.　LSR　　　　　　　C.　LSAck　　　　　　D.　LSA

15．如果应用层协议为 Telnet，那么 IPv4 首部中 protocol 字段取值为（　　　）。

A.　23　　　　　　　　B.　17　　　　　　　　C.　6　　　　　　　　D.　67

16．路由器工作在 OSI 参考模型的（　　　）。

A.　数据链路层　　　　B.　传输层　　　　　　C.　应用层　　　　　　D.　网络层

17．（　　　）版本适用于 IPv6。

A.　OSPFv1　　　　　B.　OSPFv2　　　　　C.　OSPFv3　　　　　D.　OSPFv4

18．在路由表中不包含（　　　）内容。

A.　MAC　　　　　　B.　NextHop　　　　　C.　Cost　　　　　　D.　Destination/Mask

19．某公司网管进行网络规划时，能够要让 PC1 访问 PC2 的数据包从 GE0/0/2 口走，PC2 访问 PC1 的数据包从 GE0/0/0 口走。静态路由的写法正确的是（　　　）。

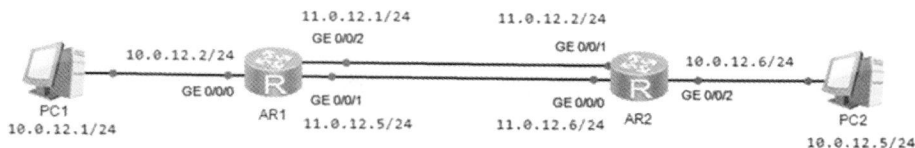

A.　10.0.12.5 255.255.255.255 11.0.12.6

　　10.0.12.1 255.255.255.255 11.0.12.1

B.　10.0.12.5 255.255.255.255 11.0.12.2

　　10.0.12.1 255 255.255.255 11.0.12.5

C.　0.0.0.0　　　0　　　　　　11.0.12.6

　　0.0.0.0　　　0　　　　　　11.0.12.1

D.　0.0.0.0　　　0　　　　　　11.0.12.2

　　0.0.0.0　　　0　　　　　　11.0.12.5

20．配置 VRRP 抢占时延的命令是（　　　）。

A．vrrp vrid 1 preempt-delay 20　　　　B．vrrp vrid 1 preempt-mode timer delay 20

C．vrrp vrid timer delay 20　　　　　　D．vrrp vrid 1 preempt-timer 20

21．（　　）不能作为主机的 IPv4 地址。

A．C 类地址　　　　B．A 类地址　　　　C．D 类地址　　　　D．B 类地址

22．查询设备 OSPF 协议的配置信息，可以使用的命令是（　　）。

A．在 OSPF 协议视图下输入命令 display this

B．Display current-configuration

C．Display ospf peer

D．Dis ip routing-table

23．OSPF 协议用（　　）报文来描述自己的 LSDB。

A．DD　　　　　　B．LSR　　　　　　C．LSU　　　　　　D．HELLO

24．关于 OSPF 骨干区域说法正确的是（　　）。

A．当运行 OSPF 协议的路由器数量超过 2 台以上时，必须部署骨干区域

B．骨干区域所有的路由器都是 ABR

C．Area 0 是骨干区域

D．所有区域都可以是骨干区域

25．（　　）不可能是 IPv4 数据包首部长度。

A．60B　　　　　　B．20B　　　　　　C．64B　　　　　　D．32B

26．网络管理员给网络中的某台主机分配的 IPv4 地址为 192.168.1.1/28，则这台主机所在的网络还可以增加（　　）台主机。

A．12　　　　　　B．15　　　　　　C．13　　　　　　D．14

27．如下图所示的网络，当 OSPF 邻居状态稳定后，Router B 和 Router C 的邻居状态为（　　）。

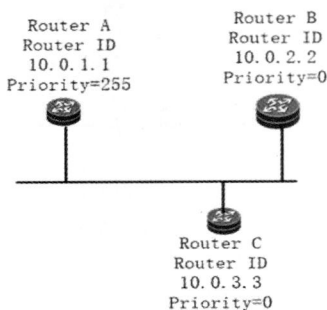

A．Attempt　　　　B．2-way　　　　C．Full　　　　D．Down

28．一个网段 150.25.0.0 的子网掩码是 255.255.224.0,那么该网段中有效的主机地址是（　　）。

A．150.25.2.24　　B．150.25.0.0　　C．150.35.1.1　　D．150.15.3.30

29．关于 IP 报文头部中 TTL 字段的说法正确的是（　　）。

A．TTL 定义了源主机可以发送数据包的时间间隔

B．TTL 定义了源主机可以发送数据包的数量

C．IP 报文每经过一台路由器时，其 TTL 值会被减 1

D．IP 报文每经过一台路由器时，其 TTL 值会被加 1

30．已知某台路由器的路由表中有如下图所示的两个表项，如果该路由器要转发目的地址为 9.1.4.5 的报文，则下列说法中正确的是（　　）。

```
Destination/Mask    Protocol    Pre    Cost    Nexthop    Interface
9.0.0.0/8           OSPF        10     50      1.1.1.1    Serial0
9.1.0.0/16          IS-IS       15     100     2.2.2.2    Ethernet0
```

A．选择第二项作为最优匹配项，因为 RIP 协议的 Cost 值较小

B．选择第二项作为最优匹配项，因为该路由相对于目的地为 9.1.4.5 来说，是更精确的匹配

C．选择第二项作为最优匹配项，因为 Ethernet0 的速度比 serial0 的速度更快

D．选择第一项作为最优匹配项，因为 OSPF 协议的优先级值较高

31．IPv4 地址（　　）是 A 类地址。

A．192.168.1.1　　　　B．100.1.1.1　　　　C．127.0.0.1　　　　D．172.16.1.1

32．默认情况下，广播网络上 OSPF 协议 HELLO 报文发送的周期为（　　）。

A．10s　　　　　　B．40s　　　　　　C．30s　　　　　　D．20s

33．如下图所示的网络，所有路由器运行 OSPF 协议，链路上方为 Cost 值的大小，则 RTA 到达网络 10.0.0.0/8 的路径为（　　）。

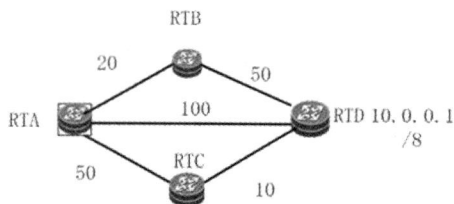

A．A-B-D

B．RTA 无法到达 10.0.0.0/8

C．A-C-D

D．A-D

34．关于华为设备中静态路由的说法错误的是（　　）。

A．静态路由的开销值（Cost）不可以被修改

B．静态路由优先级的默认值为 60

C．静态路由优先级值的范围为 1～255

D．静态路由的优先级为 0 时，则该路由一定会被优选

35．关于直连路由说法正确的是（　　）。

A．直连路由需要管理员手工配置目的网络和下一跳地址

B．直连路由优先级低于静态路由

C．直连路由优先级低于动态路由

D．直连路由优先级最高

36．OSPF 协议使用（　　）报文发现和维护邻居关系。

A．DD　　　　　　B．LSR　　　　　　C．LSU　　　　　　D．HELLO

37．在华为路由器上，默认情况下 OSPF 协议内部路由优先级的数值为（　　　）。

A．20　　　　　　　　B．10　　　　　　　　C．30　　　　　　　　D．0

38．路由表不包含（　　　）项参数。

A．目的地址/掩码　　B．Cost 开销　　　　C．MAC 地址　　　　　D．nexthop 下一跳

39．某台运行了 OSPF 的设备，在没有指定 Router-ID 是多少时，会使用（　　　）接口的 IP 地址作为自己 OSPF 进程的 Router-ID（　　　）。

A．Ethernet0/0/0 10.0.12.1　　　　　　　　B．Ethernet0/0/1 10.0.21.1

C．Loopback0 1.1.1.1　　　　　　　　　　D．Loopback1 2.2.2.2

40．如下图所示的网络，所有路由器运行 OSPF 协议，链路 Cost 值见下图，则 RTA 路由表中到达网络 10.0.0.0/8 的路由条目的 Cost 值是（　　　）。

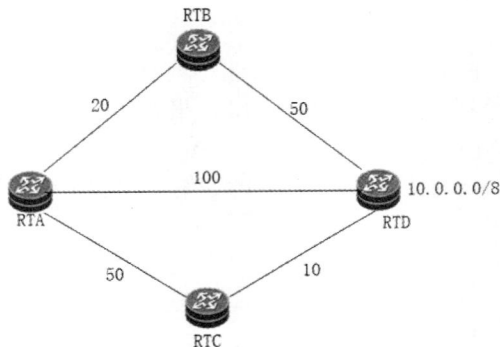

A．70　　　　　　　　B．100　　　　　　　　C．20　　　　　　　　D．60

41．在 VRP 平台中，（　　　）命令可以只查看静态路由。

A．display ip routing-table protocol static　　B．display ip routing-table

C．display ip routing-table verbose　　　　　　D．display ip routing-table statistics

42．如下图所示，说法正确的是（　　　）。

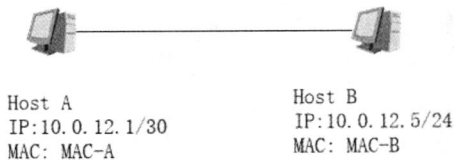

Host A
IP:10.0.12.1/30
MAC: MAC-A

Host B
IP:10.0.12.5/24
MAC: MAC-B

A．Host A 可以 ping 通 Host B

B．只有把 Host A 和 Host B 的掩码设置为一致，Host A 和 Host B 才能通信

C．Host A 和 Host B 的广播地址相同

D．Host A 和 Host B 的 IP 地址掩码不同，所以 Host A 和 Host B 不能通信

43．ip route-static 10.0.12.0 255.255.255.0 192.168.1.1，关于此命令描述正确的是（　　　）。

A．此命令配置了一条到达 10.0.12.0 网络的路由

B．该路由的优先级为 100

C. 如果路由器通过其他协议学习到和此路由相同目的网络的路由器，路由器将会优先选择此路由

D. 此命令配置了一条到达 192.168.1.1 网络的路由

44. 192.168.1.127/25 代表的是（　　）地址。

　　A. 广播　　　　　　B. 组播　　　　　　C. 网络　　　　　　D. 主机

45. 下列配置默认路由的命令中正确的是（　　）。

　　A. [huawei-serial0]ip route-static 0.0.0.0 0.0.0.0 0.0.0.0

　　B. [huawei] ip route-static 0.0.0.0 255 255.255 255 192. 168.1.1

　　C. [huawei] ip route-static 0.0.0.0 0.0.0.0 192.168.1.1

　　D. [huawei] ip route-static 0.0.0.0 0.0.0.0 0.0.0.0

46. OSPF 协议在网络层对应的协议号是（　　）。

　　A. 89　　　　　　　B. 6　　　　　　　C. 0　　　　　　　D. 1

47. OSPF 协议使用（　　）报文请求本地缺少的 LSA。

　　A. LSACK　　　　　B. LSU　　　　　　C. HELLO　　　　　D. LSR

48. OSPF 路由协议的优先级为（　　）。

　　A. 0　　　　　　　B. 10　　　　　　　C. 60　　　　　　　D. 100

49. OSPF 协议的作用有（　　）。

　　A. 传递路由信息　　B. 传递 MA　　　　C. 传递 ARP 信息　　D. 没什么作用

50. OSPF 协议基于（　　）协议。

　　A. UDP　　　　　　B. HTTP　　　　　　C. TCP　　　　　　D. IP

51. 管理员通过 Telnet 成功登录路由器后，发现无法配置路由器的接口 IP 地址，那么可能的原因有（　　）。

　　A. 管理员使用的 TeInet 终端软件禁止相应操作

　　B. SNMP 参数配置错误

　　C. Telnet 用户的认证方式配置错误

　　D. Telnet 用户的级别配置错误

52. 可以确保 LSA 更新的可靠性的 OSPF 协议的报文是（　　）。

　　A. LSAck　　　　　B. DD　　　　　　C. LSU　　　　　　D. LSR

53. 路由协议中优先级最高的是（　　）。

　　A. Static　　　　　B. RIP　　　　　　C. OSPF　　　　　　D. Direct

54. 关于静态与动态路由描述错误的是（　　）。

　　A. 管理员在企业网络中部署动态路由协议后，后期维护和扩展能够更加方便

　　B. 动态路由协议比静态路由协议要占用更多的系统资源

　　C. 链路产生故障后，静态路由能够自动完成网络收敛

　　D. 静态路由在企业中应用时配置简单，管理方便

55. 224.0.0.5/24 代表的地址是（　　）。

A. 网络　　　　　　B. 广播　　　　　　C. 组播　　　　　　D. 主机

56. 网络管理员希望能够有效利用 192.168.176.0/25 网段的 IP 地址，现公司市场部门有 20 台主机，则最好分配（　　　）地址段给市场部。

A. 192.168.176.160/27　　　　　　B. 192.168.176.0/25

C. 192.168.176.96/27　　　　　　D. 192.168.176.48/29

57. 动态路由协议的主要作用是（　　　）。

A. 管理路由器　　　　　　B. 生成 IP 地址

C. 动态生成路由条目　　　　　　D. 控制路由器接口状态确认

58. 下图所示信息描述正确的是（　　　）。

```
[R1]display interface g0/0/0
GigabitEthernet0/0/0 current state : Administratively DOWN
Line protocol current state : DOWN
```

A. GigabitEthernet 0/0/0 接口没有配置 IP 地址

B. GigabitEthernet 0/0/0 接口连接了一条错误的线缆

C. GigabitEthernet 0/0/0 接口被管理员手动关闭了

D. GigabitEthernet 0/0/0 接口没有启用动态路由协议

59. 如果一个网络的网络地址为 10.1.1.0/30，那么它的广播地址是（　　　）。

A. 10.1.1.2　　　B. 10.1.1.3　　　C. 10.1.1.4　　　D. 10.1.1.1

60. 如果一个网络的广播地址为 172.16.1.255，那么它的网络地址可能是（　　　）。

A. 172.16.2.0　　　B. 172.16.1.128　　　C. 172.16.1.1　　　D. 172.16.1.253

61. OSPF 协议使用（　　　）报文向邻居发送 LSA。

A. LSU　　　　　　B. LSACK　　　　　　C. LSR　　　　　　D. LSA

62. 关于 OSPF 协议 DR 的说法正确的是（　　　）。

A. DR 一定是网络中优先级最高的设备　B. Router-ID 值越大越优先被选举为 DR

C. DR 的选举是抢占式的　　　　　　D. 一个接口优先级为 0，那么该接口不可能为 DR

63. 掩码长度为 12 位可以表示为（　　　）。

A. 255.240.0.0　　　B. 255.248.0.0　　　C. 255.255.0.0　　　D. 255.255.255.0

64. 直连路由条目的优先级的数值为（　　　）。

A. 0　　　　　　B. 30　　　　　　C. 10　　　　　　D. 20

65. 管理员计划通过配置浮动静态路由来实现路由备份，则正确的实现方法是（　　　）。

A. 管理员需要为主用静态路由和备用静态路由配置不同的度量值

B. 管理员需要为主用静态路由和备用静态路由配置不同的 TAG

C. 管理员只需配置两个静态路由

D. 管理员需要为主用静态路由和备用静态路由配置不同的协议优先级值

66. 关于 OSPF 协议区域划分说法错误的是（　　　）。

A．area0 是骨干区域，其他区域都必须与此区域相连

B．同一个 OSPF 区域中的路由器的 LSDB 是完全一致的

C．划分 OSPF 区域可以缩小部分路由器的 LSDB 规模

D．只有 ABR 才能作为 ASBR

67．OSPF 协议在（　　）状态下可以确定 DD 报文的主从关系。

　　A．ExStart　　　　　B．Full　　　　　C．2-way　　　　　D．Exchange

68．关于静态路由说法错误的是（　　）。

A．不能自动适应网络拓扑的变化

B．通过网络管理员手动配置

C．对系统性能要求低

D．路由器之间需要交互路由信息

69．一台主机直接访问 Internet 可以使用的 IPv4 地址是（　　）。

　　A．192.168.1.1/24　B．172.32.1.1/24　C．172.16.255.254/24　D．10.255.255.254/24

70．OSPF 协议使用（　　）状态表示邻接关系已经建立。

　　A．Full　　　　　　B．2-way　　　　　C．Attempt　　　　D．Down

71．如下图所示，这个网络中的 BDR 是（　　）路由器。

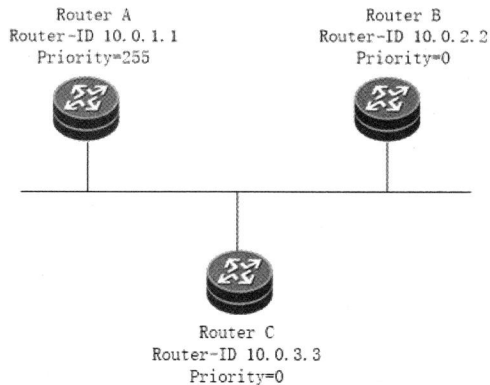

　　A．Router B　　　　B．Router C　　　　C．Router A　　　　D．无 BDR

72．属于链路状态协议的是（　　）。

　　A．Direct　　　　　B．Static　　　　　C．FTP　　　　　　D．OSPF

73．IPv4 最后一个选项字段（Options）是可变长的可选信息，该字段的最大长度为（　　）。

　　A．10B　　　　　　B．40B　　　　　　C．60B　　　　　　D．20B

74．网络管理员在路由器设备上使用 Traceroute 命令后，路由器发出的数据包中，IPv4 首部的
Protocol 字段取值为（　　）。

　　A．17　　　　　　　B．2　　　　　　　C．6　　　　　　　D．1

75．如下图所示，假设所有路由器同时使用 OSPF 协议，这个网络中的 BDR 是（　　）路由器。

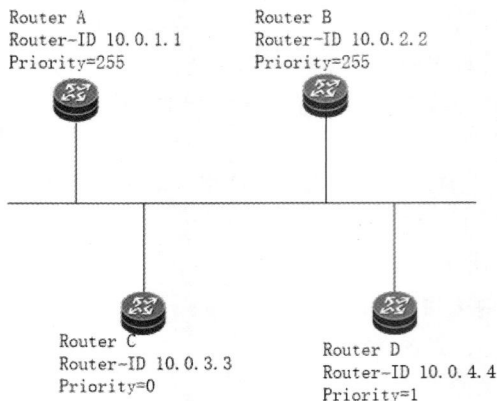

Router A
Router-ID 10.0.1.1
Priority=255

Router B
Router-ID 10.0.2.2
Priority=255

Router C
Router-ID 10.0.3.3
Priority=0

Router D
Router-ID 10.0.4.4
Priority=1

A．Router D   B．Router B   C．Router C   D．Router A

76．在华为路由器上，默认情况下静态路由协议优先级的数值为（   ）。

A．120   B．100   C．0   D．60

77．一条路由条目包含多个要素，下列说法错误的是（   ）。

A．NextHop 显示此路由条目对应的本地接口地址

B．Pre 显示此路由协议的优先级

C．Destination/Mask 显示目的网络/主机的地址和掩码长度

D．Proto 显示学习此路由的来源

78．如下图所示的网络，所有链路均是以太网链路，并且所有路由器的全部接口都运行 OSPF
协议，则整个网络中选举（   ）个 DR。

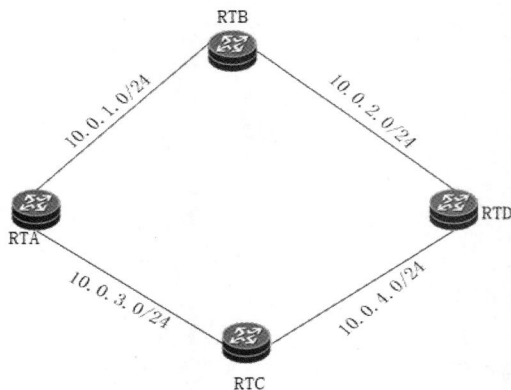

RTB

10.0.1.0/24

10.0.2.0/24

RTD

RTA

10.0.3.0/24

10.0.4.0/24

RTC

A．4   B．1   C．3   D．2

79．以下（   ）命令可以查看 OSPF 是否已经正确建立邻居关系。

A．display ospf interface   B．display ospf peer

C．display ospf neighbor   D．display ospf brief

80．如下图所示，当路由器同时使用 OSPF 协议时，这个网络中的 BDR 是（   ）。

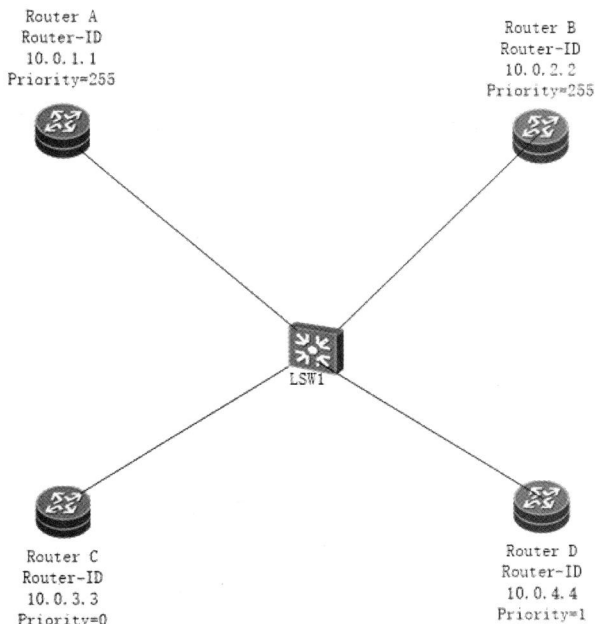

A．Router A　　　　B．Router B　　　　C．Router C　　　　D．Router D

81．如下图所示，关于 OSPF 的拓扑和配置，下列说法正确的是（　　）。

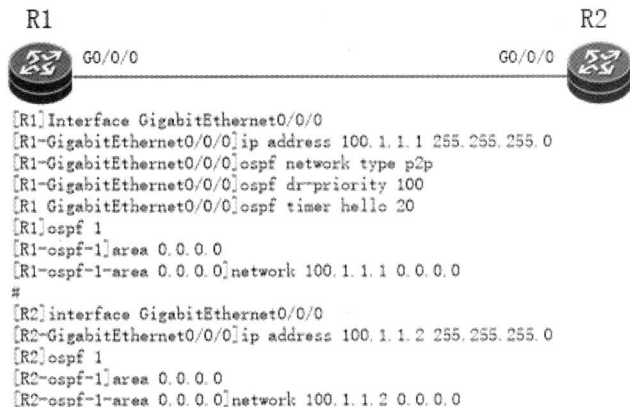

```
[R1]Interface GigabitEthernet0/0/0
[R1-GigabitEthernet0/0/0]ip address 100.1.1.1 255.255.255.0
[R1-GigabitEthernet0/0/0]ospf network type p2p
[R1-GigabitEthernet0/0/0]ospf dr-priority 100
[R1 GigabitEthernet0/0/0]ospf timer hello 20
[R1]ospf 1
[R1-ospf-1]area 0.0.0.0
[R1-ospf-1-area 0.0.0.0]network 100.1.1.1 0.0.0.0
#
[R2]interface GigabitEthernet0/0/0
[R2-GigabitEthernet0/0/0]ip address 100.1.1.2 255.255.255.0
[R2]ospf 1
[R2-ospf-1]area 0.0.0.0
[R2-ospf-1-area 0.0.0.0]network 100.1.1.2 0.0.0.0
```

A．R1 和 R2 可以建立稳定的 OSPF 邻居关系

B．R1 与 R2 相比，R2 更有机会成为 DR，因为它的接口 DR 优先级值较小

C．只要把 R1 的接口网络类型恢复为默认的广播类型，同时调整 hello 时间为 10s，R1 和 R2 即可建立稳定的邻居关系

D．只要把 R1 的接口网络类型恢复为默认的广播类型，R1 和 R2 即可建立稳定的邻居关系

82．基台路由器运行 OSPF 协议，并且没有指定 Router-ID，所有接口的 IP 地址如下，则此路由器 OSPF 协议的 Router-ID 为（　　）。

Interface	IP Address/Mask	Physical	Protocol
Ethernet0/0/0	10.0.12.1/24	up	up
Ethernet0/0/1	10.0.21.1/24	up	up
LoopBack0	10.0.1.1/32	up	up(s)
LoopBack1	10.0.1.2/32	up	up(s)

  A．10.0.21.1   B．10.0.1.2   C．10.0.1.1   D．10.0.12.1

83．管理员在某台路由器上配置 OSPF，但该路由器上未配置 LoopBack 接口，则关于 Router-ID 的描述正确的是（ ）。

  A．该路由器物理接口的最小 IP 地址将会成为 Router-ID

  B．该路由器物理接口的最大 IP 地址将会成为 Router-ID

  C．该路由器管理接口的 IP 地址将会成为 Router-ID

  D．该路由器的优先级将会成为 Router-ID

84．在一台路由器上配置 OSPF 时，必须手动进行的配置有（ ）。

  A．指定每个使能 OSPF 的接口的网络类型   B．创建 OSPF 区域

  C．创建 OSPF 进程   D．配置 Router-ID

85．管理员要在路由器的 G0/0/0 接口上配置 IP 地址，那么使用下面（ ）地址才是正确的。

  A．237.6.1.2/24 B．145.4.2.55/26 C．127.3.1.4/28 D．192.168.10.112/30

86．主机 IPv4 地址为 200.200.200.201/30，则拥有 IPv4 地址为（ ）的主机和其通信不需要经过路由器转发。

  A．200.200.200.203   B．200.200.200.202

  C．200.200.200.1   D．200.200.200.200

87．200.200.200.200/30 的广播地址为（ ）。

  A．200.200.200.203 B．200.200.200.200 C．200.200.200.255 D．200.200.200.252

88．下图是路由器 R1 的路由表，如果 R1 发送一个目的 IP 地址为 10.0.2.2 的数据包，那么需要从（ ）口发出。

```
<R1>display ip routing-table
Route Flags: R - relay, D - download to fib
Routing Tables:Public
Destinations : 13 Routes : 13
Destination/Mask  Proto   Pre  Cost  Flags NextHop     Interface

0.0.0.0/0         Static  60   0     RD    10.0.14.4   GigabitEthernet0/0/0
10.0.0.0/8        Static  60   0     RD    10.0.12.2   Ethernet0/0/0
10.0.2.0/24       Static  60   0     RD    10.0.13.3   Ethernet0/0/2
10.0.2.2/32       Static  60   0     RD    10.0.21.2   Ethernet0/0/1
```

  A．GigabitEthernet 0/0/0   B．Ethernet 0/0/0

  C．Ethernet 0/0/2   D．Ethernet 0/0/1

2.2 多选题

扫一扫，看视频

1．OSPF 协议 DR 和 BDR 的作用是（ ）。

A．减少邻接关系的数量　　　　　　　B．减少 OSPF 协议报文的类型

C．减少邻接关系建立的时间　　　　　D．减少链路状态信息的交换次数

2. 关于 DR 和 BDR 的选举，说法正确的有（　　）。

A．广播型网络中一定存在 BDR

B．如果优先级相同时，则比较 Router-ID，值越大越优先被选举为 DR

C．广播型网络中一定存在 DR

D．如果一个接口优先级为 0，那么该接口将不会参与 DR 或者 BDR 的选举

3. OSPF 协议邻居关系具有的稳定状态是（　　）。

A．2-way　　　　　B．Down　　　　　C．Attempt　　　　　D．Full

4. OSPF 协议建立邻接关系时，以下（　　）参数必须要一致。

A．Router-ID　　　B．Area ID　　　C．Router Priority　　D．Router Dead Interval

5. ARP 报文格式包含（　　）字段。

A．Hardware Type　　　　　　　　　B．Protocol Address of sender

C．Operation Code　　　　　　　　　D．Protocol Type

6. 对于下图所示的路由表，下列说法正确的是（　　）。

```
[R1]display ip routing-table
Route Flags: R - relay, D - download to fib
-----------------------------------------------------------------------------
Routing Tables: Public
         Destinations : 6         Routes : 6

Destination/Mask    Proto   Pre  Cost       Flags NextHop         Interface
      10.0.2.2/32   Static  60   0          RD    10.0.12.2       Ethernet0/0/0
      10.0.3.3/32   Static  60   0          RD    10.0.12.2       Ethernet0/0/0
    10.0.12.0/24    Direct  0    0          D     10.0.12.1       Ethernet0/0/0
    10.0.12.1/32    Direct  0    0          D     127.0.0.1       Ethernet0/0/0
    127.0.0.0/8     Direct  0    0          D     127.0.0.1       InLoopBack0
    127.0.0.1/32    Direct  0    0          D     127.0.0.1       InLoopBack0
```

A．路由器从 Ethernet 0/0/0 转发目的 IP 地址为 10.0.3.3 的数据包

B．路由器从 Ethernet 0/0/0 转发目的 IP 地址为 10.0.2.2 的数据包

C．路由器从 Ethernet 0/0/0 转发目的 IP 地址为 10.0.12.1 的数据包

D．目的网络 10.0.3.3/32 的 NextHop 非直连，所以路由器不会转发目的 IP 地址为 10.0.3.3 的数据包

7. 如下图所示的网络，在 Router A 设备里存在如下配置，则说法正确的是（　　）。

```
ip route-static 10.0.2.2 255.255.255.255 11.0.12.2
ip route-static 10.0.2.2 255.255.255.255 10.2.21.2 preference 40
```

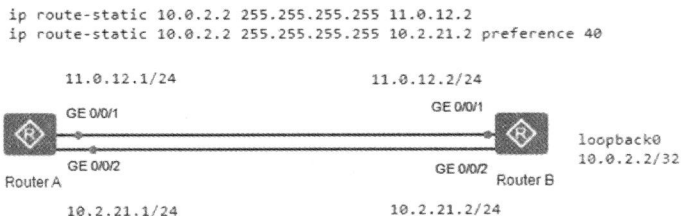

A．如果 GE0/0/1 端口 Down，Router A 路由表中到达 10.0.2.2 的 Interface 更改为 GE0/0/2

B．如果 GE0/0/2 端口 Down，Router A 路由表中到达 10.0.2.2 的 Interface 更改为 GE0/0/1

    C．Router A 路由表中到达 10.0.2.2 的 Interface 为 GE0/0/2

    D．Router A 路由表中到达 10.0.2.2 的 Interface 为 GE0/0/1

8．关于 OSPF 的 DD 报文和 LSA 的描述正确的是（　　）。

    A．LSA 的头部可以唯一标识一个 LSA   B．LSA 的头部只是 LSA 的一小部分

    C．DD 报文中包含 LSA 的详细信息   D．DD 报文中仅包含 LSA 的头部信息

9．关于路由器的主要功能的说法错误的是（　　）。

    A．实现相同网段设备之间的相互通信   B．根据收到数据包的源 IP 地址进行转发

    C．通过多种协议建立路由表   D．根据路由表指导数据转发

10．关于单臂路由的说法正确的有（　　）。

    A．交换机上，把连接到路由器的端口配置成 Trunk 类型的端口，并允许相关 VLAN 的帧通过

    B．每个 VLAN 一个物理连接

    C．在路由器上需要创建子接口

    D．交换机和路由器之间仅使用一条物理链路连接

11．关于 OSPF 区域的描述正确的是（　　）。

    A．所有的网络都应在区域 0 中宣告

    B．骨干区域的编号不能为 2

    C．在配置 OSPF 区域之前必须给路由器的 LoopBack 接口配置 IP 地址

    D．区域的编号范围是从 0.0.0.0 到 255.255.255.255

12．关于 VRRP Slave 设备的描述正确的是（　　）。

    A．当 Slave 收到 Master 发送的 VRRP 报文时，可判断 Master 的状态是否正常

    B．当收到优先级为 0 的 VRRP 报文时，Slave 会直接切换到 Master

    C．Slave 会丢弃目的 MAC 地址为虚拟 MAC 地址的 IP 报文

    D．Slave 会响应目的 IP 地址为虚拟 IP 地址的 IP 报文

13．下列（　　）项是配置静态路由的基本参数。

    A．出接口的 MAC 地址   B．目的网络

    C．下一跳的 IP 地址   D．出接口

14．两台配置 OSPF 的路由器，在 A 上配 silent-interface s0/0/0。说法正确的是（　　）。

    A．RTA 将不发送 OSPF 报文

    B．RTA 将继续接收并分析处理 B 发送的 OSPF 报文

    C．两台路由器邻居不受影响

    D．两台路由器邻居会 down 掉

15．OSPF 协议支持的网络类型有（　　）。

    A．Point-to-Point   B．Non-Broadcast Multi-Access

    C．Point-to-Multipoint   D．Broadcast

16．关于默认路由的说法正确的有（　　）。

    A．如果报文的目的地址不能与路由表的其他任何路由条目匹配，那么路由器将根据默认

　　　　路由转发该报文

　　B．默认路由只能由管理员手工配置

　　C．任何一台路由器的路由表中必须存在默认路由

　　D．在路由表中，默认路由以到网络 0.0.0.0(掩码也为 0.0.0.0)的路由形式出现

17．在 OSPF 广播网络中，一台 DRother 路由器会与（　　）路由器交换链路状态信息。

　　A．BDR　　　　　　　　　　　　B．所有 OSPF 邻居

　　C．DRother　　　　　　　　　　D．DR

18．OSPF 的 hello 报文功能是（　　）。

　　A．邻居发现　　　　　　　　　　B．同步路由器的 LSDB

　　C．更新 LSA 信息　　　　　　　D．维持邻居关系

19．关于 IPv4 首部中的 TTL 字段的说法正确的是（　　）。

　　A．TTL 值长度为 8 位

　　B．报文每经过一台三层设备 TTL 值减 1

　　C．路由出现环路时，TTL 值可以用来防止数据包无限次转发

　　D．TTL 值的范围是 0～255

20．IPv4 首部中的（　　）字段和分片相关。

　　A．Flags　　　　　　B．TTL　　　　　　C．Identification　　　　D．Fragment Offset

21．路由器 R1 路由表输出信息如下图所示，下列说法正确的是（　　）。

```
<R1>display ip routing-table
Route Flags: R - relay, D - download to fib
Routing Tables: Public
Destinations : 13     Routes: 13
Destination/Mask Proto    Pre   Cost  Flags  NextHop      Iterface
0.0.0.0/0        Static   60    0     RD     10.0.14.4    GigabitEthernet0/0/0
10.0.0.0/8       Static   60    0     RD     10.0.12.2    Ethernet0/0/0
10.0.2.0/24      Static   60    0     RD     10.0.13.3    Ethernet0/0/2
10.0.2.2/32      OSPF     10    50    RD     10.0.21.2    Ethernet0/0/1
```

　　A．目的网络为 12.0.0.0/8 的数据包将从路由器的 Ethernet 0/0/0 接口转发

　　B．路由器会丢弃目的网络为 11.0.0.0/8 的数据包

　　C．路由器会转发目的网络为 12.0.0.0/8 的数据包

　　D．目的网络为 11.0.0.0/8 的数据包将从路由器的 GigabitEthernet 0/0/0 接口转发

22．以下（　　）字段是 IPv6 和 IPv4 报文头中都存在的字段。

　　A．Next Header　　　　B．Version　　　　C．Source Address　　　D．Destination Address

23．路由器获得路由条目的来源有（　　）三种。

　　A．静态路由　　　　B．动态路由　　　　C．直连路由　　　　D．聚合路由

24．在 OSPF 协议中，下面对 DR 的描述正确的是（　　）。

　　A．若两台路由器的优先级值相等，则选择 Router-ID 大的路由器作为 DR

　　B．默认情况下，广播网络中所有的路由器都将参与 DR 选举

　　C．若两台路由器的优先级值不同，则选择优先级较小的路由器作为 DR

　　D．DR 和 BDR 之间也要建立邻居关系

25．路由条目 10.0.0.24/29 可能由如下（　　）子网路由汇聚而来。

　　A．10 0.0.23/30　　　B．10.0.0.28/30　　　C．10.0.0.26/30　　　D．10.0 0.24/30

26．路由表中包含的要素是（　　）。

　　A．Interface　　　B．Destination/Mask　　　C．NextHop　　　D．Protocol　　　E．Cost

27．如下图所示的网络，Router A 和 Router B 建立 OSPF 邻居关系，Router A 的 OSPF 进程号为1，区域号为0，以下（　　）在 Router A 上的配置可以使 Router B 获得 HOST A 所在网段的路由。

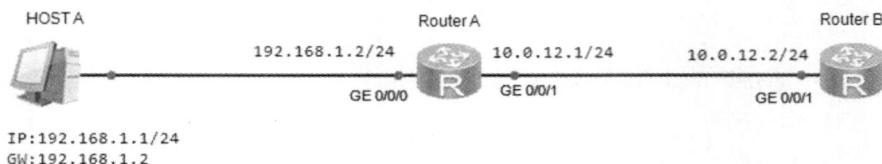

　　A．ospf 1 Area 0.0.0.0 Network 192.168.1.2 0.0.0.0

　　B．ospf 1 Import-route direct

　　C．ospf 1 Area 0.0.0.0 Network 192.168.0.0 0.0.255.255

　　D．ospf 1 Area 0.0.0.0 Network 192.168.1.0 0.0.0.255

28．在 VRP 平台中，如何进入 OSPF 区域 0 的视图？（　　）

　　A．[Huawei-ospf-1] area 0 enable　　　　　　B．[Huawei-ospf-1] area 0

　　C．[Huawei] ospf area 0　　　　　　　　　　D．[Huawei-ospf-1] area 0.0.0.0

29．如下图所示，两台路由器配置了 OSPF 之后，管理员在 RTA 上配置了<silent-interface s0/0/0>命令，则下面描述正确的是（　　）。

　　A．两台路由器的邻居关系将会 down 掉

　　B．RTA 将不再发送 OSPF 报文

　　C．两台路由器的邻居关系将不会受影响

　　D．RTA 会继续接收并分析处理 RIB 发送的 OSPF 报文

30．OSPF 协议在以下（　　）网络类型中需要选举 DR 和 BDR。

　　A．点到多点　　　B．NBMA　　　C．点到点类型　　　D．广播类型

31．某私有网络内有主机需要访问 Internet，为实现此需求，管理员应该在该网络的边缘路由器上做（　　）配置。

　　A．默认路由　　　B．STP　　　C．DHCP　　　D．NAT

32．如下图所示，Router A 已经通过 IP 地址 10.0.12.2 Telnet Router B，在当前界面下，以下（　　）操作会导致 Router A 和 Router B 的 Telnet 会话中断。

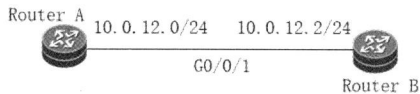

Router A　10.0.12.0/24　10.0.12.2/24

G0/0/1

Router B

A．配置静态路由　　　　　　　　　B．在 G0/0/1 接口下开启 OSPF 协议

C．修改 G0/0/1 接口 IP 地址　　　　D．关闭 G0/0/1 接口

33．OSPF 协议存在以下（　　）特性。

A．易生产路由环路　　　　　　　　B．以条数计算最短路径

C．支持区域的划分　　　　　　　　D．触发更新

34．关于静态路由的配置命令正确的是（　　）。

A．ip route-static 129.1.0.0 255.255.0.0 10.0.0.20

B．ip route-static 129.1.0.0 16 10.0.0.20

C．ip route-static 129.1.0.0 16 serial 0/0/0

D．ip route-static 10.0.0.2 16 129.1.0.0

35．关于 OSPF 的 Router-ID 描述，不正确的是（　　）。

A．OSPF 协议正常运行的前提条件是该路由器有 Router-ID

B．在同一区域内，Router-ID 必须相同，在不同区域内的 Router-ID 可以不同

C．Router-ID 必须是路由器某接口的 IP 地址

D．必须通过手工配置方式来指定 Router-ID

36．下列（　　）协议是动态路由协议。

A．Direct　　　　　B．Static　　　　　C．BGP　　　　　D．OSPF

37．当路由器运行在同一个 OSPF 区域中时，对它们的 LSDB 和路由表的描述正确的是（　　）。

A．所有路由器得到的链路状态数据库是相同的

B．所有路由器得到的路由表是相同的

C．各台路由器得到的链路状态数据库是不同的

D．各台路由器的路由表是不同的

38．配置静态路由的必要条件是（　　）。

A．出接口　　　　B．出接口 MAC 地址　　C．下一跳　　　　D．目的 IP

39．下列说法不正确的是（　　）。

A．路由 Cost 值越大，则路由优先级越高

B．默认情况下，直连路由优先级高于 OSPF 路由优先级

C．VRP 中路由优先级数值越大，则表示路由优先级越高

D．每条静态路由优先级可以不同

40．ip route-static 10.0.2.2 255.255.255.255 10.0.12.2 preference 20，关于此命令说法正确的是（　　）。

A．该路由优先级为 20

B．该路由可以指导目的 IP 地址为 10.0.2.2 的数据包转发

C．该路由可以指导目的 IP 地址为 10.0.12.2 的数据包转发

D．该路由的 NextHop 为 10.0.12.2

41．假设有四条流量 A、B、C、D 均为 50M，端口总带宽为 100M，发生了流量拥塞，并对其进行拥塞管理。其中，流量 A 属于 PQ 队列调度；流量 B、C、D 属于 WFQ 队列调度，权重比为 1:2:2，则关于对四条流量的调度结果描述错误的是（　　）。

A．流量 A 通过 100M

B．流量 A 通过 50M

C．流量 B 通过 10M，流量 C、D 分别通过 20M

D．流量 B 通过 25M，流量 C、D 分别通过 12.5M

42．在华为设备中，OSPF 选举 Router-ID 的方法可以是（　　）。

A．如果未配置 LoopBack 接口，则在其他接口的 IP 地址中选取最大的 IP 地址作为 Router-ID

B．华为交换机可能使用最大的 VLANIF 的 IP 地址作为 Router-ID

C．如果配置了 LoopBack 接口，则从 LookBack 接口的 IP 地址中选取最大的 IP 地址作为 Router-ID

D．通过手工定义一个任意的合法 Router-ID

E．使用默认的 127.0.0.1

43．在 VAP 应用场景中，可以将 AR 路由器的（　　）功能虚拟化到 Server 上。

A．防火墙　　　　　　B．VoIP　　　　　　C．NAT　　　　　　D．VPN

44．现在有 10.24.0.0/24、10.24.1.0/24、10.24.2.0/24、10.24.3.0/24 四个网段，下面（　　）路由可以同时指向这四个网段。

A．10.24.1.0/23　　B．0.0.0.0/0　　　　C．10.24.0.0/22　　　D．10.24.0.0/21

45．关于 OSPF 的邻居状态说法正确的有（　　）。

A．DD 报文的序列号是在 Exchange 状态下确定的

B．路由器 LSDB 同步完成之后，转化为 Full 状态

C．OSPF 的主从关系是在 ExStart 状态时形成的

D．Exchange 状态下路由器相互发送包含链路状态信息摘要的 DD 报文，描述本地 LSDB 的内容

46．如下图所示的网络，所有路由器均运行 OSPF 协议，（　　）设备是 ABR。

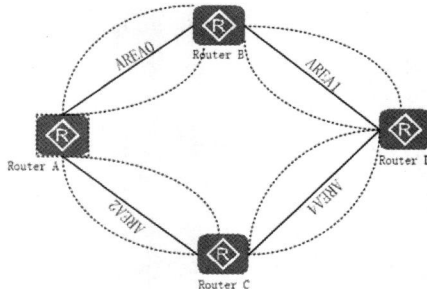

　　A．Router A　　　　B．Router B　　　　C．Router C　　　　D．Router D

47．如下图所示的网络，网络管理员在进行流量规划时希望 Host A 发往 Host B 的数据包经过路由器之间的 G0/0/3 接口，Host B 发往 Host A 的数据包经过路由器之间的 G0/0/4 接口，下列（　　）命令可以实现这个需求。

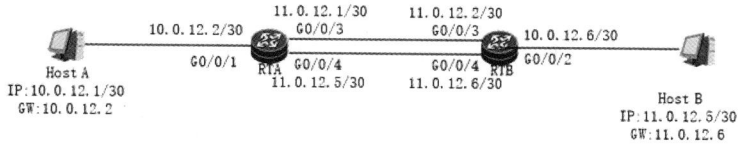

```
                     11.0.12.1/30      11.0.12.2/30
          10.0.12.2/30   G0/0/3          G0/0/3   10.0.12.6/30
Host A  ──────────  RTA               RTB  ──────────  Host B
IP:10.0.12.1/30    G0/0/1  G0/0/4      G0/0/4  G0/0/2   IP:11.0.12.5/30
GW:10.0.12.2       11.0.12.5/30      11.0.12.6/30       GW:11.0.12.6
```

　　A．RTA: ip route-static 0.0.0.00.0.0.011.0.12.2RTB : ip route-static 0.0.0.00.0.0.0 11.0.12.5

　　B．RTA: ip route-static 0.0.0.00.0.0.0 11.0.12.6RTB : ip route-static 0.0.0.0 0.0.0.0 11.0.12.1

　　C．RTA: ip route-static 10.0.12.5 255.255.255.252 11.0.12.2RTB: ip route-static 10.0.12.1 255.255.255.252 11.0.12.5

　　D．RTA: ip route-static 10.0.12.5 255.255.255.252 11.0.12.6RTB: ip route-static 10.0.12.1 255.255.255.252 11.0.12.1

48．某台路由器输出信息如下图所示，下列说法正确的有（　　）。

```
<R1>display ospf interface verbose
   OSPF Process 1 with Router ID 10.0.1.1 Interfaces
 Area: 0.0.0.0          (MPLS TE not enabled)
 Interface:10.0.12.1    (GigabitEthernet0/0/0)
 Cost: 1     State:BDR    Type:Broadcast    MTU:1500
 Priority: 1
 Designated Router: 10.0.12.2
 Backup Designated Router: 10.0.12.1
 Timers: Hello 10，Dead 40，Poll 120，Retransmit 5，Transmit Delay 1
   10 Statistics
           Type      Input     Output
           Hello     66        65
 DB Description      2         3
 Link-State Req      0         1
 Link-State Update   3         2
 Link-State Ack      2         2
 ALLSPF GROUP
 ALLOR GROUP
 OpaqueId: 0    Prevstite: Waiting
 Effective cost: 1，enabled by OSPF   Protocol
```

　　A．本路由接口 DR 优先级为 10　　　　　B．本接口 Cost 值为 1

　　C．本路由器是 BDR　　　　　　　　　　　D．路由器 Router-ID 为 10.0.1.1

49．某台路由器路由表输出信息如下图所示，下列说法正确的是（　　）。

```
<R1> display ip routing-table
Route Flags: R - relay, D - download to fib
Routing Tables: Public
         Destinations:10   Routes:10
Destination/Mask   Prote  Pre  Cost  Flags  NextHop    Interface
     10.0.0.0/8    Static  60   0     RD    10.0.12.2  Ethernet0/0/0 0
     10.0.2.2/32   Static  70   0     RD    10.0.21.2  Ethernet0/0/1
```

A．本路由器到达 10.0.0.1 的出接口为 Ethernet0/0/1

B．本路由器到达 10.0.0.1 的出接口为 Ethernet0/0/0

C．本路由器到达 10.0.2.2 的出接口为 Ethernet0/0/0

D．路由器到达 10.0.2.2 的出接口为 Ethernet0/0/1

50．管理员在 R1 上进行了如下图所示的配置，但是 R1 学习不到其他路由器的路由，那么可能的原因是（　　）。

```
[R1]ospf
[R1-ospf-1]area 1
[R1-ospf-1-area-0.0.0.1]network 10.0.12.0 0.0.0.255
```

A．此路由器在配置 OSPF 时没有宣告连接邻居的网络

B．此路由器没有配置认证功能，但是邻居路由器配置了认证功能

C．此路由器配置时，没有配置 OSPF 进程号

D．此路由器配置的区域 ID 和它的邻居路由器的区域 ID 不同

51．如下图所示的网络，在路由器输入（　　）命令可以使 Host A ping 通 Host B。

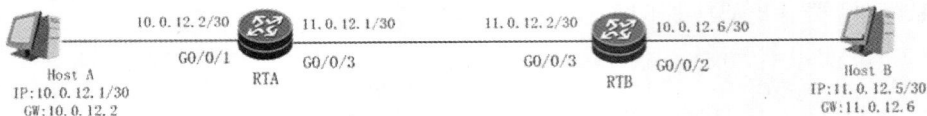

A．RTA: ip route-static 0.0.0.0 0.0.0.0 11.0.12.2 RTB: ip route-static 0.0.0.0 0.0.0.0 11.0.12.1

B．RTA: ip route-static 10.0.12.5 255.255.255.252 11.0.12.2 RTB: route-static 10.0.12.1 255.255.255.252 11.0.12.1

C．RTA: ip route-static 0.0.0.0 0.0.0.0 11.0.12.1 RTB: ip route-static 0.0.0.0 0.0.0.0 11.0.12.2

D．RTA: ip route-static 10.0.12.5 255.255.255.252 11.0.12.1 RTB: ip route-static 10.0.12.1 255.255.255.252 11.0.12

52．如下图所示，所有路由器运行 OSPF 协议，要求 OSPF 进程号为 1，组区域号为 0，下列（　　）命令可以在 Router A 上实现这个需求。

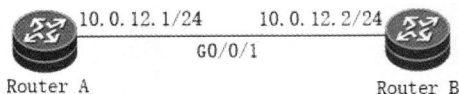

A．ospf 1 area 0.0.0.0 network 10.0.12.0 0.0.0.255

B．interface GigabitEthernet 0/0/1 ip address 10.0.12.1 255.255.255.0 ospf enable 1 area 0.0.0.0

C．ospf 1 area 0.0.0.0 network 10.0.12.0 0.0.0.3

D．ospf 1 area 0.0.0.0 network 10.0.12.1 0.0.0.0

2.3　判断题

扫一扫，看视频

1．运行 OSPF 协议的路由器先达到 FULL 状态，然后进行 LSDB 的同步。（　　）

    A．对　　B．错

2．在广播网络中，DR 和 BDR 都使用组播地址 224.0.0.6 来接收链路状态更新包。（　　）

    A．对　　B．错

3．对于到达同一个目的网络的多条路径，路由器需要通过比较 Preference 值的大小进行选择，如果 Preference 相同，则依据 Cost 值的大小进行选择。（　　）

    A．对　　B．错

4．运行 OSPF 协议的路由器的所有接口必须属于同一个区域。（　　）

    A．对　　B．错

5．路由器进行数据包转发时需要修改数据包中的目的 IP 地址。（　　）

    A．对　　B．错

6．如下图所示的广播网络中，OSPF 运行在四台路由器上，且在同一区域，同一网段 OSPF 会自动选举一个 DR、多个 BDR，从而达到更好的备份效果。（　　）

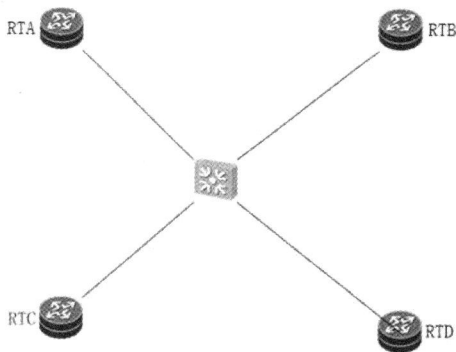

    A．对　　B．错

7．OSPF 进程的 Router-ID 修改之后立即生效。（　　）

    A．对　　B．错

8．路由器的所有接口属于同一个广播域。（　　）

    A．对　　B．错

9．如果一个网络的网络地址为 192.168.1.0，那么它的广播地址一定是 192.168.1.255。（　　）

    A．对　　B．错

10．路由表中某条路由信息的 Proto 为 OSPF，则此路由的优先级一定为 10。（　　）

    A．对　　B．错

11．华为路由器中的 tracert 诊断工具用来跟踪数据的转发路径。（　　）

    A．对　　B．错

12. 广播地址是网络地址中主机位全部置为 1 的一种特殊地址，它也可以作为主机地址使用。（   ）

    A. 对　　B. 错

13. 如果一个以太网数据帧的 Type/Length 字段的值为 0x0800，则此数据帧所承载的上层报文首部长度范围为 20～60B。（   ）

    A. 对　　B. 错

14. 路由器进行数据包转发时需要修改数据包中的目的 IP 地址。（   ）

    A. 对　　B. 错

15. 路由器在转发某个数据包时，如果未匹配到对应的明细路由且无默认路由时，将直接丢弃该数据包。（   ）

    A. 对　　B. 错

16. 运行 OSPF 协议的路由器在完成 LSDB 同步后才能到达 Full 状态。（   ）

    A. 对　　B. 错

17. 路由协议通过 Hello 报文就可以检测到故障，所以不需要 BFD。（   ）

    A. 对　　B. 错

18. 端到端时延等于路径上所有处理时延与队列时延之和。（   ）

    A. 对　　B. 错

19. 带宽决定了数据传输的速率，而且传输的最大带宽是由传输路径上的最小链路带宽决定的。（   ）

    A. 对　　B. 错

20. IP 报文中用 ToS 字段进行 QoS 标记，ToS 字段中用前 6 位来标记 DSCP。（   ）

    A. 对　　B. 错

21. BFD 只是一种通用的快速检测技术，自身可以实现快速倒换的功能，没有必要和其他快速倒换技术一起使用。（   ）

    A. 对　　B. 错

22. BFD 通过周期性检测报文来判断故障是否发生，是一个依赖路由协议的快速故障检测机制。（   ）

    A. 对　　B. 错

23. BFD 可以实现 ms（毫秒）级别的链路状态检测。（   ）

    A. 对　　B. 错

24. BFD（双向转发检测）技术属于快速检测技术，但它较为复杂，需要特殊厂商设备支持。（   ）

    A. 对　　B. 错

25. 路由表中某条路由信息的 Proto 为 direct，则路由优先级一定为 0。（   ）

    A. 对　　B. 错

26. 一台主机和其他主机通信一定要配置网关。（   ）

A. 对　　B. 错

27. 园区网络规划时，服务器建议采用静态 IP 地址。（　　）

A. 对　　B. 错

28. 骨干区域内的路由器有其他所有区域的完整链路状态信息。（　　）

A. 对　　B. 错

29. 192.168.1.0/25 网段的广播地址为 192.168.1.128。（　　）

A. 对　　B. 错

30. 静态路由协议的优先级不能手工指定。（　　）

A. 对　　B. 错

31. OSPF 的 Router-ID 必须和路由器的某个接口 IP 地址相同。（　　）

A. 对　　B. 错

32. ARP 协议能够根据目的 IP 地址解析目标设备 MAC 地址，从而实现 MAC 地址与 IP 地址的映射。（　　）

A. 对　　B. 错

33. 动态路由协议能够自动适应网络拓扑的变化。（　　）

A. 对　　B. 错

第 3 章　构建以太网交换网络

3.1　单选题

1. 如下图所示，四台交换机都运行 STP，各种参数都采用默认值，如果 SWC 的 G0/0/2 端口发生阻塞并无法通过该端口发送配置 BPDU，则网络中的 Blocked 端口（　　）之后会进入到转发状态。

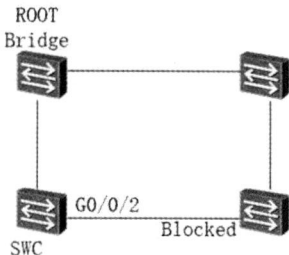

A. 约 3s　　　　　B. 约 50s　　　　　C. 约 30s　　　　　D. 约 15s

2. 如下图所示的网络，主机存在 ARP 缓存，host A 发送数据包给 host B，则此数据包的目的 MAC 地址和目的 IP 地址分别为（　　）。

A. MAC-C 11.0. 12.1   B. MAC-B 11.0.12.1

C. MAC-A 11.0. 12.1   D. MAC-C 10.0. 12.2

3．交换机某个端口配置信息如下图所示，则此端口的 PVID 为（   ）。

```
#
interface GigabitEthernet0/0/1
port hybrid tagged vlan 2 to 3 100
port hybrid untagged vlan 4 6
#
```

A. 4   B. 100   C. 2   D. 1

4．RSTP 中，在根端口失效的情况下，快速转换为新的根端口并立即进入转发状态的是（   ）。

A. Alternate 端口   B. Edge 端口   C. Forwarding 端口   D. Backup 端口

5．如下图所示，两台交换机使用默认参数运行 STP，SWA 上使用了配置命令 STP root primary，SWB 上使用了配置命令 STP priority 0，则（   ）端口将会被阻塞。

A. SWB 的 G0/0/1   B. SWA 的 G0/0/1

C. HUB 的 G0/0/3   D. SWA 的 G0/0/2

6．如下图所示的网络，两台交换机之间通过四条链路相连，Copper 指电接口，Fiber 指光接口，则以下（   ）两个接口可以实现链路聚合。

A. G0/0/2 和 G0/0/1   B. G0/0/3 和 FE0/0/3

C. G0/0/3 和 G0/0/1   D. G0/0/2 和 FE0/0/3

7．下列关于 Trunk 端口与 Access 端口描述正确的是（   ）。

A. Trunk 端口只能发送 tagged 帧   B. Access 端口只能发送 untagged 帧

C. Access 端口只能发送 tagged 帧   D. Trunk 端口只能发送 untagged 帧

8．标准 STP 模式下，下列非根交换机中（   ）会转发由根交换机产生的 TC 置位 BPDU。

A. 指定端口   B. 根端口   C. 备份端口   D. 预备端口

9．以太网交换机工作在 OSI 参考模型的（　　）。

　　A．网络层　　　　　　B．数据链路层　　　C．物理层　　　　　　D．传输层

10．交换网络中生成树协议的桥 ID 如下，拥有下列（　　）桥 ID 的交换机会成为根桥。

　　A．4096 00-01-02-03-04-DD　　　　　　B．32768 00-01-02-03-04-AA

　　C．32768 00-01-02-03-04-CC　　　　　　D．32768 00-01-02-03-04-BB

11．下列关于生成树协议根桥选举说法正确的是（　　）。

　　A．桥优先级的数值最大的设备成为根桥

　　B．桥优先级相同时，端口数量较多的设备成为根桥

　　C．桥优先级相同时，MAC 地址大的设备成为根桥

　　D．桥优先级数值最小的设备成为根桥

12．二层以太网交换机根据端口所接收到以太网帧的（　　）生成 MAC 地址表的表项。

　　A．目的 MAC 地址　B．目的 IP 地址　　C．源 IP 地址　　　　D．源 MAC 地址

13．VLAN 标签中的 Priority 字段可以标识数据帧的优先级，此优先级的范围是（　　）。

　　A．0～7　　　　　B．0～15　　　　　　C．0～3　　　　　　D．0～63

14．交换机的 MAC 地址表不包含以下（　　）信息。

　　A．IP 地址　　　　　B．端口号　　　　　C．VLAN　　　　　D．MAC 地址

15．129/832 关于 ARP 协议的作用和报文封装描述正确的是（　　）。

　　A．ARP 协议支持在 PPP 链路与 HDLC 链路上部署

　　B．ARP 协议基于 Ethernet 封装

　　C．通过 ARP 协议可以获取目的端的 MAC 地址和 UUID 的地址

　　D．网络设备上的 ARP 缓存只可以通过 ARP 协议得到

16．网络管理员在网络中捕获到了一个数据帧，其目的 MAC 地址是 01-00-5E-A0-B1-C3。关于该 MAC 地址的说法正确的是（　　）。

　　A．它是一个组播 MAC 地址　　　　　　B．它是一个单播 MAC 地址

　　C．它是一个非法 MAC 地址　　　　　　D．它是一个广播 MAC 地址

17．网络管理员在三层交接机上创建了 VLAN，并在该 VLAN 的虚拟接口下配置了 IP 地址。当使用命令 display ip interface brief 查看接口状态时，发现 VLANIF 10 接口处于 Down 状态，则应该通过怎样的操作使得 VLANIF 10 接口恢复正常？（　　）

　　A．在 VLANIF 10 接口下使用命令 undo shutdown

　　B．将一个状态必为 Up 的物理接口划进 VLAN 10

　　C．将任意物理接口划进 VLAN 10

　　D．将一个状态必须为 Up 且必须为 Trunk 类型的接口划进 VLAN 10

18．关于二层以太网交换机的描述，说法不正确的是（　　）。

　　A．二层以太网交换机工作在数据链路层

　　B．能够学习 MAC 地址

　　C．需要对所转发的报文三层头部做一定的修改，然后再转发

    D．按照以太网帧二层头部信息进行转发

19．RSTP 存在（　　）种端口状态。

    A．3　　　　　　　　B．4　　　　　　　　C．1　　　　　　　　D．2

20．如下图所示，四台交换机都运行 STP，各参数都采用默认值。在根交换机全局关闭 STP 功能，网络中阻塞端口在（　　）之后会进入转发状态。

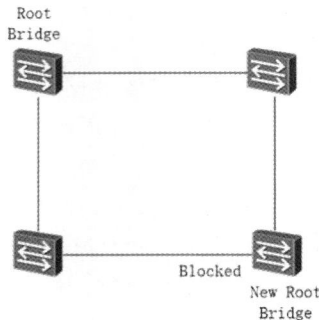

    A．约 30s　　　　　B．约 15s　　　　　C．约 3s　　　　　D．约 50s

21．关于链路聚合 LACP 模式选举 active 端口的说法，正确的是（　　）。

    A．先比较接口优先级，无法判断出较优者时，继续比较接口编号，越小越优

    B．只比较接口优先级

    C．比较设备优先级

    D．只比较接口编号

22．关于 Hybrid 端口的说法正确的有（　　）。

    A．Hybrid 端口可以在出端口方向将某些 vlan 帧的 tag 剥掉

    B．Hybrid 端口发送数据帧时，一定携带 vlan tag

    C．Hybrid 端口只接收带 vlan tag 的数据帧

    D．Hybrid 端口不需要 PVID

23．现有交换机 MAC 地址表如下图所示，下列说法正确的有（　　）。

    A．当交换机重启时，端口 Eth 0/0/3 学习到的 MAC 地址需要重新学习

B．当交换机重启时，端口 Eth0/0/2 学习到的 MAC 地址不需要重新学习

C．从端口收到源 MAC 地址为 5489-9811-0b49，目的 MAC 地址为 5489-989d-1d30 的数据帧，从 Eth0/0/2 端口转发出去

D．从端口收到源 MAC 地址为 5489-9885-18a8，目的 MAC 地址为 5489-989d-1d30 的数据帧，从 Eth0/0/1 端口转发出去

24．交换机某个端口的配置信息如下图所示，则此端口发送携带 VLAN TAG（　　）的数据帧时，剥离 VLAN TAG。

```
#
interface  GigabitEthernet0/0/1
port  link-type  trunk
port  trunk  pvid  vlan  10
port  trunk  allow-pass  vlan  10  20  30  40
#
```

A．30　　　　　　　B．20　　　　　　　C．40　　　　　　　D．10

25．如下图所示的网络，HOST A 没有配置网关，HOST B 存在网关的 ARP 缓存，在 HOST A 使用命令 ping11.0.12.1，下列说法正确的有（　　）。

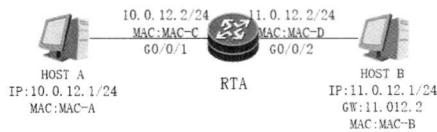

A．不会有任何数据包从 HOST A 发出

B．HOST A 发出的数据帧的目的 MAC 地址是 MAC-C

C．HOST A 发出的数据帧的目的 MAC 地址是 MAC-B

D．HOST A 发出的数据包的目的 IP 地址为 11.0.12.1

26．交换机发送的配置 BPDU 中，不可能会出现的桥 ID 是（　　）。

A．000-01-02-03-04-CC　　　　　　　　B．8192 00-01-02-03-04-CC

C．4096 00-01-02-03-04-CC　　　　　　D．2048 00-01-02-03-04-CC

27．如下图所示的网络，SWA 和 SWB 的 MAC 地址表中，MAC Address、VLAN、Port 对应关系正确的有（　　）。

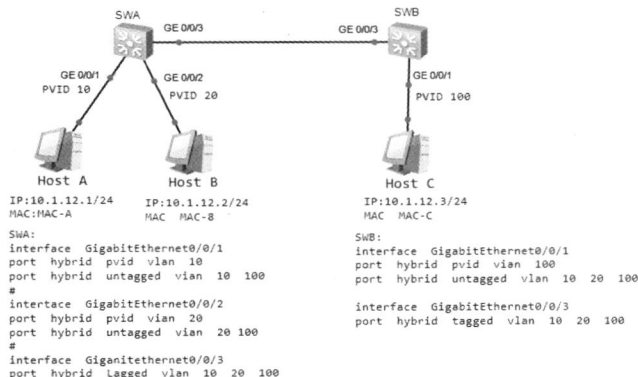

A.

SWB:

MAC Address	VLAN	Port
MAC-A	10	GEC/0/3
MAC-B	20	GEC/0/3
MAC-C	100	GEC/0/1

B.

SWA:

MAC Address	VLAN	Port
MAC-A	10	GEC/0/1
MAC-B	20	GEC/0/3
MAC-C	100	GEC/0/2

C.

SWB:

MAC Address	VLAN	Port
MAC-A	10	GEC/0/1
MAC-B	20	GEC/0/1
MAC-C	100	GEC/0/3

D.

SWA:

MAC Address	VLAN	Port
MAC-A	10	GEC/0/3
MAC-B	20	GEC/0/3
MAC-C	100	GEC/0/1

28. 交换机某个端口的配置信息如下图所示，下列说法错误的是（　　）。

```
#
interface GigabitEthernet0/0/1
port link-type trunk
port trunk pvid vlan 200
port trunk allow-pass vlan 100
#
```

A. 如果该端口收到不带 VLAN TAG 的数据帧，则交换机需要添加 VLAN TAG 200

B. 该端口不能发送携带 VLAN TAG 200 的数据帧

C. 该端口类型为 Trunk 类型

D. 如果数据帧携带的 VLAN TAG 为 100，则交换机剥离 VLAN TAG 发出

29. 如下图所示的网络，交换机使用 VLANIF 接口和路由器的子接口对接，则以下（　　）配置可以实现这种需求。

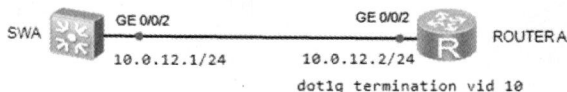

```
SWA   GE 0/0/2              GE 0/0/2   R   ROUTERA
      10.0.12.1/24    10.0.12.2/24
                      dot1q termination vid 10
```

A. interface Vlanif10

　　ip address 10.0.12.1 255.255 .255.0

　　#

　　interface GigabitEthernet 0/0/2

　　port link-type trunk

　　port trunk pvid 10

　　port trunk allow-pass vlan 10

B. interface Vlanif10

　　ip address 10.0.12.1 255.255.255.0

```
                                   #
        interface GigabitEthernet 0/0/2
        port link-type trunk
        port trunk allow-pass vlan 10
    C.  interface Vlanif10
        ip address 10.0.12.1 255.255.255.0
                                   #
        interface GigabitEthernet 0/0/2
        port link-type hybrid
        port hybrid untag vlan 10
```

30. 某台交换机的 STP 端口输出信息如下图所示，下列说法错误的是（　　）。

```
<Huawei>display stp interface e0/0/1
-------[CIST Global Info][Mode MSTP]-------
CIST Bridge     :32768.4c1f-cc46-4618
Config Times    :Hello 4s MaxAge 20s FwDly 15s MaxHop 20
Active Times    :Hello 2s MaxAge 20s FwDly 15s MaxHop 20
CIST Root/ERPC  :0    .4c1f-ccf7-3214 / 200000
CIST RegRoot/IRPC :32768.4c1f-cc46-4618 / 0
```

  A. Forward-delay 为 20s   B. 配置 BPDU 的 MaxAge 为 20s

  C. 该交换机非根桥   D. 该端口发送配置 BPDU 的周期为 2s

31. 为保证同一条数据流在同一条物理链路上进行转发 Eth-Trunk，要采用（　　）方式的负载分担。

  A. 基于数据包入接口的负载分担   B. 基于包的负载分担

  C. 基于应用层信息的负载分担   D. 基于流的负载分担

32. 173/832、IEEE 802.1q 定义的 TPID 的值为（　　）。

  A. 0x9100   B. 0x8200   C. 0x7200   D. 0x8100

33. SWA 的 MAC 地址表如下图所示，交换机始终学习不到主机 A 的 MAC 地址，不可能是以下（　　）种原因。

  A. 主机 A 没有发送任何数据帧

  B. SWA 的 GE0/0/1 端口关闭了 MAC 地址学习功能

  C. SWA 的 GE0/0/1 端口被设置为 Access 模式

D．SWA 关闭了主机 A 所属 VLAN 的 MAC 地址学习功能

34．某台交换机的 MAC 地址表如下图所示，如果交换机从 Eth 0/0/2 端口收到一个目的 MAC 为 5489-9885-18a8 的数据帧，下列说法正确的是（　　）。

```
<Huawei>display mac-address
MAC address table of slot 0:
MAC Address  VLAN/IS/ISA  PEVLAN CEVLAN Port    Type     LSP/LSR-ID
                                                         MAC-Tunnel-/0
5489-9885-18a8  1          -      -     Eth0/0/2 dynamic  0/-
5489-989d-1d30  1          -      -     Eth0/0/1 dynamic  0/-
Total matching items on slot 0 displayed = 2
```

A．将这个数据帧从 Eth 0/0/1 端口转发出去　　B．将这个数据帧泛洪出去

C．将这个数据帧从 Eth 0/0/2 端口转发出去　　D．将这个数据帧丢弃

35．RSTP 配置 BPDU 报文中的 Type 字段取值为（　　）。

A．0x03　　　　　　B．0x01　　　　　　C．0x02　　　　　　D．0x00

36．如下图所示，此交换机需要转发目的 MAC 地址为 5489-98ec-f011 的帧时，下面描述正确的是（　　）。

```
<Huawei>display mac-address
MAC Address     VLAN/VSI   Learned-From   Type
5489-98ec-f018  1/-        GE0/0/13       dynamic
Total items displayed = 1
```

A．交换机将会在除了收到该帧的端口之外的所有端口泛洪该帧

B．交换机在 MAC 地址表中没有找到匹配的条目，所以将会丢弃该帧

C．交换机将会发送目标不可达的消息给源设备

D．交换机需要通过发送请求来发现 MAC 地址为 5489-98ec f011 的设备

37．STP 协议的配置 BPDU 报文不包含以下（　　）参数。

A．Port ID　　　B．VLAN ID　　　C．Bridge ID　　　D．Root ID

38．如下图所示，下列交换机的（　　）端口会处于阻塞状态。

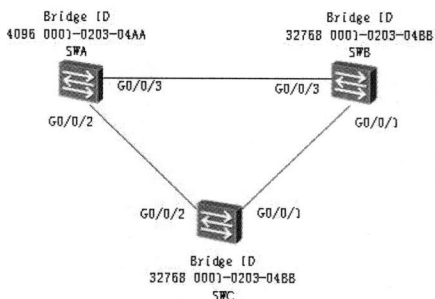

A．SWC 的 G0/0/1　B．SWC 的 G0/0/2　C．SWB 的 G0/0/3　　D．SWA 的 G0/0/3

39．现有一台交换机通过某端口与一个指定端口相连，虽然该端口不转发任何报文，但可以通过接收 BPDU 来监听网络变化，那么该端口的角色应该是（　　）。

A．Designated 端口　B．Alternate 端口　　C．Disable 端口　　D．Root 端口确认

40．默认情况下，STP 协议的 Forward Delay 时间是（　　）。

    A．5s　　　　　　B．10s　　　　　　C．15s　　　　　　D．20s

41．在交换机 MAC 地址表中，以下表项不会老化的是（　　）。

    A．动态 MAC 地址表项　　　　　　　B．静态 MAC 地址表项

    C．端口 MAC 地址表项　　　　　　　D．设备 MAC 地址表项

42．命令 port trunk allow-pass vlan all 的作用是（　　）。

    A．如果为相连的远端设备配置了 port default vlan 3 命令，则两台设备之间的 VLAN 3 无法互通

    B．该端口上允许所有 VLAN 的数据帧通过

    C．相连的对端设备可以动态确定允许哪些 VLAN ID 通过

    D．与该端口相连的对端端口必须同时配置 port trunk permit vlan all 确认

43．STP 协议中端口处于（　　）工作状态时，可以不经过其他状态转为 Forwarding 状态。

    A．Blocking　　　　B．Learning　　　　C．Listening　　　　D．Disabled

44．某交换机收到一个带有 VLAN 标签的单播数据帧，但发现在其 MAC 地址表中查询不到该数据帧的目的 MAC 地址，则交换机对该数据帧的处理行为是（　　）。

    A．交换机会向属于该数据帧所在 VLAN 中的所有端口（除接收端口）广播此数据帧

    B．交换机会向所有端口广播该数据帧

    C．交换机会丢弃此数据帧

    D．交换机会向所有 Access 端口广播此数据帧

45．IEEE 802.1Q 定义的 VLAN 帧格式中，VLAN ID 总共有（　　）bit。

    A．6　　　　　　B．10　　　　　　C．12　　　　　　D．8

46．某台交换机的 MAC 地址表如图所示，如果交换机从 Eth 0/0/2 端口收到一个目的 MAC 为 5489-9811-0b491 的数据帧，则下列说法中正确的是（　　）。

```
<huawei> display mac-address
MAC address table of slot 0
-----------------------------------------------------------------------
MAC address    Vlan/     Pevlan   Cevlan   port      Type     LSP/LSR-ID
               Vsi/si                                         MAC-Tunnel

5489-9885-18a81    -        -        Eth0/0/2   dynanic   0/-
5489-9811-0b491    -        -        Eth0/0/3   dynanic   0/-

Totalmatching   1 items on slot   0 display = 2
```

    A．将这个数据帧从 Eth 0/0/2 端口转发出去

    B．将这个数据帧丢弃

    C．将这个数据帧从 Eth 0/0/3 端口转发出去

    D．将这个数据帧泛洪出去

47．LACP 协议优先级如下图所示，SWA 和 SWB 采用 LACP 模式的链路聚合，并且所有接口加入链路聚合组，同时设置最大活动端口数量为 3，则 SWA 的（　　）接口不是活动端口。

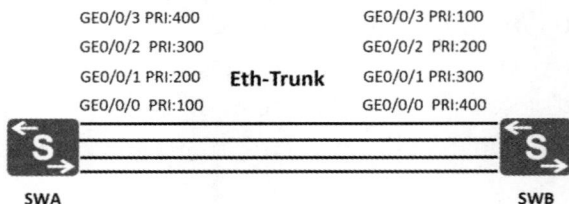

A．GE0/0/1　　　　B．GE0/0/3　　　　C．GE0/0/0　　　　D．GE0/0/2

48．RSTP 不包含以下（　　）端口状态。

A．Learning　　　B．Discarding　　　C．Forwarding　　　D．Blocking

49．关于 Hybrid 端口说法正确的是（　　）。

A．Hybrid 端口发送数据帧的时候，一定携带 VLAN TAG

B．Hybrid 端口只接收带 VLAN TAG 的数据帧

C．Hybrid 端口可以在出接口方向将某些 VLAN 的 TAG 剥掉

D．Hybrid 端不需要 PVID

50．默认情况下，STP 计算的端口开销（Port Cost）和端口带宽有一定关系，即端口带宽越大，开销越（　　）。

A．大　　　　　　B．一致　　　　　　C．不一定　　　　　D．小

51．在 RSTP 标准中，为了提高收敛速度，可以将交换机直接与终端相连的端口定义为（　　）。

A．边缘端口　　　B．根端口　　　　C．快速端口　　　　D．备份端口

52．交换机某个端口的配置信息如下，则此端口在发送携带 VLAN（　　）的数据帧时剥离 VLAN TAG。

```
#
interface GigabitEthernet0/0/1
port hybrid tagged vlan 2 to 3 100
port hybrid untagged vlan 4 6
#
```

A．4、6　　　　B．1、4、5、6　　　C．4、5、6　　　　D．1、4、6

53．如下图所示，所有主机之间都可以正常通行，则 SWB 的 MAC 表中，MAC 地址和端口的对应关系正确的是（　　）。

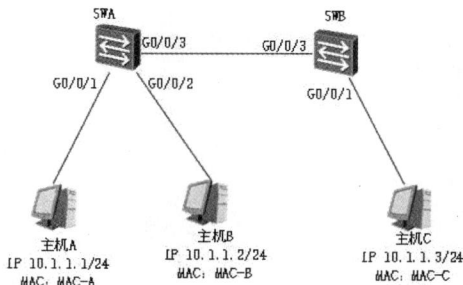

A．MAC-A G0/0/2 MAC-B G0/0/2 MAC-C G0/0/3

B．MAC-A G0/0/3 MAC-B G0/0/3 MAC-C G0/0/1

C．MAC-A G0/0/1 MAC-B G0/0/1 MAC-C G0/0/3

D．MAC-A G0/0/1 MAC-B G0/0/2 MAC-C G0/0/3

54．如下图所示，HOST A 与 HOST B 希望通过单臂路由实现 VLAN 间通信，则在 RTA 的 G0/0/1.1 接口下该做的配置是（　　）。

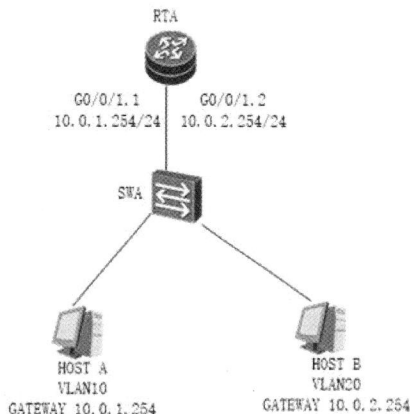

A．dotlq termination vid 1   B．dotlq termination vid 30

C．dotlq termination vid 10   D．dotlq termination vid 20

55．关于 STP 中 Forward Delay 的作用说法正确的是（　　）。

A．防止出现临时性环路

B．在 Blocking 状态和 Disabled 状态转化时需要延时

C．减少 BPDU 发送的时间间隔，提高 STP 的收敛速度

D．提升 BPDU 的生存时间，保证配置 BPDU 可以转发到更多的交换机

56．以下（　　）项不是 RSTP 可以提高收敛速度的原因。

A．根端口的快速切换   B．边缘端口的引入

C．取消了 Forward Delay   D．PIA 机制

57．交换机某个端口的配置信息如下图所示，下列说法错误的是（　　）。

```
#
interface GigabitEthernet0/0/2
port hybrid pvid vlan 100
port hybrid tagged vlan 100
port hybrid untagged vlan 200
#
```

A．该端口类型为 Hybrid 类型

B．如果该端口收到不带 VLAN TAG 的数据帧则，则交换机需要添加 VLAN TAG 100

C．如果数据帧携带的 VLAN TAG 为 200，则交换机剥离 VLAN TAG

D．如果数据帧携带的 VLAN TAG 为 100，则交换机剥离 VLAN TAG 发出

58．关于生成树指定端口的描述正确的是（　　　）。

    A．每台交换机只有一个指定端口

    B．指定端口可以向与其相连的网段转发配置 BPDU 报文

    C．根交换机上的端口一定是指定端口

    D．根交换机上的端口一定不是指定端口

59．关于 VLANIF 接口说法正确的是（　　　）。

    A．VLANIF 接口不需要学习 MAC 地址

    B．VLANIF 接口没有 MAC 地址

    C．不同的 VLANIF 接口可以使用相同的 IP 地址

    D．VLANIF 接口是三层接口

60．关于 RSTP 协议中边缘端口说法正确的是（　　　）。

    A．边缘端口丢弃收到的配置 BPDU 报文

    B．边缘端口可以由 Disable 直接转到 Forwarding 状态

    C．边缘端口参与 RSTP 运算

    D．交换机之间互联的端口需要设置为边缘端口

61．当采用 LACP 模式进行链路聚合时，华为交换机的默认系统优先级是（　　　）。

    A．36864   B．4096   C．24576   D．32768

62．生成树协议中端口 ID 总长度是（　　　）位。

    A．2   B．8   C．4   D．16

63．交换机某个端口配合信息如下，则此端口在发送携带 VLAN（　　　）的数据帧时携带 VLAN TAG。

interface GigabitEthernet0/0/1

port hybrid tagged vlan 2 to 3 100

port hybrid untagged vlan 4 6

    A．1、2、3、100   B．2、3、100   C．2、3、4、6、100 D．1、2、3、4、6、100

64．用单臂路由的方式实现 VLAN 间路由互通，具有的优势是（　　　）。

    A．减少设备数量   B．减少路由表条目

    C．减少 IP 地址的使用   D．减少链路连接的数量

65．当主机经常移动位置时，使用最合适的 VLAN 划分方式（　　　）。

    A．基于 MAC 地址划分   B．基于策略划分

    C．基于 IP 子网划分   D．基于端口划分

66．在 VRP 平台上，命令 interface vlanif<vlan-id>的作用是（　　　）。

    A．创建一个 VLAN   B．无此命令

    C．创建或进入 VLAN 虚接口视图   D．给某端口配置 VLAN

67．交换机和主机之间相连，交换机常用的端口链路类型为（　　　）。

    A．Access 链路   B．干线链路   C．Trunk 链路   D．Hybrid 链路

68．某台交换机链路聚合端口输出信息如下图所示，如果想要删除 eth-trunk1，下列命令正确的是（　　）。

```
[SW2] display eth-trunk 1
Eth-Trunk1' s state infomation is:
WorkingMode: NORMAL        Hash arithnetic: According to SIP-XOR-DIP
Least Active-linknumber:1   Max Bandwidth-affected-linknumber:8
Operate status: up          Number Of Up Port In Trunk:2
--------------------------------------------------------------
PortName            status      Weight
GigabitEthernet0/0/2   up          1
GigabitEthernet0/0/3   up          1
```

A．interface GigabitEthernet 0/0/1 undo eth-trunk quit undo interface eth-trunk

B．interface GigabitEthernet 0/0/1 undo eth-trunk quit interface GigabitEthernet0/0/2 undo eth-trunk quit undo interface eth-trunk 1

C．undo interface eth-trunk 1

D．int GigabitEthernet 0/0/2 undo eth-trunk quit undo interface eth-trunk 1

69．基于端口划分 VLAN 的特点是（　　）。

A．根据报文携带的 IP 地址给数据帧添加 VLAN 标签

B．根据数据帧的协议类型、封装格式来分配 VLAN ID

C．主机移动位置不需要重新配置 VLAN

D．主机移动位置需要重新配置 VLAN

70．某台交换机的输出信息如下图所示，以下（　　）接口可以转发 VLAN ID 为 40 的数据帧且转发时不携带标签。

```
<SWA> display vlan
The total number of vlans is :5
----------------------------------------------------------------
U:Up       D:Down      TC:tagged          UT:untagged
Mp: vlan-mapping       ST: vlan-stacking
#: ProtocokTransparent  *: Management-vlan
----------------------------------------------------------------
VID     Type      Ports
----------------------------------------------------------------
10      common    UT:GE0/0/1(U)   GE: 0/0/2 (U)
20      common    TG:GE0/0/1(U)   GE: 0/0/5 (U)
30      common    TG:GE0/0/1(U)
40      common    UT:GE0/0/5(U)
                  TG:GE0/0/1(U)   GE0/0/3(U)   GE0/0/4(U)
```

A．GE0/0/2　　　　B．GE0/0/5　　　　C．GE0/0/3　　　　D．GE0/0/4

71．路由器某接口的配置信息如下，则此端口可以接收携带 VLAN（　　）的数据包。

```
interface Gigabit Ethernet 0/0/2.30
dot1q teraination vid 100
ip address 10.0.21.1 255.255.255.0
arp broadcast enable
```

A．1　　　　　　　B．100　　　　　　C．30　　　　　　D．20

72. 在存在冗余链路的二层网络中，可以使用下列（   ）协议避免出现环路。

  A．VRRP   B．ARP   C．UDP   D．STP

73. IEEE 802.1q 定义的 VLAN 帧格式总长度为（   ）字节。

  A．1   B．2   C．3   D．4

74. 现有交换机 MAC 地址表如下所示，下列说法正确的有（   ）。

```
<Huawei>display mac-address
MAC address table of slot 0:
MAC Address    VLAN/ VSI/SI   PEVLAN  CEVLAN  Port      Type     LSP/LSR-ID
5489-9811-0b49  1                              Eth0/0/3  static   MAC-Tunnel

Total matching items on slot 0 displayed = 1
MAC address table of slot 0:
MAC Address    VLAN/ VSI/SI   PEVLAN  CEVLAN  Port      Type     LSP/LSR-ID
5489-989d-1d30  1                              Eth0/0/1  dynamic
5489-9885-18a8  1                              Eth0/0/2  dynamic
Total matching items on slot 0 displayed = 2
```

  A．MAC 地址 5489-9885-18a8 由管理员手工配置

  B．MAC 地址 5489-9811-0b49 由管理员手工配置

  C．MAC 地址 5489-989d-1d30 由管理员手工配置

  D．交换机重启后，所有 MAC 地址都需要重新学习

75. 协议使用 P/A 机制加快了上游端口转到 Forwarding 状态的速度，但是没有出现临时环路的原因是（   ）。

  A．通过同步机制保证不会出现临时环路 B．加快了端口角色选举的速度

  C．缩短了 Forward Delay 的时间   D．Delay 的时间

76. 某运行 STP 的交换机上所显示的端口状态信息如下图所示，下列描述错误的是（   ）。

```
MSTID  Port                 Role   STP State    Protection
  0    GigabitEthernet0/0/1   DESI   FORWARDING   NONE
  0    GigabitEthernet0/0/2   DESI   FORWARDING   NONE
  0    GigabitEthernet0/0/13  DESI   FORWARDING   NONE
  0    GigabitEthernet0/0/21  DESI   FORWARDING   NONE
  0    GigabitEthernet0/0/22  DESI   FORWARDING   NONE
  0    GigabitEthernet0/0/23  DESI   FORWARDING   NONE
```

  A．此交换机优先级为 0

  B．此网络中有可能只包含这一台交换机

  C．此交换机可能连接了六台其他交换机

  D．此交换机是网络中的根交换机

77. 使用命令 vlan batch 10 20 和 vlan batch 10 to 20 分别能创建的 VLAN 数量是（   ）。

  A．2 和 2   B．11 和 11   C．11 和 2   D．2 和 11

78. 如下图所示的网络，交换机的桥 ID 已标出，在 SWD 上输入命令 stp root secondary，下列（   ）交换机成为此网络的根桥。

  A．SWC   B．SWD   C．SWA   D．SWB

79．某公司网络管理员想要把经常变换办公位置而导致经常会从不同的交换机接入公司网络的用户，统一划分到 VLAN 10，则应该采用下列（　　）方式来划分 VLAN。

  A．基于协议   B．基于 MAC 地址

  C．基于端口   D．基于子网

80．Access 类型的端口在发送报文时会（　　）。

  A．剥离报文的 VLAN 信息，然后发送出去

  B．打上本端口的 PVID 信息，然后发送出去

  C．发送带 TAG 的报文

  D．添加报文的 VLAN 信息，然后发送出去

81．两台交换机同时使用手工链路聚合，则下列说法错误的是（　　）。

  A．在交换机 B 上只关 G0/0/2 口，Eth-Trunk 状态依旧为 up

  B．在交换机 B 上关闭 G0/0/1 和 G0/0/2 口，Eth-Trunk 状态依旧为 up

  C．在交换机 B 上只关 G0/0/1 口，Eth-Trunk 状态依旧为 up

  D．在交换机 B 上关闭 G0/0/1 和 G0/0/2 口，Eth-Trunk 状态为 down

82．某台交换机链路聚合端口输出信息如下，如果想要删除 Eth-Trunk 1，下列命令正确的是（　　）。

```
<sw1>display interface Eth-Trunk 1
Eth-Trunk1 current state : UP
Line protocol current state : UP
Description:
Switch Port, PVID :    1, Hash arithmetic : According to SIP-XOR-DIP,Maximal BW:
 2G, Current BW: 2G, The Maximum Frame Length is 9216
IP Sending Frames' Format is PKTFMT_ETHNT_2, Hardware address is 4c1f-ccac-1ab3
Current system time: 2025-02-18 14:45:01-08:00
    Input bandwidth utilization :    0%
    Output bandwidth utilization :    0%
-------------------------------------------------------
PortName                  Status      Weight
-------------------------------------------------------
GigabitEthernet0/0/2        UP          1
GigabitEthernet0/0/1        UP          1

The Number of Ports in Trunk : 2
The Number of UP Ports in Trunk : 2
```

A．undo interface eth-trunk 1

B．int GigabitEthernet 0/0/2 undo eth-trunk quit Undo interface eth-trunk1

C．int GigabitEthernet 0/0/1 undo eth-trunk quit int GigabitEthernet 0/0/2 Undo eth-trunk quit

D．int GigabitEthernet 0/0/1 undo eth-trunk quit Undo interface eth-trunk1

83．交换机和主机之间相连，交换机常用的端口链路类型为（　　）。

　　A．Access 链路　　　B．Trunk 链路　　　C．干线链路　　　　D．Hybrid 链路

84．运行 STP 的设备端口处于 Forwarding 状态，下列说法正确的有（　　）。

　　A．该设备端口既转发用户流量，也处理 BPDU 报文

　　B．该设备端口仅仅接收并处理 BPDU 报文，不转发用户流量

　　C．该设备会根据收到的用户流量构建 MAC 地址表，但不转发用户流量

　　D．该设备端口不仅不处理 BPDU 报文，也不转发用户流量

85．如下图所示，假设 SWA 的 MAC 地址表如下，现在主机 A 发送一个目的 MAC 地址为 MAC-B 的数据帧，下列说法正确的是（　　）。

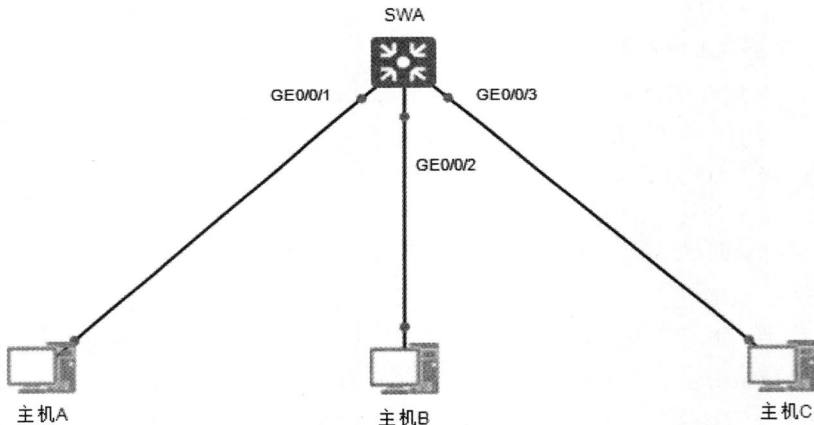

IP 10.1.1.1/24
MAC:MAC-A

IP 10.1.1.2/24
MAC:MAC-B

IP 10.1.1.3/24
MAC:MAC-C

　　A．将这个数据帧只从 GE0/0/3 端口转发出去

　　B．SWA 将数据帧丢弃

　　C．将这个数据帧泛洪出去

　　D．将这个数据帧只从 GE0/0/2 端口转发出去

86．下面关于生成树指定端口的描述正确的是（　　）。

　　A．指定端口可以向与其相连的网段转发配置 BPDU 报文

　　B．根交换机上的端口一定不是指定端口

　　C．每台交换机只有一个指定端口

　　D．根交换机上的端口一定是指定端口

87．如下图所示的网络，下列说法正确的是（　　）。

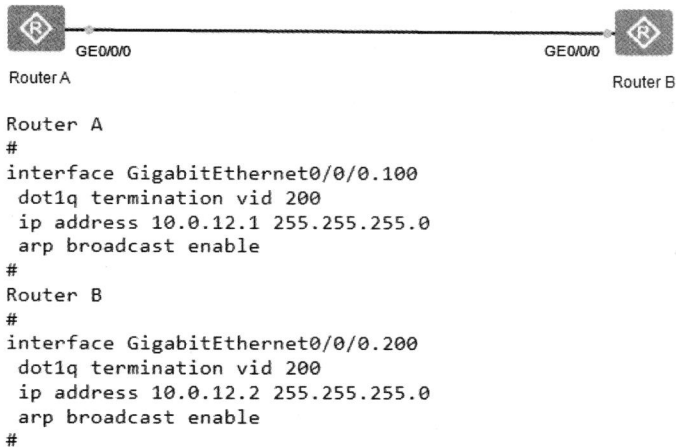

```
Router A
#
interface GigabitEthernet0/0/0.100
 dot1q termination vid 200
  ip address 10.0.12.1 255.255.255.0
  arp broadcast enable
#
Router B
#
interface GigabitEthernet0/0/0.200
 dot1q termination vid 200
  ip address 10.0.12.2 255.255.255.0
  arp broadcast enable
#
```

　　A．Router B 的子接口学习不到 Router A 子接口的 MAC 地址

　　B．Router A 的子接口学习不到 Router B 子接口的 MAC 地址

　　C．由于 Router A 和 Router B 的子接口编号不一致，因此 Router A 和 Router B 不能通信

　　D．10.0.12.1 可以 ping 通 10.0.12.2

88．生成树协议中使用（　　）参数进行根桥的选举。

　　A．端口 ID　　　　B．桥优先级　　　　C．根路径开销　　　D．桥 ID

89．如下图所示，HOST A 与 HOST B 希望通过单臂路由实现 VLAN 间通信，当 RTA 的 g0/0/1.2 子接口收到 HOST B 发送给 HOST A 的数据帧时，RTA 将执行下面（　　）项操作。

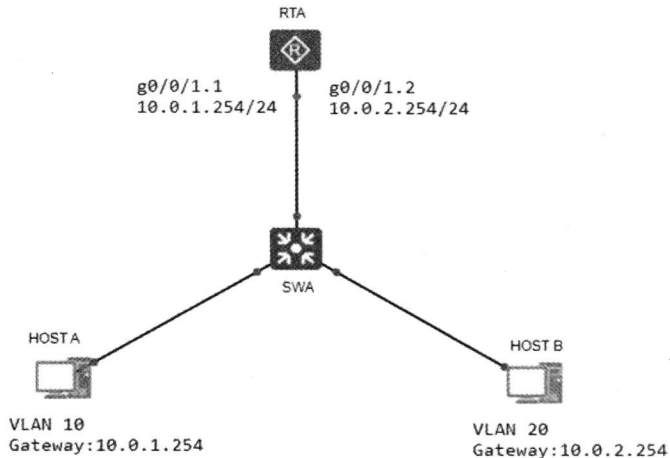

　　A．RTA 将数据帧通过 g0/0/1.1 子接口直接转发出去

　　B．RTA 删除 VLAN 标签 20 后，由 g0/0/1.1 接口发送出去

　　C．RTA 将丢弃该数据帧

　　D．RTA 先要删除 VLAN 标签 20，然后添加 VLAN 标签 10，再由 g0/0/1.1 接口发送出去

90．如下图所示，RTA 的 G0/0/0 和 G0/0/1 接口分别链接到两个不同的网段，RTA 是这两个网络的网关。主机 A 在发送数据给主机 C 之前，会先发送 ARP request 来获取（　　　）的 MAC 地址。

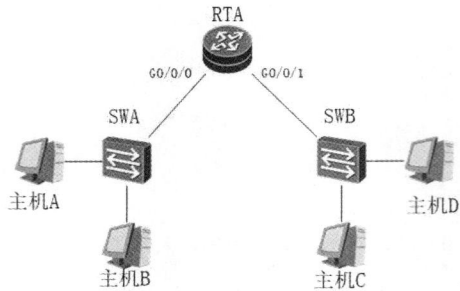

A．SW　　　　　B．主机 C　　　　　C．RTA 的 G0/0/1 接口　D．RTA 的 G0/0/0 接口

91．交换机 G0/0/1 端口配置信息如下图所示，交换机在转发 VLAN（　　　）数据帧时不携带 VLAN TAG。

```
#
interface GigabitEthernet0/0/1
port link-type trunk
port trunk pvid vlan 10
port trunk allow-pass vlan 10 20 30 40
#
```

A．10　　　　　B．20　　　　　C．30　　　　　D．40

92．如下图所示，网络管理员在 SWA 与 SWB 上创建 VLAN 2，并将两台交换机上连接主机的端口配置为 Access 端口，划入 VLAN 2 得 SWA 的 G0/0/1 与 SWB 的 G0/0/2 配置为 Trunk 端口，允许所有 VLAN 通过，则要实现两台主机间能够正常通信，还需要（　　　）。

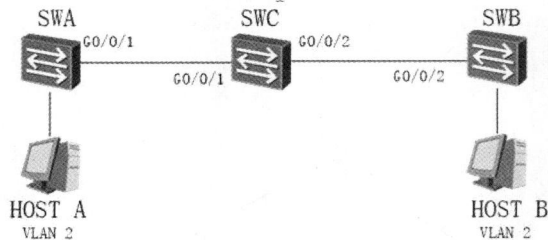

A．配置 SWC 上的 G0/0/1 为 Trunk 端口且允许 VLAN 2 通过，G0/0/2 端口设置为 Access 端口，PVID 为 2

B．在 SWC 上创建 VLAN 2，配置 G0/0/1 和 G0/0/2 为 Trunk 端口，且允许 VLAN 2 通过

C．在 SWC 上创建 VLAN 2 即可

D．配置 SWC 上的 G0/0/1 为 Trunk 端口且允许 VLAN 2 通过即可

93．如下图所示的网络，路由器从 HOST A 收到目的 IP 地址为 11.0.12.1 的数据包，这个数据包经由路由器转发后，目的 MAC 地址和目的 IP 地址分别为（　　　）。

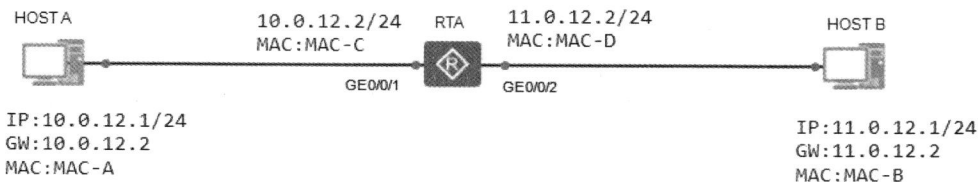

IP:10.0.12.1/24
GW:10.0.12.2
MAC:MAC-A

IP:11.0.12.1/24
GW:11.0.12.2
MAC:MAC-B

A．MAC-D 10.0.12.2　　　　　　　B．MAC-D 11.0.12.1

C．MAC-C 11.0.12.1　　　　　　　D．MAC-B 11.0.12.1

94．如下图所示，交换机使用默认参数运行 STP，则下面（　　）端口将会被选举为指定端口。

A．SWA 的 GE0/0/1　　　　　　　B．HUB 的 GE0/0/1

C．HUB 的 GE0/0/2　　　　　　　D．SWA 的 GE0/0/2

95．下图中所有交换机都开启了 STP 协议，假设所有端口的路径开销值都为 200，则 SWD 的 G0/0/4 端口收到的配置 BPDU 报文中包含的根路径开销值是（　　）。

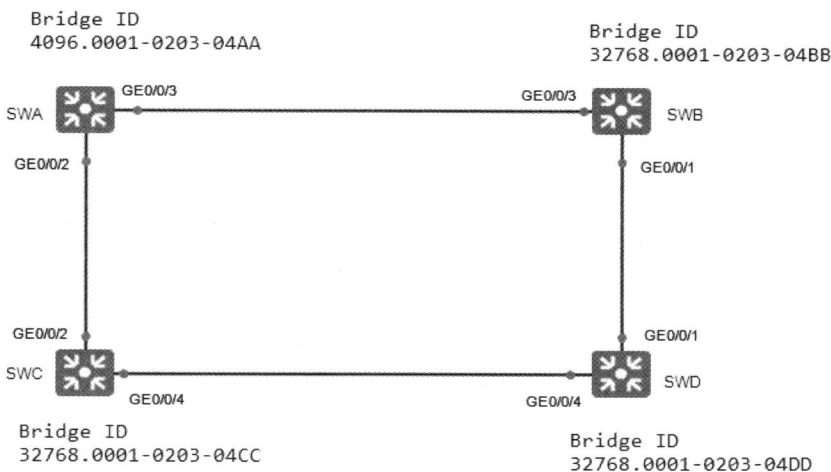

A．0　　　　　　B．200　　　　　　C．400　　　　　　D．600

96．在 RSTP 网络中，为提高收敛速度，可以将交换机与用户终端相连的端口定义为（　　）。

A．快速端口　　　B．备份端口　　　C．根端口　　　　D．边缘端口

97．二层以太网交换机根据端口所接收到以太网帧的（　　）生成 MAC 地址表的表项。

A．目的 MAC 地址　B．目的 IP 地址　　C．源 IP 地址　　　D．源 MAC 地址

98．链路聚合的 LACP 模式采用 LACPDU 选举主动端，以下（　　）信息不会在 LACPDU 中携带。

A．MAC 地址　　　B．接口描述　　　C．接口优先级　　　D．设备优先级

99. 以下关于 LACP 模式的链路聚合说法正确的是（　　）。

　　A．LACP 模式下最多只能有 4 个活动端口

　　B．LACP 模式下不能设置活动端口的数量

　　C．LACP 模式下所有活动接口都参与数据的转发，分担负载流量

　　D．LACP 模式下链路两端的设备相互发送 LACP 报文

100. 交换机收到一个单播数据帧，会在 MAC 地址表中查找目的 MAC 地址，下列说法错误的是（　　）。

　　A．如果查到了这个 MAC 地址，并且这个 MAC 地址在 MAC 地址表中对应的端口是这个帧进入交换机的那个端口，则交换机执行丢弃操作

　　B．如果查不到这个 MAC 地址，则交换机执行泛洪操作

　　C．如果查到了这个 MAC 地址，并且这个 MAC 地址在 MAC 地址表中对应的端口不是这个帧进入交接机的那个端口，则交换机执行转发操作

　　D．如果查不到这个 MAC 地址，则交换机执行丢弃操作

101. Access 端口发送数据帧时如何处理？（　　）

　　A．打上 PVID 转发　　　　　　　　B．发送带 TAG 的报文

　　C．替换 VLAN TAG 转发　　　　　　D．剥离 TAG 转发

102. LACP 协议优先级如下图所示，SWA 和 SWB 采用 LACP 模式的链路聚合，并且所有接口都加入链路聚合组，同时设置最大活动端口数量为 3，则 SWA 的（　　）端口不是活动端口。

```
      GE0/0/3 PRI:400          GE0/0/3 PRI:100
      GE0/0/2 PRI:300          GE0/0/2 PRI:200
      GE0/0/1 PRI:200  Eth-Trunk  GE0/0/1 PRI:300
      GE0/0/0 PRI:100          GE0/0/0 PRI:400

   [S] ═══════════════════════════ [S]

   SWA：优先级32768          SWB：优先级65535
```

　　A．GE0/0/0　　　B．GE0/0/1　　　C．GE0/0/2　　　D．GE0/0/3

103. 三台二层交换机与一台 HUB 互连，交换机均开启 STP，桥 ID 参照下图，其他配置默认，错误的是（　　）。

```
              BID
        4096:0001-0203-04AA
            [SWA]
        G0/0/1    G0/0/2

              HUB
        G0/0/3         G0/0/4

      [SWB]              [SWC]
      G0/0/1            G0/0/1
        BID                BID
   32768:0001-0203-04BB  32768:0001-0203-04CC
```

A．SWA 为该简单网络中的根桥　　　　B．SWA 上两个端口为指定端口，处于转发状态

C．SWA 的 G0/0/2 为阻塞状态　　　　D．SWC 的 G0/0/1 为 alternative，处于阻塞状态

104．如下图所示的交换网络，所有交换机都运行了 STP 协议，当拓扑稳定后，在（　　）交换机上修改 BPDU 的发送周期，可以影响 SWD 的配置 BPDU 的发送周期。

BID:4096:0001-0203-04AA　　　BID:32768:0001-0203-04BB

SWA　G0/0/1　　　　G0/0/1　SWB

G0/0/2　　　　G0/0/2

G0/0/2　　　　G0/0/2

SWC　G0/0/4　　　　G0/0/4　SWD

BID:4096:0001-0203-04CC　　　BID:32768:0001-0203-04DD

A．SWB　　　　B．SWA　　　　C．SWC　　　　D．SWD

105．关于交换机端口的配置，下列说法错误的是（　　）。

```
interface GigabitEthernet 0/0/2
port hybrid pvid vlan 100
port hybrid tagged vlan 100
port hybrid untagged vlan 200
```

A．如果数据帧携带的 vlan tag 为 200，则剥离该 tag 转发

B．如果收到不带 vlan tag 的数据帧，交换机要添加 vlan tag 100

C．接口类型为 hybrid

D．如果数据帧携带的 vlan tag 为 100，则剥离该 tag 转发

106．以下（　　）是 VRRP 优先级手工设置的范围。

A．1～127　　　　B．0～127　　　　C．1～254　　　　D．0～254

107．MAC 地址表不包括（　　）。

A．端口号　　　　B．VLAN　　　　C．IP 地址　　　　D．MAC 地址

108．不同的虚拟机之间可以利用 vswitch 建立的 VTEP 隧道来进行 VXLAN 的通信，那么 VXLAN 的通信过程是（　　）。

①源 VTEP 将源 VM 发送的 ARP 广播封装为组播报文发送到 L3 网络中。

②目的 VTEP 收到组播报文后，学习源 VM 与 VTEP 映射关系，并将组播报文转发给本地 VM。

③本地进行单播应答。

④目标 VTEP 封装 VXLAN 隧道，并建立映射表封装后单播发给源 VTEP。

⑤源 VTEP 收到隧道建立目标 VM 与目标 VTEP 的映射关系，去掉隧道转发给源 VM。

⑥源 VM 与目标 VM 通过隧道进行单播报文通信。

A．1-3-2-4-6-5　　B．3-5-2-4-1-3　　C．1-2-3-4-5-6　　D．1-5-6-4-3-2

109．以下关于手工负载分担模式的链路聚合说法正确的是（　　）。

A．手工负载分担模式下不能设置活动端口的数量

B．手工负载分担模式下所有活动端口都参与数据的转发，分担负载流量

C．手工负载分担模式下最多只能有 4 个活动端口

D．手工负载分担模式下链路两端的设备相互发送 LACP 报文

3.2　多选题

扫一扫，看视频

1．如下图所示的网络，SWA 和 Router A 通过两条链路相连，将这两条链路通过手工负载分担的模式进行链路聚合，聚合端口编号为 1，并且聚合链路进行数据转发时需要携带 vlan tag 100，SWA 使用 Trunk 链路，则 SWA 需要使用如下（　　）配置。

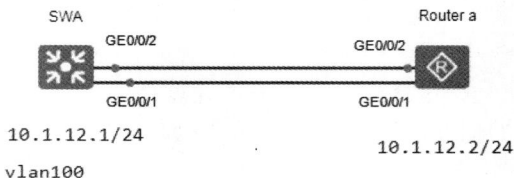

A．

interface eth-trunk 1mode lacp-static

port link-type trunk

port trunk allow-pass vlan 100

#

interface GigabitEthernet0/0/1 eth-trunk 1

interface GigabitEthernet0/0/2 eth-trunk 1

B．

interface eth-trunk 1

port link-type trunk

port trunk allow-pass vlan 100

#

interface GigabitEthernet0/0/1 eth-trunk 1

#

interface GigabitEthernet0/0/2 eth-trunk 1

C．interface vlanif100 ip address 10.0.12.1.255.255.255.0

D．interface eth-trunk 1 ip address 10.0.12.1.255.255.255.0

2．在 STP 协议中，（　　）是影响根交换机的选举的因素。

A．交换机的 MAC 地址　　　　　　　　B．交换机的 IP 地址　C．交换机优先级

D．交换机接口带宽　　　　　　　　　　E．交换机接口 ID

3．如下图所示的网络，路由器使用子接口作为主机的网关，网关的 IP 地址为 10.0.12.2，以下（　　）命令可以实现这个需求。

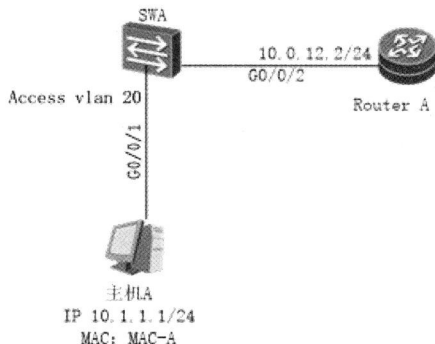

A．Interface GigabitEthernet0/0/0.20 Dotlq termination VID 10 ip address 10.0.12.2 255.255.255.0 Arp broadcast enable

B．Interface GigabitEthernet0/0/0.10 Dotlq termination VID 10 ip address 10.0.12.2 255.255.255.0 Arp broadcast enable

C．Interface GigabitEthernet0/0/0.10 Dotlq termination VID 20 ip address 10.0.12.2 255.255.255.0 Arp broadcast enable

D．Interface GigabitEthernet0/0/0.20 Dotlq termination VID 20 ip address 10.0.12.2 255.255.255.0 Arp broadcast enable

4．链路聚合是企业网络中的常用技术，下列描述中（　　）是链路聚合技术的优点。

A．提高安全性　　　B．提高可靠性　　　C．实现负载分担　　　D．增加带宽

5．链路聚合的作用是（　　）。

A．提升网络可靠性　　　　　　　B．增加带宽
C．便于对数据进行分析　　　　　D．实现负载分担

6．STP 中选举根端口时需要考虑以下（　　）参数。

A．端口优先级

B．端口槽位编号，如 G0/0/1

C．端口的双工模式

D．端口到达根交换机的 Cost

E．端口的 MAC 地址

7．RSTP 包含以下（　　）端口状态。

A．Learning　　　B．Discarding　　　C．Listening　　　D．Forwarding

8．某台路由器输出信息如下图所示，下列说法正确的有（　　）。

```
<R1>display ospf peer
OSPF Process 1 with Router ID 10.0.2.2
Neighbors
Area 0.0.0.0 interface 10.0.12.2(GigabitEthernet0/0/0)'s neighbors
Router ID: 10.0.1.1 Address: 10.0.12.1
State: Full Mode:Nbr is Slave Priority: 1
DR:10.0.12.2 BDR:10.0.12.1 MTU:0
Dead timer due in 32 sec
Retrans timer interval: 5
Neighbor is up for 00:03:30
Authentication Sequence: [ 0 ]
```

A．路由器 Router-ID 为 10.0.1.1   B．路由器 Router-ID 为 10.0.2.2

C．本路由器的接口地址为 10.0.12.2   D．本路由器是 DR

9．STP 端口在下列（   ）状态之间转化时存在 Forward Delay。

　　A．Blocking Listening   B．Listening Learning

　　C．Learning Forwarding   D．Disabled Blocking

　　E．Forwarding Disabled

10．二层以太网交换机中的默认 VLAN 具有的特点是（   ）。

　　A．默认 VLAN 无法被手动删除

　　B．默认情况下，交换机所有端口都是默认 VLAN 的成员端口

　　C．必须先创建默认 VLAN，才能为它分配端口

　　D．在交换机上配置的 IP 地址只会被应用到默认 VLAN 的成员端口

11．以下（   ）MAC 地址不能作为主机网卡的 MAC 地址。

　　A．00-02-03-04-05-06   B．03-04-05-06-07-08

　　C．02-03-04-05-06-07   D．01-02-03-04-05-06

12．如下图所示的网络，所有交换机开启 STP 协议，关闭 SWA 的 G0/0/2 端口配置 BPDU 的发送功能，SWC 的 G0/0/1 重新收敛成根端口，下列说法正确的有（   ）。

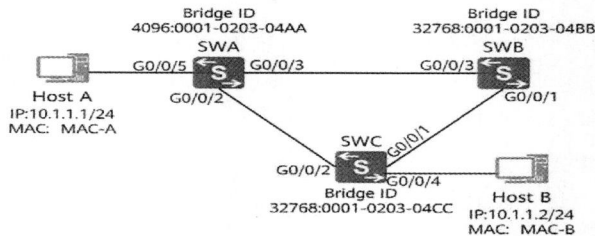

A．SWB 向 SWA 转发 TCN BPDU   B．SWA 发送 TC 置位的配置 BPDU

C．SWC 向 SWB 发送 TCN BPDU 报文 D．SWB 向 SWC 发送 TCA 置位的配置 BPDU

13．STP 端口在下列（   ）状态之间转化时存在 Forward Delay。

　　A．Forwarding-Disabled   B．Learning-Forwarding

　　C．Disabled-Blocking   D．Blocking-Listening

　　E．Listening-Learning

14. 在交换机上，可以通过 undo 命令来对其进行删除的 VLAN 是（　　）。

    A．vlan 1024　　　　B．vlan 2　　　　C．vlan 4094　　　　D．vlan 1

15. 交换机配置信息如下图所示，下列说法中正确的有（　　）。

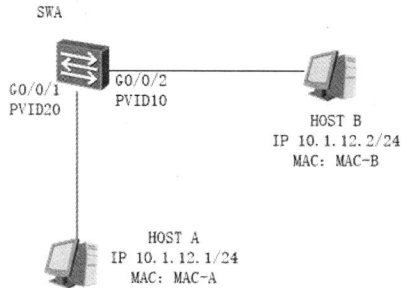

```
interface GigabitEthernet0/0/1
port hybrid pvid vlan 20
port hybrid untagged vlan 10 20
#
interface GigabitEthernet0/0/2
port hybrid pvid vlan 10
port hybrid untagged vlan 10 20
```

    A．HOST A 和 HOST B 可以 ping 通

    B．在两条链路上的数据帧都不包含 VLAN TAG

    C．交换机 GigabitEthernet 0/0/1 端口的 PVID 为 20

    D．HOST A 和 HOST B 不能 ping 通

16. 设备链路聚合支持（　　）模式。

    A．LACP　　　　B．手工负载分担　　C．手工主备　　　　D．混合

17. 开启标准 STP 协议的交换机可能存在（　　）端口状态。

    A．Discarding　　B．Forwarding　　C．Disabled　　　D．Listening

18. 经典的网络转发方式是基于路由器路由表转发，OpenFlow 交换机的转发方式是基于流表转发，对于这两种转发方式，说法正确的是（　　）。

    A．流表的匹配方式是同时匹配流量的 MAC 地址和 IP 地址

    B．路由表是定长的。一台设备只能有一张公共的路由表

    C．流表是变长的。一台网络设备只能有一张流表

    D．路由表的匹配方式是匹配拥有最长掩码的目的网段路由

19. 下图所示的两台交换机都开启了 STP 协议，某工程师对此网络做出了如下结论，你认为正确的结论有（　　）。

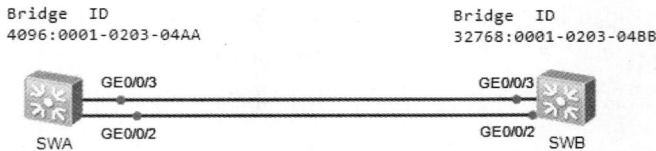

Bridge ID
4096:0001-0203-04AA

Bridge ID
32768:0001-0203-04BB

GE0/0/3   GE0/0/3

GE0/0/2   GE0/0/2

SWA   SWB

A．SWB 的 GE0/0/2 端口稳定在 Forwarding 状态

B．SWA 的两个端口都是指定端口

C．SWA 的 GE0/0/2 端口稳定在 Forwarding 状态

D．SWB 的两个端口都是指定端口

E．SWA 的 GE0/0/3 端口稳定在 Forwarding 状态

20．与 STP 相比，以下（　　）端口角色是 RSTP 中新定义的。

　　A．指定　　　　　　B．根　　　　　　C．Alternate　　　　　D．Backup

21．某台交换机输出信息如下图所示，下列说法正确的是（　　）。

```
[sw1]display vlan
The total number of vlans is : 5
--------------------------------------------------------------------
U: Up;           D: Down;         TG: Tagged;        UT: Untagged;
MP: Vlan-mapping;          ST: Vlan-stacking;
#: ProtocolTransparent-vlan;    *: Management-vlan;
--------------------------------------------------------------------

VID Type   Ports
--------------------------------------------------------------------
1   common  UT: GE0/0/3(D)    GE0/0/4(D)
            GE0/0/5(D)     GE0/0/6(D)    GE0/0/7(D)    GE0/0/8(D)
            GE0/0/9(D)     GE0/0/10(D)   GE0/0/11(D)   GE0/0/12(D)
            GE0/0/13(D)    GE0/0/14(D)   GE0/0/15(D)   GE0/0/16(D)
            GE0/0/17(D)    GE0/0/18(D)   GE0/0/19(D)   GE0/0/20(D)
            GE0/0/21(D)    GE0/0/22(D)   GE0/0/23(D)   GE0/0/24(D)

10  common  UT:GE0/0/1(U)  GE0/0/1(U)

20  common  UT:GE0/0/1(U)

30  common  TG:GE0/0/1(U)

40  common  TG:GE0/0/1(U)
```

A．交换机 GE0/0/2 端口在发送 VLAN 20 的数据帧时，携带 VLAN TAG

B．用户手工创建了 4 个 VLAN

C．交换机 GE0/0/1 端口在发送 VLAN 20 的数据帧时，不携带 VLAN TAG

D．交换机 GE0/0/1 端口在发送 VLAN 10 的数据帧时，不携带 VLAN TAG

22．手工链路聚合模式下的 Eth-Trunk 端口，其传输速率与（　　）有关。

　　A．成员端口的数量　　　　　　　　B．成员端口的带宽

　　C．成员端口上是否配置了 IP 地址　　D．成员端口处于公网还是私网

23．为了实现 VLANIF 接口上的网络层功能，需要在 VLANIF 接口上配置（　　）。

　　A．MAC 地址　　B．子网掩码　　　　C．IP 前缀　　　　　D．IP 地址

24．如下图所示，假设交换机的其他配置均保持默认状态，下列交换机的（　　）端口会成为指定端口。

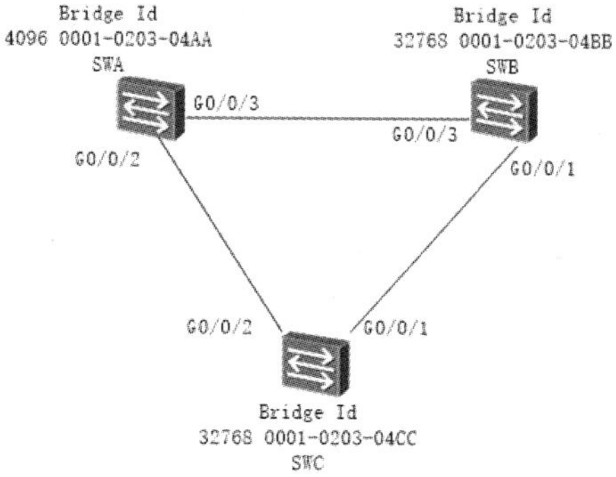

A．SWC 的 G0/0/1 　　　　　　　B．SWA 的 G0/0/3

C．SWC 的 G0/0/2 　　　　　　　D．SWB 的 G0/0/1

25．下列关于链路聚合说法正确的有（　　　）。

　　A．GE 电接口和 GE 光接口不能加入同一个 Eth-Trunk 接口

　　B．Eth-Trunk 接口不能嵌套

　　C．两台设备对接时需要保证两端设备上链路聚合的模式一致

　　D．GE 接口和 FE 接口不能加入同一个 Eth-Trunk 接口

26．根据下图所示的命令输出，下列描述中正确的是（　　　）。

interface GigabitEthernet0/0/1 port link-type trunk AC

port trunk allow-pass vlan 2 to 4094

　　A．GigabitEthernet0/0/1 允许 VLAN 1 通过

　　B．GigabitEthernet0/0/1 不允许 VLAN 1 通过

　　C．如果要把 GigabitEthernet0/0/1 变为 Access 端口，首先需要使用命令 undo port trunk allow-pass vlan all 清除默认配置

　　D．如果要把 GigabitEthernet0/0/1 变为 Access 端口，首先需要使用命令 undo port trunk allow-pass vlan 2 to 4094 清除默认配置

27．如下图所示，所有交换机开启 STP 协议且其他配置保持默认状态，当网络稳定后，下列说法正确的是（　　　）。

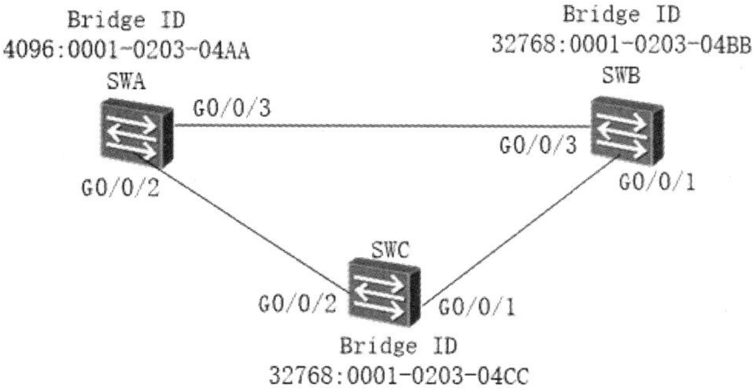

A．SWC 的两个端口都处于 Forwarding 状态

B．SWB 的两个端口都处于 Forwarding 状态

C．SWA 是这个网络中的根桥

D．SWB 是这个网络中的根桥

28．关于生成树协议中，Forwarding 状态描述错误的是（　　　）。

A．Forwarding 状态的端口可以转发数据报文

B．Forwarding 状态的端口不学习报文源 MAC 地址

C．Forwarding 状态的端口可以接收 BPDU 报文

D．Forwarding 状态的端口一定会发送 BPDU 报文

29．如果一个以太网数据帧的 Length/Type = 0x8100，那么这个数据帧可能是由（　　　）发出的。

A．交换机 Trunk 类型的端口　　　　　B．交换机 Hybrid 类型的端口

C．路由器的 Serial 接口　　　　　　　D．交换机 Access 类型的端口

30．在 STP 中，下面会影响根交换机的选举的因素是（　　　）。

A．交换机的 IP 地址　　　　　　　　　B．交换机接口 ID

C．交换机接口带宽口　　　　　　　　　D．交换机优先级

E．交换机的 MAC 地址

31．关于链路聚合 LACP 模式选举主动端的说法，正确的是（　　　）。

A．比较接口编号

B．优先级数值小的优先，如果相同，则比较设备 MAC 越小越优

C．系统优先级数值小的设备作为主动端

D．MAC 地址小的设备作为主动端

32．虚拟机是实现 NFV 的基础，下列关于虚拟机的特点正确的是（　　　）。

A．分区，可以在单一物理网络上同时运行多个虚拟机

B．隔离，同一物理服务器上虚拟机相互隔离

C．封装虚拟机都是共享操作空间，通过命名空间实现封装

D．硬件独立，虚拟机和硬件解耦支持虚拟机在服务器之间迁移

33．堆叠、集群技术具有的优势是（　　　）。

A．扩展端口数量　　　　　　　　　　　B．可以部署跨物理设备的链路聚合

C．解决通信故障　　　　　　　　　　　D．简化配置管理，管理一台逻辑设备即可

34．当两台交换机之间使用链路聚合技术进行互联时，各个成员端口需要满足的条件是（　　　）。

A．两端相连的物理口数量一致　　　　　B．两端相连的物理口速率一致

C．两端相连的物理口双工模式一致　　　D．两端相连的物理口物理编号一致

E．两端相连的物理口使用的光模块型号一致

35．可以根据报文中的（　　　）信息来进行复杂流分类。

A．源目的 MAC 地址 B．协议类型

C．源目的地址 D．报文的包长度

36．如果一个以太网数据帧的 Length/Type=0x8100，那么这个数据帧的载荷可能是（　　）。

A．TCP 数据段 B．ICMP 报文 C．ARP 报文 D．UDP 数据

37．如果以太网数据帧 Length/Type=0x0806，下列说法正确的是（　　）。

A．此数据帧的目的 MAC 地址有可能是 FFFF-FFFF-FFFF

B．此数据帧的源 MAC 地址一定不是 FFFF-FFFF-FFFF

C．此数据帧为 IEEE 802.3 帧

D．此数据帧为 Ethernet Ⅱ帧

38．关于动态 MAC 地址表的说法正确的是（　　）。

A．通过报文中的源 MAC 地址学习获得的动态 MAC 表项会老化

B．通过查看指定动态 MAC 地址表项的个数，可以获取接口下通信的用户数，如果会在设备重启后，则之前的动态表会丢失

C．在设备重启后，之前的动态表项会丢失

D．在设备重启后，之前保存的表项不会丢失

39．关于冲突域和广播域，下列描述正确的是（　　）。

A．一台采用默认配置的二层交换机所有端口上连接的设备属于一个冲突域

B．一台 HUB 所有端口连接的设备属于一个广播域

C．一台 HUB 上所有端口连接的设备属于一个冲突域

D．一台路由器所连接的设备属于一个广播域

E．一台采用默认配置的二层交换机所有端口连接的设备属于一个广播域

40．链路聚合的 LACP 模式采用 LACPDU 选举主动端,LACPDU 中的(　　)信息是选举 LACP 主动端的依据。

A．接口编号 B．MAC 地址 C．设备优先级 D．接口优先级

41．VRRP 可以同（　　）机制结合来监视上行链路的连通性。

A．接口 track B．BFD C．NQA D．Ip-link

42．如下图所示，华为交换机上关于 VLAN 的配置，下列说法正确的是（　　）。

A．Client 3 属于 VLAN 30，且交换机上划分 VLAN 的命令正确

B．Client 1 属于 VLAN 10，且交换机上划分 VLAN 的命令正确

C．Client 4 属于 VLAN 40，且交换机上划分 VL AN 的命令正确

D．Client 2 属于 VLAN 20，且交换机基于 MAC 地址划分的命令正确

43．如下图所示的网络，SWA 和 SWB 连接主机的端口分别属于 VLAN 10 和 VLAN 20，交换机互联的端口类型为 Trunk，pvid 分别为 10 和 20，下列说法正确的有（　　）。

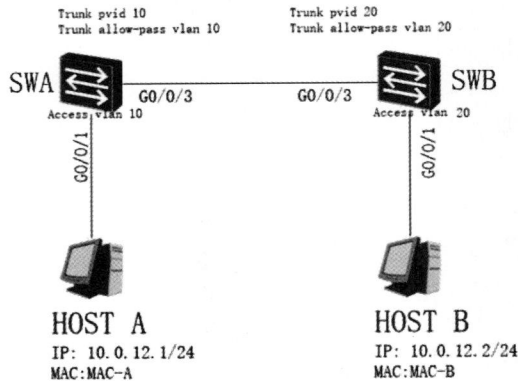

A．HOST A 和 HOST B 可以 ping 通

B．HOST A 的 ARP 请求不能被转发到 HOST B

C．HOSTA 和 HOSTB 属于不同 VLAN，不能相互 ping 通

D．交换机之间转发主机发送的数据帧时不携带 VLAN TAG

44．根据下图所示的配置，下列说法正确的是（　　）。

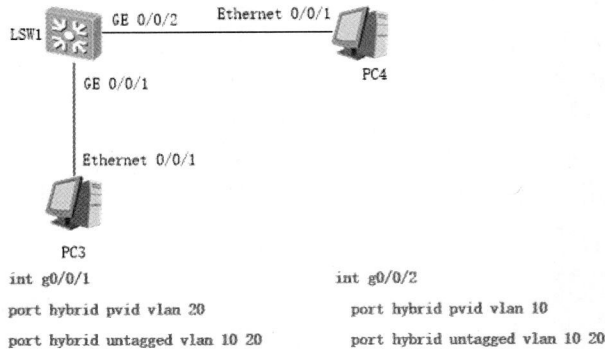

A．主机 A（PC3）能够和主机 B（PC4）ping 通

B．交换机 GE0/0/1 口的 pvid 为 20

C．两条链路数据帧都不包含 vlan

D．主机 A（PC3）不能 ping 通主机 B（PC4）

45．如下图所示的网络，下列说法正确的有（　　）。

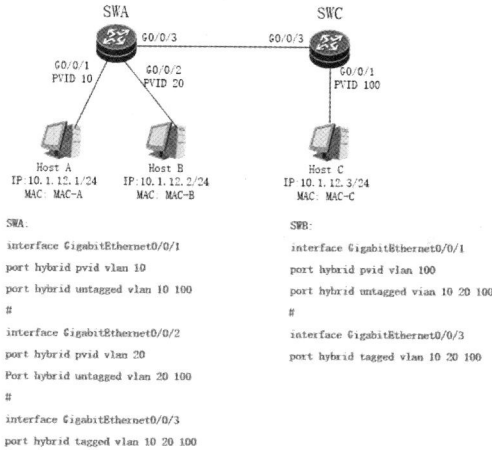

SWA:

interface GigabitEthernet0/0/1

port hybrid pvid vlan 10

port hybrid untagged vlan 10 100

\#

interface GigabitEthernet0/0/2

port hybrid pvid vlan 20

Port hybrid untagged vlan 20 100

\#

interface GigabitEthernet0/0/3

port hybrid tagged vlan 10 20 100

SWB:

interface GigabitEthernet0/0/1

port hybrid pvid vlan 100

port hybrid untagged vlan 10 20 100

\#

interface GigabitEthernet0/0/3

port hybrid tagged vlan 10 20 100

A．Host C 可以 Ping 通　　　　B．所有主机之间可以相互 Ping 通

C．Host B 和 Host C 可以 Ping 通　　D．Host A 和 Host B 不能 Ping 通

46．如下图所示的网络，主机存在 ARP 缓存，下列说法正确的有（　　）。

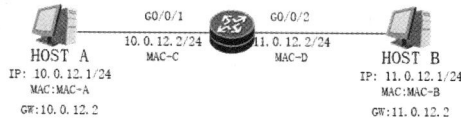

A．HOST A 的 ARP 缓存中可能出现如下条目 10.0.12.2 MAC-C

B．路由器需要配置静态路由，否则 HOST A 和 HOST B 不能双向通信

C．HOST A 和 HOST B 可以双向通信

D．HOST A 的 ARP 缓存中存在如下条目 11.0.12.1 MAC-B

47．某台路由器聚合端口 1 的子接口输出信息如下图所示，据此信息，下列说法正确的有
（　　）。

```
[Router A]display interface Eth-Trunk 1.100
Eth-Trunk1.100 current state: Up
Line protocol current state: UP
Last line protocol up time:2019-03-04 10:22:40 UTC-08:00

Description : HUAWEI,AR Series,Eth-Trunk1.100 Interface
Route Port, Hash arithmetic: According to SIP-XOR-DIP, Maximal BW:2G,Current BW
:2G ,The Maximum Transmit Unit 1s 1500
Internet Address is 10.0.12.2/24
IP Sending Frames' Format is PKTFNT_ETHNT_2, Hardware address is 00e0-1c3b-2015
Current system times:2019-03-04 10:24:29-08:00
        Last 300 seconds input rate 0 bits/sec,0 packets/sec
        Last 300 seconds output rate 0 bits/sec,0 packets/sec
        Realtime 0 seconds input rate 0 bits/sec,0 packets/sec
        Realtime 0 seconds output rate 0 bits/sec,0 packets/sec
        Input:6 packets,574 bytes
        Output17 packets,638 bytes,
        Input bandwidth ut1lization      :        0%
        Output bandwidth ut1lization     :        0%

PortName                   Status          Weight
GigabitEthernet0/0/1       UP              1
GigabitEthernet0/0/2       UP              1
The Number of Prots in Trunk :   2
The Number of UP Porte in Trunk :   2
```

A．聚合端口的子接口编号为 100　　　　B．该聚合端口的子接口转发数据帧时携带 VLAN

C．聚合端口存在两条链路　　　　　　　D．该聚合端口的子接口的 IP 地址为 10.0.12.2/24

48．如下图所示，所有主机之间都可以正常通信，下列说法正确的有（　　　）。

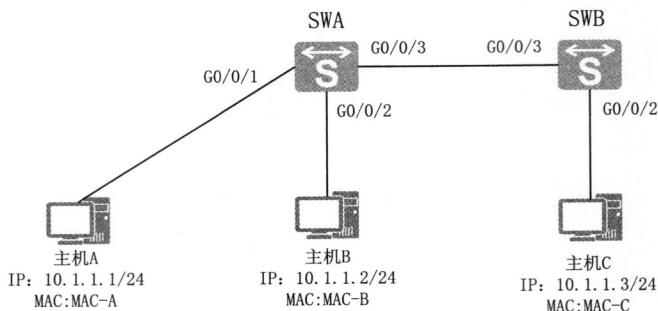

A．SWB 的 G0/0/3 学习到 2 个 MAC 地址

B．SWA 的 G0/0/3 学习到 1 个 MAC 地址

C．SWA 的 G0/0/3 学习到 2 个 MAC 地址

D．SWA 的 G0/0/3 学习到 3 个 MAC 地址

49．根据下图所示的命令，下列描述中正确的是（　　　）。

```
[Huawel-GigabitEthernet0/0/1] port link type access
[Huawei-GigabitEthernet0/0/1] port default vlan 10

[Huawei- GigabitEthernet0/0/2] par ink-type trunk
[Huawei- GigabitEthernet0/0/2) port trunk allow-pass vlan 10
```

A．GigabitEthernet0/0/1 端口的 PVID 是 1

B．GigabitEthernet0/0/2 端口的 PVID 是 1

C．GigabitEthernet0/0/2 端口的 PVID 是 10

D．GigabitEthernet0/0/1 端口的 PVID 是 10

50．如下图所示的网络，HOST A 没有配置网关，HOST B 存在网关的 ARP 缓存，下列说法正确的是（　　　）。

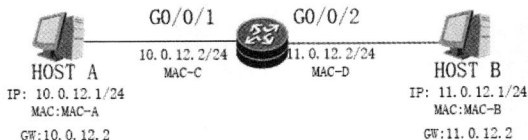

A．在路由器的 G0/0/1 端口开启 ARP 代理，则 HOST A 可以和 HOST B 通信

B．HOST B 发送目的 IP 地址为 10.0.12.1 的数据包可以转发到 HOST A

C．HOST A 和 HOST B 不能双向通信

D．HOST A 发送目的 IP 地址为 11.0.12.1 的数据包可以转发到 HOST B

3.3　判断题

扫一扫，看视频

1．STP 中根交换机的选举仅比较交换机优先级，而在 RSTP 中，会同时比较交换机优先级与 MAC 地址。（　　）

　　A．对　　B．错

2．华为交换机上不能创建 VLAN 4095，也不可以创建 VLAN 1。（　　）

　　A．对　　B．错

3．RSTP 中的 Backup 端口可以替换发生故障的根端口。（　　）

　　A．对　　B．错

4．链路聚合接口只能作为二层接口。（　　）

　　A．对　　B．错

5．二层交换机属于数据链路层设备，可以识别数据帧中的 MAC 地址信息，根据 MAC 地址转发数据，并将这些 MAC 地址与对应的端口信息记录在自己的 MAC 地址表中。（　　）

　　A．对　　B．错

6．华为交换机上可以使用命令 vlan batch 批量创建多个 VLAN，简化配置过程。（　　）

　　A．对　　B．错

7．Trunk 端口可以允许多个 VLAN 通过，包括 VLAN 4096。（　　）

　　A．对　　B．错

8．如下图所示，如果 HOST A 有 HOST B 的 ARP 缓存，则 HOST A 可以 Ping 通 HOST B。（　　）

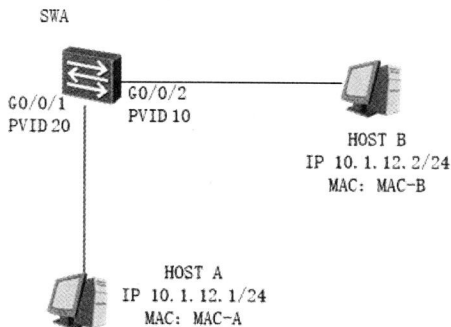

　　A．对　　B．错

9．Hybrid 端口既可以连接用户主机，又可以连接其他交换机。（　　）

　　A．对　　B．错

10．参考下图中单臂路由的配置可以判断，即使在 R1 的子接口上不开启 ARP 代理，行政部门与财务部门之间也能够互访。

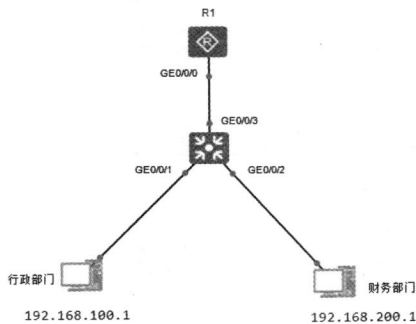

[R1]interface GigabitEthernet0/0/0.1

[R1-GigabitEthernet0/0/01]dot1q termination vid 10

[R1-GigabitEthernet0/0/0.1]ip address 192.168.100.254 255.255.255.0

[R1]interface GigabitEthernet0/0/0.2

[R1-GigabitEthernet0/0/0.2]dot1q termination vid 20

[R1-GigabitEthernet0/0/0.2]ip address 192.168.200.254 255.255.255.0

    A．对　　B．错

11．运行 STP 协议的交换机，端口在 Learning 状态下需要等待转发延时后才能转化为 Forwarding 状态。（　　）

    A．对　　B．错

12．默认情况下，STP 协议中的端口状态由 Disable 转化为 Forwarding 状态至少需要 30s 的时间。（　　）

    A．对　　B．错

13．二层交换机属于数据链路层设备，可以识别数据帧中的 MAC 地址信息，并将这些 MAC 地址与对应的端口信息记录在自己的 MAC 地址表中。（　　）

    A．对　　B．错

14．默认情况下，华为交换机的桥优先级取值是 32768。（　　）

    A．对　　B．错

15．同一台交换机的 vlanif 的 IP 地址不能相同。（　　）

    A．对　　B．错

16．RSTP 中 Backup 端口可以替换发生故障的根端口。（　　）

    A．对　　B．错

17．二层组网中，如果发生环路，则可能会导致广播风暴。（　　）

    A．对　　B．错

18．流镜像分为本地流镜像和远程流镜像两种方式。（　　）

    A．对　　B．错

19．根桥交换机上所有的端口都是指定端口。（　　）

    A．对　　B．错

20. Trunk 类型的端口和 Hybrid 类型的端口在接收数据帧时的处理方式相同。（   ）

    A．对　　B．错

21. 交换机上可以用 vlan batch 批量创建 vlan 简化配置。（   ）

    A．对　　B．错

22. 运行 STP 的设备收到 RSTP 的配置 BPDU 时会丢弃。（   ）

    A．对　　B．错

23. 用户不能将 VLAN ID 配置为 0。（   ）

    A．对　　B．错

24. 运行 STP 协议的交换机，其端口在任何状态下都可以直接转化为 Disabled 状态。（   ）

    A．对　　B．错

25. 运行 OSPF 协议的路由器在完成 LSDB 同步后才能达到 FULL 状态。（   ）

    A．对　　B．错

26. 根桥交换机上所有的端口都是指定端口。（   ）

    A．对　　B．错

27. 交换机的端口在收到不携带 VLAN TAG 的数据帧时，一定添加 pvid。（   ）

    A．对　　B．错

28. 路由器所有的接口属于同一个广播域。（   ）

    A．对　　B．错

29. RSTP 中的 Alternate 接口和 Backup 端口均无法转发用户流量，也不可以接收、处理、转发 BPDU。（   ）

    A．对　　B．错

30. RSTP 协议中，边缘端口收到配置 BPDU 报文，就丧失了边缘端口属性。（   ）

    A．对　　B．错

31. ICMP 报文不包括端口号，所以无法使用 NAPT。（   ）

    A．对　　B．错

32. 静态 MAC 地址表在系统重启后，保存的表项不会丢失。（   ）

    A．对　　B．错

33. 当两台 OSPF 路由器形成 2-WAY 邻居关系时，LSDB 已完成同步。（   ）

    A．对　　B．错

34. 如下图所示，可以判断 00e0-fc99-9999 是交换机通过 ARP 学习到的特定主机 MAC 地址，且该主机更换了三次 IP 地址。（   ）

```
<Huawei>display arp dynamic
IP ADDRESS      MAC ADDRESS    EXPIRE(M) TYPE  INTERFACE    VPN-INSTANCE
                               VLAN
---------------------------------------------------------------------------
10.137.217.210  00e0-fc01-0203 1-             Ethernet1/0/0
10.2.2.1        00e0-fc99-9999 1-             Eth-Trunk0
192.168.20.1    00e0-fc99-9999 1-             Vlanif100
10.0.0.1        00e0-fc99-9999 1-             Vlanif200

Total:0     Dynamic:0     Static:0     Interface:0
```

A．对　B．错

35．如下图所示，如果 HOST A 有 HOST B 的 ARP 缓存表，则 HOST A 能 ping 通 HOST B。
（　　）

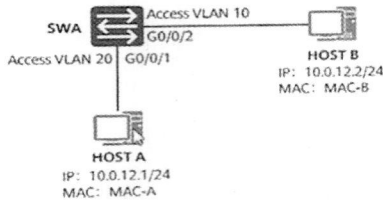

A．对　B．错

36．网络结构和 OSPF 分区如下图所示，图中除了 RTA 之外，路由器 RTB、RTC 和 RTD 都是 ABR 路由器。（　　）

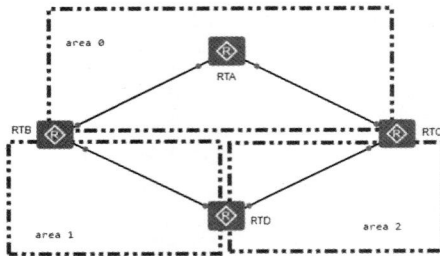

A．对　B．错

37．下图为某一台路由器的路由表，当该路由器收到一个目的 IP 地址为 9.1.1.1 的数据包时，路由器将根据 9.1.0.0/16 的路由进行转发，因为该条路由的掩码长度更长。（　　）

```
<Huawei>display ip routing-table
Route Flags: R - relay, D - download to fib
Routing Tables: Public Destinations:2 Routes:2
Destination/Mask    Proto   Pre   Cost    Flags NextHop     Interface
0.0.0.0/0           Static  60    0       D     120.0.0.2   Serial1/0/0
8.0.0.0/8           RIP     100   3       D     120.0.0.2   Serial1/0/0
9.0.0.0/8           OSPF    10    50      D     20.0.0.2    Ethernet2/0/0
9.1.0.0/16          RIP     100   4       D     120.0.0.2   Serial1/0/0
11.0.0.0/8          Static  60    0       D     120.0.0.2   Serial2/0/0
20.0.0.0/8          Direct  0     0       D     20.0.0.1    Ethemet2/0/0
20.0.0.1/32         Direct  0     0       D     127.0.0.1   Loopback0
```

A．对　B．错

38．如下图所示，主机 A 和主机 B 不能通信。

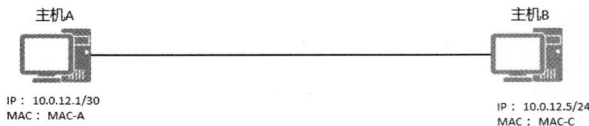

A．对　B．错

39．运行 OSPF 协议的路由器的所有接口必须属于同一区域。（　　）

A．对　B．错

40．交换机通过堆叠、集群之后成为一台逻辑上的交换机，可以部署跨物理设备的 Eth-Trunk，以提高网络可靠性。（　　）

　　　A．对　　B．错

41．交换机组成的网络不开启 STP，一定出现二层环路。（　　）

　　　A．对　　B．错

42．交换机收到一个单播数据帧，如果该数据帧的目的 MAC 在 MAC 表中能够找到，则数据帧一定会从此 MAC 对应端口转发出去。（　　）

　　　A．对　　B．错

43．CSS 是指将两台支持集群特性的交换机设备组合在一起，从逻辑上组合成一台交换设备。（　　）

　　　A．对　　B．错

44．交换机的端口在发送携带 VLAN TAG 和 PVID 一致的数据帧时，一定会剥离 VLAN TAG 转发。（　　）

　　　A．对　　B．错

45．静态 MAC 地流镜像分为本地流镜像和远程流镜像两种方式。（　　）

　　　A．对　　B．错

46．VXLAN 采用 MAC-in-TCP 封装方式将二层报文用于三层协议进行封装。（　　）

　　　A．对　　B．错

47．VRRP 报文不支持认证。（　　）

　　　A．对　　B．错

48．如下图所示，若在 R1 上执行命令 ping10.1.1.2，则 LSW1 收到来自 LSW2 的 VLAN 10 的数据帧是带标签的。（　　）

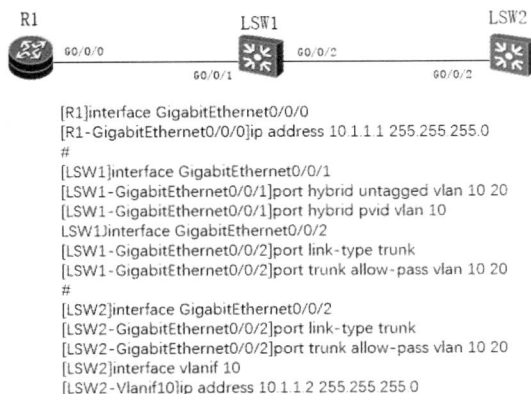

```
[R1]interface GigabitEthernet0/0/0
[R1-GigabitEthernet0/0/0]ip address 10.1.1.1 255.255.255.0
#
[LSW1]interface GigabitEthernet0/0/1
[LSW1-GigabitEthernet0/0/1]port hybrid untagged vlan 10 20
[LSW1-GigabitEthernet0/0/1]port hybrid pvid vlan 10
LSW1]interface GigabitEthernet0/0/2
[LSW1-GigabitEthernet0/0/2]port link-type trunk
[LSW1-GigabitEthernet0/0/2]port trunk allow-pass vlan 10 20
#
[LSW2]interface GigabitEthernet0/0/2
[LSW2-GigabitEthernet0/0/2]port link-type trunk
[LSW2-GigabitEthernet0/0/2]port trunk allow-pass vlan 10 20
[LSW2]interface vlanif 10
[LSW2-Vlanif10]ip address 10.1.1.2 255.255.255.0
```

　　　A．对　　B．错

49．当交换机有冗余链路时，使用 STP 可以解决问题。（　　）

　　　A．对　　B．错

50. 园区网络规划时，可以按照业务类型进行 VLAN 的规划。（   ）

    A．对   B．错

51. 园区网可以通过链路聚合和堆叠提高网络可靠性。（   ）

    A．对   B．错

52. 由如下图所示的拓扑以及交换机互联端口上的配置，可以判断标签 VLAN 10 的数据帧可以在两台交换机之间正常转发。（   ）

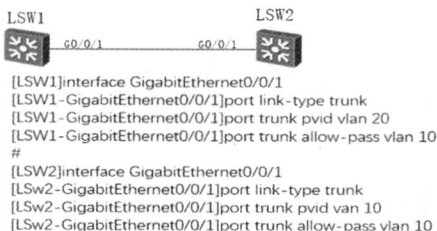

```
LSW1                              LSW2
      G0/0/1          G0/0/1
[LSW1]interface GigabitEthernet0/0/1
[LSW1-GigabitEthernet0/0/1]port link-type trunk
[LSW1-GigabitEthernet0/0/1]port trunk pvid vlan 20
[LSW1-GigabitEthernet0/0/1]port trunk allow-pass vlan 10
#
[LSW2]interface GigabitEthernet0/0/1
[LSW2-GigabitEthernet0/0/1]port link-type trunk
[LSw2-GigabitEthernet0/0/1]port trunk pvid van 10
[LSw2-GigabitEthernet0/0/1]port trunk allow-pass vlan 10
```

    A．对   B．错

53. 以太网帧在交换机内部都是以带 VLAN TAG 的形式来被处理和转发的。（   ）

    A．对   B．错

54. 二层交换机属于数据链路层设备，可以识别数据帧中的 MAC 地址信息，根据 MAC 地址转发数据，并将这些 MAC 地址与对应的端口信息记录在自己的 MAC 地址表中。

    A．对   B．错

第 4 章　网络安全基础与网络接入

4.1　单选题

1. AAA 不包含（   ）。

    A．Audit（审计）   B．Authentication（认证）

    C．Authorization（授权）   D．Accounting（计费）

2. 以下（   ）命令配置认证模式为 HWTACACS 认证。

    A．authentication-mode hwtacacs

    B．authentication-mode local

    C．authorization-mode hwtacacs

    D．authentication-mode none

3. AR G3 系列路由器上 ACL 默认步长为（   ）。

    A．10   B．5   C．20   D．15

4. 如下图所示，私有网络中有一台 Web 服务器需要向公网用户提供 HTTP 服务，因此网络管理员需要在网关路由器 RTA 上配置 NAT 以实现需求，则下面配置中能满足需求的是（   ）。

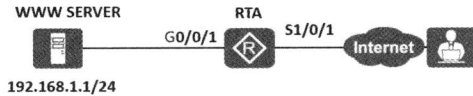

A．[RTA-Gigabitethernet0/0/1]nat server protocol tcp global 202.10.10.1 www inside 192.168.1.1 8080

B．[RTA-Serial1/0/1]nat server protocol tcp global 202.10.10.1 www inside 192.168.1.1 8080

C．[RTA-Gigabitethernet0/0/1]nat server protocol tcp global 192.168.1.1 www inside 202.10.10.1 8080

D．[RTA-Serial1/0/1]nat server protocol tcp global 192.168.1.1 www inside 202.10.10.1 8080

5．高级 ACL 的编号范围是（　　）。

A．3000～3999　　　B．2000～2999　　　C．4000～4999　　　D．6000～6031

6．RTA 使用 NAT 技术，且通过定义地址池来实现多对多的 NAPT 地址转换，使得私网内主机能够访问公网。假设地址池中仅有两个公网 IP 地址，并且已经分配给主机 A 与主机 B 做了地址转换，而此时若主机 C 也希望访问公网，则下列描述正确的是（　　）。

A．主机 C 无法分配到公网地址，不能访问公网

B．所有主机轮流使用公网地址，都可以访问公网

C．RTA 将主机 C 的源端口进行转换，主机 C 可以访问公网

D．RTA 分配接口地址（200.10.10.3）给主机 C，主机 C 可以访问公网

7．在防火墙域间安全策略中，请问以下不是 Outbound 方向的数据流是（　　）。

A．从 Trust 区域到 DMZ 区域的数据流　　B．从 Trust 区域到 Untrust 区域的数据流

C．从 Trust 区域到 Local 区域的数据流　　D．从 DMZ 区域到 Untrust 区域的数据流

8．如果防火墙域间没有配置安全策略，在查找安全策略时，所有的安全策略都没有被命中，则默认执行域间的默认包过滤动作是（　　）。

A．只允许通过部分　　　　　　　　B．拒绝通过

C．上报管理员　　　　　　　　　　D．不同的应用默认动作不同

9．RADIUS 使用（　　）报文类型表示认证拒绝。

A．Access-Accept　　　　　　　　B．Access-Request

C．Access-Challenge　　　　　　　D．Access-Reject

10．以下（　　）种认证方式不需要输入用户名和密码。

A．authentication-mode local　　　　B．authentication-mode none

C．authorization-mode hwtacacs　　　D．authentication-mode hwtacacs

11．以下关于防火墙的描述错误的是（　　）。

A．防火墙可以隔离不同安全级别的网络　　B．防火墙不能做网络地址转换

C．防火墙能够实现用户身份认证　　　　　D．防火墙能够实现不同网络之间的访问控制

12．路由器的某个 ACL 中存在如下规则：

rule deny source 192.168.2.0 0.0.0.255

destination 172.16.10.2 0.0.0.0
下列说法正确的是（　　）。

 A．源 IP 为 172.16.10.2、目的 IP 为 192.168.2.1 的所有 TCP 报文匹配这条规则

 B．源 IP 为 192.168.2.1、目的 IP 为 172.16.10.1 的所有 TCP 报文匹配这条规则

 C．源 IP 为 172.16.10.2、目的 IP 为 192.168.2.0 的所有 TCP 报文匹配这条规则

 D．源 IP 为 192.168.2.1、目的 IP 为 172.16.10.2 的所有 TCP 报文匹配这条规则

13．某台路由器 ACL 的配置信息如下图所示，下列说法正确的是（　　）。

```
#
acl number 2000
rule 5 permit source 192.168.1.1 0
rule 10 deny source 192.168.1.1 0
#
```

 A．源 IP 地址为 192.168.1.1 的数据包被 permit 规则匹配

 B．源 IP 地址为 192.168.1.1 和 192.168.1.254 的数据包被 permit 规则匹配

 C．源 IP 地址为 192.168.1.1 的数据包被 deny 规则匹配

 D．源 IP 地址为 192.168.1.254 的数据包被 permit 规则匹配

14．NAPT 允许多个私有 IP 地址通过不同的端口号映射到同一个公有 IP 地址上，则下面关于 NAPT 中端口号描述正确的是（　　）。

 A．必须手工配置端口号和私有地址的对应关系

 B．不需要做任何关于端口号的配置

 C．只需要配置端口号的范围

 D．需要使用 ACL 分配端口号

15．NAPT 可以对（　　）元素进行转换。

 A．MAC 地址+端口号   B．只有 IP 地址

 C．IP 地址+端口号   D．只有 MAC 地址

16．如果 ACL 规则中最大的编号为 12，默认情况下，用户配置新规则时未指定编号，则系统为新规则分配的编号为（　　）。

 A．13   B．15   C．14   D．16

17．一个公司有 50 个私有 IP 地址，管理员使用 NAT 技术将公司网络接入公网，但是该公司仅有一个公网地址且不固定，则下列符合需求的 NAT 转换方式是（　　）。

 A．easy-ip   B．NAPT   C．静态 NAT   D．Basic NAT

18．如下图所示的网络，管理员希望所有主机都不能访问 Web 服务（端口号为 80），其他服务正常访问，则在 GE0/0/1 的接口配置中 traffic-filter outbound 需要绑定的 ACL 规则是（　　）。

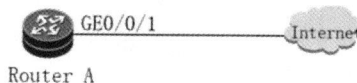

 A．acl number 3000 rule 5 deny tcp destination-port eq www rule 10 permit ip

 B．acl number 3001 rule 5 deny udp destination-port eq www rule 10 permit ip

C. acl number 3003 rule 5 permit ip rule 10 deny udp destination-port eq www

D. acl number 3002 rule 5 permit ip rule 10 deny tcp destination-port eq www

19．关于访问控制列表编号与类型的对应关系，下面描述正确的是（　　）。

A．基本的访问控制列表编号范围是 1000～2999

B．二层的访问控制列表编号范围是 4000～4999

C．基于接口的访问控制列表编号范围是 1000～2000

D．高级的访问控制列表编号范围是 3000～4000

20．二层 ACL 的编号范围是（　　）。

A．2000～2999　　　　B．3000～3999　　　　C．4000～4999　　　　D．6000～6031

21．路由器的某个 ACL 中存在如下规则：

rule deny tcp source 192.168.1.0 0.0.0.255

destination 172.16.10.1 0.0.0.0 destination-port eq 21

下列说法正确的是（　　）。

A．源 IP 为 192.168.1.1、目的 IP 为 172.16.10.1，并且目的端口号为 21 的所有 TCP 报文匹配这条规则

B．源 IP 为 192.168.1.1、目的 IP 为 172.16.10.2，并且目的端口号为 21 的所有 TCP 报文匹配这条规则

C．源 IP 为 192.168.1.1、目的 IP 为 172.16.10.3，并且目的端口号为 21 的所有 TCP 报文匹配这规则

D．ACL 的类型为基本的 ACL

22．下面不能用于高级访问控制列表的参数是（　　）。

A．协议号　　　　　B．目的端口号　　　　C．物理接口　　　　D．时间范围

23．在华为交换机上配置 RADIUS 服务器模板时，下列选项中属于可选的配置参数是（　　）。

A．认证服务器地址和端口　　　　　　　B．RADIUS 自动探测用户

C．计费服务器地址和端口　　　　　　　D．Shared-key

24．基本 ACL 的编号范围是（　　）。

A．6000～60315　　B．2000～2999　　C．4000～4999　　　D．3000～3999

25．在一台充当认证服务器的路由器上配置了两个认证域 Area 1 和 Area 2，用户如果使用正确的用户名 Huawei 和密码 hello 进行认证，则此用户会被分配到（　　）认证域当中。

A．default_admin domain　　　　　　　B．default domain

C．Area 1　　　　　　　　　　　　　　D．Area 2

26．在路由器 RTA 上完成下图所示的 ACL 配置，则下面描述正确的是（　　）。

```
[RTA]acl 2001
[RTA-acl-basic- 2001]rule 20 permit source 20.1.1.0 0.0.0.255
[RTA-acl-basic- 2001]rule 10 deny source 20.1.1.0 0.0.0.255
```

A．VRP 系统将会按配置的先后顺序调整第一条规则的顺序编号为 5

    B．VRP 系统不会调整顺序编号，但是会先匹配规则 permit source 20.1.1.0 0.0.0.255

    C．VRP 系统将会按顺序编号先匹配规则 deny source 20.1.1.0 0.0.0.255

    D．配置错误，规则的顺序编号必须从小到大配置

27．下面选项中，能使一台 IP 地址为 10.0.0.1 的主机访问 Internet 的必要技术是（　　）。

    A．静态路由　　　　　B．动态路由　　　　　C．NAT　　　　　　　D．路由引入

28．不能匹配网络层信息的 ACL 类型是（　　）。

    A．基本 ACL　　　　　B．二层 ACL　　　　　C．用户 ACL　　　　　D．高级 ACL

29．在 Telnet 中应用如下 ACL，下列说法正确的是（　　）。

```
acl number 2000
rule 5 deny source 172.16.105.3 0
rule 10 deny source 172.16.105.4 0
rule 15 deny source 172.16.105.5 0
rule 20 permit
#
```

    A．IP 地址为 172.16.105.4 的设备可以使用 Telnet 服务

    B．IP 地址为 172.16.105.5 的设备可以使用 Telnet 服务

    C．IP 地址为 172.16.105.6 的设备可以使用 Telnet 服务

    D．IP 地址为 172.16.105.3 的设备可以使用 Telnet 服务

30．（　　）类型的 ACL 可以匹配传输层端口号。

    A．高级 ACL　　　　　B．基本 ACL　　　　　C．二层 ACL　　　　　D．中级 ACL

4.2　多选题

扫一扫，看视频

    1．如下图所示的网络，从安全角度考虑，Router A 拒接从 G0/0/1 接口收到的 OSPF 报文、ICMP 报文，以下（　　）命令可以实现这个需求。

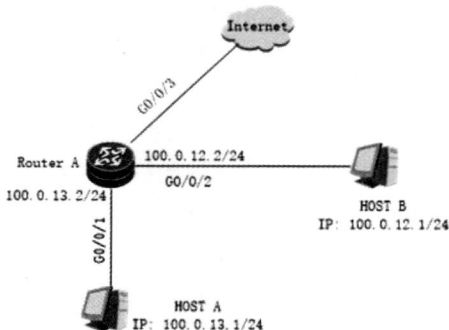

    A．acl number 3000 rule 5 deny 89 rule 10 deny 1 # interface GigabitEthernet0/0/1 traffic-filter inbound .acl 3000#

    B．acl number 2000 rule 5 deny 89 rule 10 deny 1 # interface GigabitEthernet0/0/1 traffic-filter inbound .acl 2000

C. acl rumber 3000 rule 5 deny 89 rule 10 deny icmp # interface GigabitEthernet0/0/1 traffic-filter inbound .acl 3000

D. acl number 3000 rule 5 deny ospf rule 10 deny icmp # interface Gigabit Ethernet0/0/1 traffic-filter inbound .acl 3000

2. 某私有网络内有主机需要访问 Internet，为实现此需求，管理员应该在该网络的边缘路由器上做（　　）配置。

　　A. NAT　　　　　　　B. DHCP　　　　　　C. STP　　　　　　　D. 默认路由

3. 在华为设备上部署 ACL 时，下面描述正确的是（　　）。

　　A. ACL 定义规则时，只能按照 10、20、30 这样的顺序递进

　　B. 在接口下调用 ACL 时只能应用于出方向

　　C. ACL 可以匹配报文的 TCP/UDP 的端口号且可以指定端口号的范围

　　D. ACL 不可以用于过滤 OSPF 流量，因为 OSPF 流量不使用 UDP 协议封装

　　E. 同一个 ACL 可以调用在多个接口下

4. 在路由器 RTA 上进行如下所示的 ACL 匹配路由条目，则下面（　　）选项的条目会被匹配上。

[RTA] acl 2002

[RTA-acl-basic-2002]rule deny source 172.16.1.1 0.0.0.0

[RTA-acl-basic-2002]rule deny source 172.16.0.0 0.255.0.0

　　A. 172.16.1.1/32　　　B. 192.17.0.0/24　　　C. 172.16.1.0/24　　　D. 172.18.0.0/26

5. 下列关于 ASPF 和 Server-map 的说法正确的是（　　）。

　　A. 通道建立后的报文还是根据 Server-map 来转发

　　B. 只有 ASPF 会生成 Server-map 表

　　C. Server-map 表项若一直没有报文匹配，经过一定老化时间后就会被删除。这种机制保证了 Server-map 表项这种较为宽松的通道能够及时被删除，保证了网络的安全性。当后续发起新的数据连接时会重新触发建立 Server-map 表项

　　D. Server-map 通常只用于检查首个报文，通道建立后的报文还是根据会话表来转发

6. BFD 检测可以同（　　）协议模块联动。

　　A. VRRP　　　　　　　B. OSPF　　　　　　C. BGP　　　　　　　D. 静态路由

7. 下列关于 ASPF 和 Server-map 的说法，正确的是（　　）。

　　A. ASPF 检查应用层协议信息并且监控连接的应用层协议状态

　　B. ASPF 通过动态生成的 ACL 来决定数据包是否通过防火墙

　　C. 配置 NAT Server 生成的是静态 Server-map

　　D. Server-map 表用五元组来表示一段会话

8. 在华为 AR G3 系列路由器上，AAA 支持的授权模式是（　　）。

　　A. 本地授权　　　　　　　　　　　　B. RADIUS 认证成功后授权

　　C. HWTACACS 授权　　　　　　　　D. 不授权

9. 某台路由器配置信息如下，下列说法正确的有（　　）。

```
#
aaa
authentication-scheme default
authentication-scheme huawei
authentication-mode radius
authorization-scheme default
authorization-scheme huawei
accounting-scheme default
domain default
domain default_admin
domain huawei
authentication-scheme huawei
authorization-scheme huawei
local-user huawei password cipher 123456
local-user huawei@huawei password cipher 654321
#
```

A．域名为 huawei 的域采用的认证方式为本地认证

B．域名为 huawei 的域采用的授权方式为本地授权

C．使用用户名 huawei 进行认证，则密码需要为 654321

D．域名为 huawei 的域没有使用计费方案

10．下列选项中的配置，属于二层 ACL 的是（　　）。

　A．rule 10 permit 12-protocol arp

　B．rule 25 permit source 192.168.1.1 0.0.0.0

　C．rule 20 permit source-mac 0203-0405-0607

　D．rule 15 permit vlan-id100

11．如下图所示的网络，通过以下（　　）配置可以实现 HOST A 和 HOST B 不能相互通信。

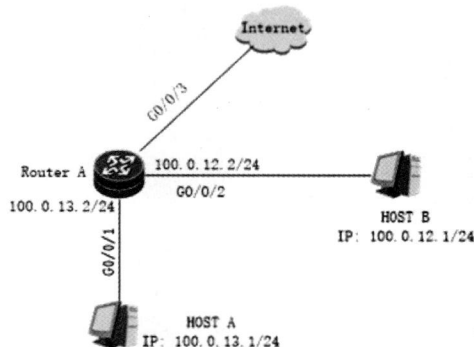

  A．acl number 2000 rule 5 deny source 100.0.12.0 0.0.0.255 #Interface GigabiEthernet0/0/3 trafficfilter inbound acl 2000

  B．acl number 2000 rule 5 deny source 100.0.12.0 0.0.0.255 #Interface GigabiEthernet0/0/1 trafficfilter outbound acl 2000

  C．acl number 2000 rule 5 deny source 100.0.12.0 0.0.0.255 #Interface GigabiEthernet0/0/2 trafficfilter inbound acl 2000

  D．acl number 2000 rule 5 deny source 100.0.12.0 0.0.0.255 #Interface GigabiEthernet0/0/1 trafficfilter inbound acl 2000

12．路由器 A 的 G0/0/1 接口配置信息如下，下列说法正确的是（　　）。

acl number 3000

rule 5 deny 17

rule 10 deny 89

rule 15 deny 6

interface GigabitEthernet0/0/1 traffic-filter inbound acl 3000

  A．本接口不会转发收到的 FTP 报文　　　B．本接口不会转发 ICMP 报文

  C．本接口不会转发收到的 SNMP 报文　　D．本接口可以和其他路由器建立 OSPF 的邻居关系

13．某个 ACL 规则如下，则下列可以被 permit 规则匹配的 IP 地址是（　　）。

rule 5 permit ip source 10.0.2.0 0.0.254.255

  A．10.0.4.5　　　　B．10.0.5.6　　　　C．10.0.6.7　　　　D．10.0.2.1

14．基于会话的状态检测防火墙对于首包和后续包有不同的处理流程，关于该流程描述正确的选项是（　　）。

  A．报文达防火墙时会查找会话表，如果没有匹配，防火墙会施行首包处理流程

  B．在状态检查机制打开的情况下，防火墙处理 TCP 报文时，只有 SYN 报文才建立会话

  C．在状态检查机制打开的情况下，后续包也需要进行安全策略检查

  D．报文到达防火墙时会查找会话表，如果匹配，防火墙会进行后续包处理流程

15．路由器 Radius 信息配置如下，下列说法正确的有（　　）。

Radius-server template Huawei

Radius-server shared-key cipher Huawei

Radius-server authentication 200.0.12.1 1812

Radius-server accounting 200.0.12.1 1813

Radius-attribute nas-ip 200.0.12.2

  A．路由器发送 Radius 报文的源 IP 地址为 200.0.12.2

  B．授权服务器的 IP 地址为 200.0.12.1

  C．认证服务器的 IP 地址为 200.0.12.1

  D．计费服务器的 IP 地址为 200.0.12.1

16．防火墙的接口具有的工作模式是（　　）。

    A．交换模式   B．透明模式   C．传输模式   D．路由模式

17．防火墙安全策略进行流量匹配的条件有（　　）。

    A．源/目安全区域 B．报文长度   C．源/目 IP 地址   D．应用

18．包过滤防火墙提供了对分片报文进行检测过速的支持，包过滤防火墙可以过滤的分片报文有（　　）。

    A．后续分片报文   B．非分片报文

    C．伪造的 ICMP 差错报文   D．首片分片报文

19．如下图所示的网络，通过以下（　　）项配置可以实现 HOST A 不能访问 HOST B 的 HTTP 服务，HOST B 不能访问 HOST A 的 FTP 服务。

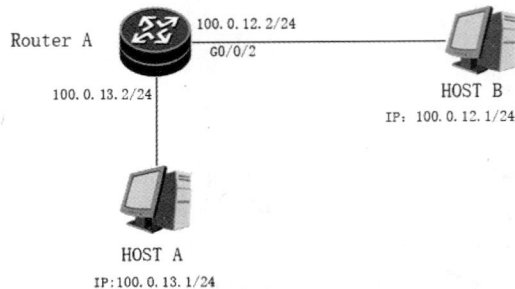

    A．acl number 3000 Rule 5 deny tcp source 100.0.13.0 0.0.0.255 sourceport eq www destination 100.0.12.0 0.0.0.255 acl number 3001 Rule 5 deny tcp source 100.0.12.0 0.0.0.255 sourceport eq ftp destination 100.0.13.0 0.0.0.255 Interface GigabitEthernet 0/0/1 trafficfilter outbound acl 3000 Interface GigabitEthernet 0/0/2 trafficfilter outbound acl 3001

    B．acl number 3000 Rule 5 deny tcp source 100.0.12.0 0.0.0.255 sourceport eq www destination 100.0.13.0 0.0.0.255 acl number 3001 Rule 5 deny tcp source 100.0.13.0 0.0.0.255 sourceport eq ftp destination 100.0.12.0 0.0.0.255 Interface GigabitEthernet 0/0/1 trafficfilter outbound acl 3000 Interface GigabitEthernet 0/0/2 trafficfilter outbound acl 3001

    C．acl number 3000Rule 5 deny tcp source 100.0.12.0 0.0.0.255 sourceport eq www destination 100.0.13.0 0.0.0.255 acl number 3001 Rule 5 deny tcp source 100.0.13.0 0.0.0.255 sourceport eq ftp destination 100.0.12.0 0.0.0.255 Interface GigabitEthernet 0/0/1 trafficfilter inbound acl 3000 Interface GigabitEthernet 0/0/2 trafficfilter inbound acl 3001

    D．acl number 3000 Rule 5 deny tcp source 100.0.13.0 0.0.0.255 sourceport eq www destination 100.0.12.0 0.0.0.255 acl number 3001 Rule 5 deny tcp source 100.0.12.0 0.0.0.255 sourceport eq ftp destination 100.0.13.0 0.0.0.255 Interface GigabitEthernet 0/0/1 trafficfilter inbound acl 3000 Interface GigabitEthernet 0/0/2 trafficfilter inbound acl 3001

20．华为设备上的高级 ACL 可用于过滤下面（　　）项内容。

    A．基于特定源地址的网络流量   B．基于特定目的地址的网络流量

    C．基于特定用户名的网络流量   D．基于特定端口号的网络流量

E．基于特定源 MAC 地址的流量

21．信息安全最关心的三个属性是（　　）。

A．机密性(confidentiality)　　　　　B．完整性(integrity)

C．可用性(availability)　　　　　　D．身份验证(authentication)

22．信息安全体系是（　　）三者的互动。

A．人员　　　　　B．管理　　　　　C．技术　　　　　D．设备

23．基于 ACL 规则，ACL 可以划分为的类型是（　　）。

A．基本 ACL　　　B．用户 ACL　　　C．高级 ACL　　　D．二层 ACL

4.3　判断题

1．在 Telnet 中应用如下配置的 ACL，则只允许 IP 地址为 172.16.105.2 的设备进行远程登录。
（　　）

```
#
acl number 2000
rule 5 permit source 172.16.105.2 0
#
```

A．对　　B．错

2．二层 ACL 可以匹配源 MAC、目的 MAC、源 IP、目的 IP 等信息。（　　）

A．对　　B．错

3．NAPT 通过 TCP 或者 UDP 或者 IP 报文中的协议号区分不同用户的 IP 地址。（　　）

A．对　　B．错

4．静态 NAT 只能实现私有地址和公有地址的一对一映射。（　　）

A．对　　B．错

5．AR G3 系列路由器上的 ACL 支持两种匹配顺序，即配置顺序和自动排序。（　　）

A．对　　B．错

6．config 模式是华为设备上默认的 ACL 配置顺序。（　　）

A．对　　B．错

7．主机 192.168.1.2 访问公网地址一定要经过 NAT。（　　）

A．对　　B．错

8．ICMP 报文不包含端口号，所以无法使用 NAPT。（　　）

A．对　　B．错

9．Eth-Trunk 两端的负载分担模式可以不一致。（　　）

A．对　　B．错

10．Radius 可以实现 AAA 的常见协议。（　　）

A．对　　B．错

11．在 AR 路由器上创建的认证方案、授权方案、计费方案、TACACS 或者 Radius 服务器模板，只有在域下应用后才能生效。（　　）

　　A．对　　B．错

12．主机使用 IP 地址 192.168.1.2 访问 Internet 一定要经过 NAT。（　　）

　　A．对　　B．错

13．如下图所示，路由器 R1 上部署了静态 NAT 命令，当 PC 访问互联网时，数据包中的目的地址不会发生任何变化。（　　）

[R1]interface GigabitEthernet0/0/1

[R1-GigabitEthernet0/0/1]ip address 192.168.0.1 255.255.255.0

[R1]interface GigabitEthernet0/0/2

[R1-GigabitEthernet0/0/2]ip address 202.10.1.2 255.255.255.0

[R1]nat static global 202.10.1. 3 inside 192.168 0.2 netmask 255.255.255.255

[R1]ip route-static 0.0.0.0 0.0.0.0 202.10.1.1

　　A．对　　B．错

14．在华为设备上，如果使用 AAA 认证进行授权，当远程服务器无响应时，可以从网络设备端进行授权。（　　）

　　A．对　　B．错

15．如果报文匹配 ACL 的结果是"拒绝"，该报文最终被丢弃。（　　）

　　A．对　　B．错

16．如果配置的 ACL 规则存在包含关系，应注意严格条件的规则编号需要排序靠前，宽松条件的规则编号需要排序靠后，以避免报文因先命中宽松条件的规则而停止往下继续匹配，从而无法命中严格条件的规则。（　　）

　　A．对　　B．错

第 5 章　网络服务与应用

5.1　单选题

1．使用 FTP 进行文件传输时，会建立（　　）个 TCP 连接。

　　A．2　　　　B．1　　　　C．3　　　　D．4

2．DHCP DISCOVER 报文的目的 IP 地址为（　　）。

　　A．127.0.0.1　　B．224.0.0.1　　C．224.0.0.2　　D．255.255.255.255

3．某公司网络管理员希望能够远程管理分支机构的网络设备，则下面（　　）协议会被用到。

　　A．RSTP　　　　　　　B．CIDR　　　　　　C．Telnet　　　　　　D．VLSM

4．在使用 FTP 协议升级路由器软件时，传输模式应该选用（　　）。

　　A．二进制模式　　　B．流字节模式　　　C．节模式　　　　　　D．字模式

5．如下图所示的网络，Host A 通过 Telnet 登录到 Router A，然后在远程的界面通过 FTP 获取 Router B 的配置文件，此时 Router A 存在（　　）个 TCP 连接。

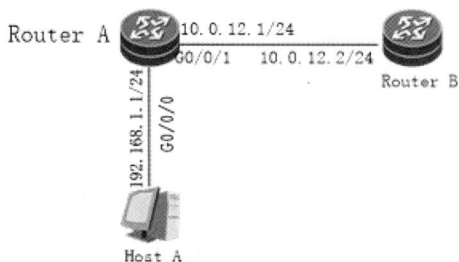

　　A．1　　　　　　　　B．2　　　　　　　　C．3　　　　　　　　D．4

6．一台 Windows 主机初次启动，如果采用 DHCP 的方式获取 IP 地址，那么此主机发送的第一个数据包的源 IP 地址是（　　）。

　　A．0.0.0.0　　　　B．169.254.2.33　　C．255.255.255.255　　D．127.0.0.1

7．DHCP 服务器使用（　　）报文确认主机可以使用 IP 地址。

　　A．DHCP DISCOVER　　　　　　　B．DHCP ACK

　　C．DHCP OFFER　　　　　　　　　D．DHCP REQUEST

8．园区网络搭建时，使用（　　）可以避免出现二层环路。

　　A．SNMP　　　　　　B．RSTP　　　　　　C．NAT　　　　　　　D．OSPF

9．DHCP 能够给客户端分配一些与 TCP/IP 相关的参数信息，在此过程中，DHCP 定义了多种报文，这些报文采用的封装是（　　）。

　　A．TCP 封装　　　　B．UDP 封装　　　　C．PPP 封装　　　　　D．IP 封装

10．DHCP 服务器分配给客户端的动态 IP 地址，通常有一定的租借期限，那么关于租借期限的描述错误的是（　　）。

　　A．租期更新定时器为总租期的 50%，当"租期更新定时器"到期时，DHCP 客户端必须进行 IP 地址的更新

　　B．重绑定定时器为总租期的 87.5%

　　C．若"重绑定定时器"到期但客户端还没有收到服务器的响应，则会一直发送 DHCP REQUEST 报文给之前分配过 IP 地址的 DHCP 服务器，直到总租期到期

　　D．在租借期限内，如果客户端收到 DHCP NAK 报文客户端，就会立即停止使用此 IP 地址，并返回到初始化状态，重新申请新的 IP 地址

11．管理员在路由器上做了如下所示的配置，同时管理员希望给 DHCP 指定一个较短的租期，该使用的命令是（　　）。

```
ip pool pool1
network 10.10.10.0 mask 255.255.255.0
gateway-list 10.10.10.1
```

A．lease day 0 hour 10   B．lease 24

C．dhcp select relay   D．lease

12．管理员在 Router 上进行了如下所示的配置，那么连接在该路由器的 G1/0/0 接口下的一台主机能够通过 DHCP 获取到的 IP 地址是（   ）。

```
[Router] ip pool pool1
[Router-ip-pool- pool1] network 10.10.10.0 mask 255.255.255.0
[Router-ip-pool-pool1] gateway-list 10.10.10.1
[Router-ip pool-pool1] quit
[Router] ip pool pool2
[Router-ip-pool-poo12] network 10.20.20.0 mask 255.255.255.0
[Router-ip-pool-pool2] gateway-list 10.20.20.1
[Router-ip-pool-pool2] quit
[Router] Interface gigabitethernet 1/0/0
[Router-GigabitEthernet1/0/0]ip address 10.10.10.1 24
[Router-GigabitEthernet1/0/0] dhcp select global
```

A．该主机获取的 IP 地址属于 10.10.10.0/24 网络

B．该主机获取的 IP 地址属于 10.20.20.0/24 网络

C．该主机获取的 IP 地址可能属于 10.10.10.0/24 网络，也可能属于 10.20.20.0/24 网络

D．该主机获取不到地址

13．客户端在租期到达（   ）比例时，第一次发送续租报文。

A．0.25   B．0.5   C．1   D．0.875

14．DHCP DISCOVER 报文的主要作用是（   ）。

A．服务器对 REQUEST 报文的确认响应

B．客户端用来寻找 DHCP 服务器

C．客户端请求配置确认或者续借租期

D．DHCP 服务器用来响应 DHCP DISCOVER 报文，此报文携带了各种配置信息

15．默认情况下，DHCP 服务器分配 IP 地址的租期为（   ）。

A．12h   B．1h   C．24h   D．18h

16．关于 DHCP 的使用场景说法正确的是（   ）。

A．DHCP 客户端和 DHCP 服务器必须连接到同一个交换机

B．如果 DHCP 客户端和 DHCP 服务器不在同一个网段，需要通过 DHCP 中继来转发 DHCP 报文

C．网络中不允许出现多个 DHCP 服务器

D．DHCP 中继接收到 DHCP 请求或应答报文后，不修改报文格式直接进行转发

17．FTP 控制平面使用的端口号为（   ）。

A．23   B．21   C．22   D．24

5.2　多选题

1．路由器开启 FTP 服务用户名和密码均为 huawei，并且设置 FTP 的根目录为 flash:/dhcp/，则以下（　　）命令是必须要配置的。

　　A．ftp server enable

　　B．local-user huawei ftp-directory flash:/dhcp/

　　C．local-user huawei password cipher huawei

　　D．local-user huawei service-type ftp

2．使用动态主机配置协议 DHCP 分配 IP 地址的优点是（　　）。

　　A．工作量大且不好管理

　　B．可以实现 IP 地址重复利用

　　C．避免 IP 地址冲突

　　D．配置信息发生变化（如 DNS），只需要管理员在 DHCP 服务器上修改，方便统一管理

3．动态主机配置协议 DHCP 可以分配的网络参数是（　　）。

　　A．IP 地址　　　　　B．网关地址　　　　　C．操作系统名称　　　D．DNS 地址

4．网络中部署了一台 DHCP 服务器，但是管理员发现部分主机并没有正确获取到该 DHCP 服务器所指定的地址，请问可能的原因是（　　）。

　　A．DHCP 服务器的地址池已经全部分配完毕

　　B．部分主机无法与该 DHCP 服务器正常通信，这些主机客户端系统自动生成了 169.254. 0.0 范围内的地址

　　C．网络中存在另外一台工作效率更高的 DHCP 服务器

　　D．部分主机无法与该 DHCP 服务器正常通信，这些主机客户端系统自动生成了 127.254.0.0 范围内的地址

5．管理员无法通过 Telnet 登录华为路由器，但是其他管理员可以正常登录，那么下面（　　）选项是可能的原因。

　　A．该管理员用户账户已经被删除

　　B．该管理员用户账户已经被禁用

　　C．AR2200 路由器的 Telnet 服务已经被禁用

　　D．该管理员用户账户的权限级别已经被修改为 0

6．关于 PC 从 DHCP Server 获取地址所使用的命令，描述正确的是（　　）。

　　A．在用户 PC 的 Windows 7/Windows XP 环境下使用 ipconfig/release 命令来主动释放 IP 地址，此时用户 PC 向 DHCP 服务器发送的是 DHCP RELEASE 报文

　　B．在用户 PC 的 Windows 7/Windows XP 环境下使用 ipconfig/renew 命令来申请新的 IP 地址，此时用 PC 向 DHCP 服务器发送的是 DHCP RENEW 报文

　　C．在用户 PC 的 Windows 7/Windows XP 环境下使用 ipconfig/renew 命令来申请新的 IP 地

址，此时用户 PC 向 DHCP 服务器发送的是 DHCP DISCOVER 报文

    D. 在用户 PC 的 Windows 7/Windows XP 环境下使用 ipconfig/release 命令来主动释放 IP 地址，此时用户 PC 向 DHCP 服务器发送的是 DHCP REQUEST 报文

7．用 Telnet 方式登录路由器时，可以选择的认证方式是（　　）。

    A．password 认证　　B．AAA 本地认证　　C．不认证　　　　　　D．MD5 密文认证

8．DHCP 包含的报文类型有（　　）。

    A．DHCP OFFER　　　　　　　　　　B．DHCP REQUEST

    C．DHCP ROLLOVER　　　　　　　　D．DHCP DISCOVER

9．以下关于 ACL 的匹配机制说法正确的有（　　）。

    A．如果 ACL 不存在，则返回 ACL 匹配结果为不匹配

    B．如果一直查到最后一条规则，报文仍未匹配上，则返回 ACL 匹配结果为不匹配

    C．默认情况下，从 ACL 中编号最小的规则开始查找，一旦匹配规则，停止查询后续规则

    D．无论报文匹配 ACL 的结果是"不匹配""允许""拒绝"，该报文最终是被允许通过还是拒绝通过，实际是由应用 ACL 的各个业务模块来决定的

10．路由器开启 FTP 服务，用户名和密码均为 huawei，并且设置 FTP 的根目录为（　　）。

    A．local-user huawei ftp-directory flash:/dhcp/

    B．ftp server enable

    C．local-user huawei password cipher huawei

    D．local-user huawei service-type ftp

11．目前，公司有一个网络管理员，公司网络中的 AR2200 通过 Telnet 直接输入密码后就可以实现远程管理。新来了两个网络管理员后，公司希望给所有的管理员分配各自的用户名与密码，以及不同的权限等级，那么应该如何操作呢？（　　）

    A．每个管理员在运行 Telnet 命令时，使用设备的不同公网 IP 地址

    B．Telnet 配置的用户认证模式必须选择 AAA 模式

    C．在配置每个管理员的账户时，需要配置不同的权限级别

    D．在 AAA 视图下配置三个用户名和各自对应的密码

12．关于 DHCP 地址池的描述，说法正确的是（　　）。

    A．配置基于全局地址池的地址分配方式，可以响应所有端口接收到的 DHCP 请求

    B．只有配置基于全局地址池的地址分配方式，才可以设置不参与自动分配的 IP 地址范围

    C．配置基于接口的地址分配方式，只会响应该接口的 DHCP 请求

    D．配置基于接口的地址分配方式，可以响应所有端口接收到的 DHCP 请求

13．DHCP 会面对很多安全威胁的原因是（　　）。

    A．中间人利用了虚假的 IP 地址与 MAC 地址之间的映射关系来同时欺骗 DHCP 的客户端和服务器

    B．DHCP Server 无法区分什么样的 CHADDR 是合法的，什么样的 CHADDR 是非法的

    C．DHCP 动态分配 IP 地址的响应时间长

D．DHCP 发送报文（DHCP DISCOVER）以广播形式发送

14．DHCP 服务器可以采用不同的地址范围为客户机进行分配，关于分配地址的描述正确的是（　　）。

A．可以是 DHCP 服务器的数据库中与客户端 MAC 地址静态绑定的 IP 地址

B．可以是客户端曾经使用过的 IP 地址，即客户端发送的 DHCP DISCOVER 报文中请求 IP 地址选项（Requested IP Address Option）的地址

C．在 DHCP 地池中，顺序查找可供分配的 IP 地址，即最先找到的 IP 地址

D．关于 DHCP 服务器查询到的超过租期、发生冲突的 IP 地址，如果找到可用的 IP 地址，则可进行分配

E．可以是客户端经常和别的客户端产生冲突的 IP 地址

15．DHCP Snooping 是一种 DHCP 安全特性，可以用于防御多种攻击，其中包括（　　）。

A．防御改变 CHADDR 值的烧死攻击　　　B．防御 DHCP Server 仿冒者攻击

C．防御 TCP　Hag 攻击　　　D．防御 ARP 中间人攻击和 IP/MAC Spoofing 攻击

16．DHCP Server 即 DHCP 服务器，负责客户端 IP 地址的分配，在配置 DHCP Server 时，需要包括的步骤是（　　）。

A．全局使能 DHCP 功能

B．配置 DHCP 的 Option 82 选项

C．采用全局地址池的 DHCP 服务器模式时，配置全局地址池

D．采用端地址池的 DHCP 服务器模式时，配置端口地址池

17．DHCP Relay 又称为 DHCP 中继，如果需要配置 DHCP Relay，那么需要包括的步骤是（　　）。

A．配置 DHCP 服务器组的组名

B．配置 DHCP 服务器组中 DHCP 服务器地址

C．配置启动 DHCP Relay 功能的接口编号及接口的 IP 地址

D．配置 Option 82 插入功能

18．通过查看 DHCP 配置信息和报文统计信息，可以查看设备运行状态，接收和发送 DHCP 报文的计数以方便日常维护过程中的问题定位。以下（　　）指令可以用于查看 DHCP 消息。

A．display dhcp statistics　　　B．display dhcp relay statistics

C．display dhcp server statistics　　　D．display dhcp

5.3　判断题

1．在配置用 Telnet 方式登录用户界面时，必须配置认证方式，否则用户无法成功登录设备。（　　）

A．对　　B．错

2．DHCPv6 服务器支持为主机提供 DNS 服务器地址等其他配置信息。（　　）

A．对　　B．错

3．DHCP OFFER 报文可以携带 DNS 地址，但是只能携带一个 DNS 地址。（　　）

A．对　　B．错

第 6 章　WLAN 基础

6.1　单选题

扫一扫，看视频

1．在 WLAN 中标识一个 AP 覆盖范围的是（　　）。

A．ESS　　　　　　B．BSSID　　　　　C．SSID　　　　　　D．BSS

2．FIT AP 可以通过 DHCP Option 获取 AC 的 IP 地址，以建立 CAPWAP 隧道，为此需要在 DHCP 服务器上配置（　　）。

A．Option 55　　　B．Option 43　　　C．Option 10　　　D．Option 82

3．在 WLAN 网络构架中，支持 IEEE 802.11 标准的终端设备被称为（　　）。

A．Client　　　　　B．AC　　　　　　C．STA　　　　　　D．AP

4．STA 关联到 AP 之前需要通过一些报文交互获取 SSID，这些报文为（　　）。

A．Discovery　　　B．Beacon　　　　C．Probe Response　　D．Probe Request

5．表示 AP 上每个 VAP 的数据链路层 MAC 地址的是（　　）。

A．SSID　　　　　　B．BSS　　　　　　C．ESS　　　　　　D．BSSID

6．Wi-Fi 6 相比于 Wi-Fi 5 的优势不包括以下（　　）项。

A．更高的带宽　　　　　　　　　　B．更低的传输时延

C．更高的功耗　　　　　　　　　　D．更高的每个 AP 的终端接入数

7．关于无线设备的描述，说法正确的是（　　）。

A．无线设备没有有线接口

B．FIT AP 一般独立完成用户接入、认证、业务转发等功能

C．无线控制器 AC 一般位于整个网络的汇聚层，提供高速、安全、可靠的 VLAN 业务

D．FAT AP 一般与无线控制器配合工作

8．WLAN 架构中的 FIT AP 无法独立进行工作，需要由 AC 进行统一管理，FIT AP 与 AC 之间通过以下（　　）协议进行通信。

A．IPSec　　　　　B．WEP　　　　　　C．CAPWAP　　　　D．WAP

9．FIT AP 获取 AC 的 IP 地址之后首先执行的操作是（　　）。

A．升级软件版本　　B．下载配置文件　　C．建立 CAPWAP 隧道　　D．请求配置文件确认

10．以下 IEEE 802.11 标准中只支持 2.4GHz 频段进行通信的是（　　）。

A．802.11a　　　　B．802.11g　　　　C．802.11ax　　　　D．802.11n

11．广义上，构成无线局域网 WLAN 的传输介质不包括（　　）。

A．射线　　　　　　B．无线电波　　　　C．红外线　　　　　D．激光

12. 以下 IEEE 802.11 标准中不支持 5GHz 频段进行通信的是（　　）。

A. 802.11n　　　　B. 802.11g　　　　C. 802.11ac wave1　　D. 802.11ac wave2

13. 在 WLAN 中，用于标识无线网络、区分不同的无线网络的是（　　）。

A. AP Name　　　B. SSID　　　　　C. VAP　　　　　　D. BSSID

14. 为让 STA 获取 AP 上的 SSID 相关信息，AP 采用以下（　　）报文主动对外声明无线网络 SSID 信息。

A. Join　　　　　B. Beacon　　　　C. Probe　　　　　D. Discovery

15. 为实现 FIT AP 的上线，FIT AP 首先需要获取 AC 的 IP 地址，FIT AP 获取 AC 的 IP 地址 方式不包含（　　）。

A. 广播方式　　　　　　　　　　B. AP 上静态指定方式

C. 组播方式　　　　　　　　　　D. DHCP Option 方式

16. 为加入无线网络，STA 需要获取无线网络信息，STA 采用（　　）报文主动获取 SSID。

A. join　　　　　B. Discovery　　　C. Beacon　　　　　D. Probe

17. 在 AC 上配置直接转发方式的命令为（　　）。

A. Forward-mode Tunnel　　　　　B. Forward-capwap

C. Forward-direct　　　　　　　　D. Direct-forward

18. WLAN 架构中，FIT AP 无法独立工作，需要 AC 统一管理。FIT AP 和 AC 可以通过（　　） 进行通信。

A. WAP　　　　　B. IPSEC　　　　C. capwap　　　　D. WEP

19. WLAN 所使用的加密算法安全强度最高的是（　　）。

A. WEP　　　　　B. AES　　　　　C. CCMP　　　　　D. TKIP

20. IEEE 802.11 标准中，能同时支持 2.4GHz 频段和 5GHz 频段的有（　　）。

A. 802.11a　　　　B. 802.11b　　　　C. 802.11g　　　　D. 802.11n

21. 在 AC 上配置国家码的命令为（　　）。

A. nation-code　　B. province-code　C. country-code　D. state-code

22. IEEE 802.11g 标准支持的最大协商速率为（　　）。

A. 300Mbps　　　B. 150Mbps　　　C. 1200Mbps　　　D. 54Mbps

23. 在 AP 上为区分不同的用户，提供不同的网络服务，可以通过配置（　　）实现。

A. TAP　　　　　B. VAP　　　　　C. VAC　　　　　　D. VT

24. AP 通过（　　）报文从 AC 请求软件版本。

A. Image Data Request　　　　　　B. Image Package Request

C. Software Request　　　　　　　D. VRP System Request

25. Wi-Fi 6 所对应的 IEEE 802.11 标准为（　　）。

A. IEEE 802.11au　B. IEEE 802.11ac　C. IEEE 802.11ax　D. IEEE 802.11at

26. CAPWAP 协议规定了 AC 与 AP 之间的通信标准，以下关于 CAPWAP 协议说法正确的是 （　　）。

A．CAPWAP 是基于 TCP 传输的应用层协议

B．CAPWAP 为减少对 AP 的负担，使用一个隧道同时进行控制报文、数据报文的传输

C．AP 可以将用户的数据报文封装在 CAPWAP 中交由 AC 转发

D．为建立 CAPWAP 隧道，FIT AP 只能通过广播形式的报文发现 AC

6.2 多选题

扫一扫，看视频

1．WLAN 中可以部署的用户认证方式有（　　）。

　　A．Portal 认证　　　　B．MAC 认证　　　　C．Radius 认证　　　　D．802.1x 认证

2．IEEE（　　）标准只工作在 5GHz 频段。

　　A．802.11ac　　　　B．802.11n　　　　C．802.11g　　　　D．802.11a

3．在 AC 上添加 AP 的方式有（　　）。

　　A．离线导入 AP　　　　　　　　　　B．自动发现 AP

　　C．在线添加　　　　　　　　　　　　D．手工确认未认证列表中的 AP

4．WLAN 策略（　　）支持 open 方式的链路认证方式。

　　A．WPA2-802.1x　　B．WPA　　　　C．WPA2-PSK　　　　D．WEP

5．Agile Controller 能够实现准入控制的技术有（　　）。

　　A．MAC 认证　　　　B．Portal 认证　　　　C．802.1x 认证　　　　D．SACG 认证

6．下列选项中，关于 Agile Controller 的终端安全管理特点的描述，正确的是（　　）。

　　A．一键修复降低终端管理维护成本

　　B．只允许安装标准软件，实现桌面办公标准化

　　C．控制终端外泄途径，通过准入控制确保入网终端强制安装客户端且符合安全要求

　　D．禁止非标软件的安装，降低病毒感染风险

7．CAPWAP 隧道建立阶段，AC 收到 AP 发送的 Join Request 报文之后，AC 会对 AP 进行合法性检查，（　　）选项是 AC 支持的认证方式。

　　A．SN 认证　　　　B．Password 认证　　　C．MAC 认证　　　　D．不认证

8．IEEE 802.11n 标准支持在（　　）频率下工作。

　　A．6GHz　　　　B．2.5GHz　　　　C．2.4GHz　　　　D．5GHz

9．企业场景下的 WLAN 部署方案中一般会涉及（　　）设备。

　　A．AC(Access Controller)　　　　　　B．CPE

　　C．AP　　　　　　　　　　　　　　　D．PoE 交换机

10．IEEE（　　）标准支持 2.4GHz 和 5GHz。

　　A．802.11n　　　　B．802.11g　　　　C．802.11ax　　　　D．802.11ac

11．当 AP 与 AC 处于不同的三层网络时，推荐使用（　　）方式让 AP 发现 AC。

　　A．DHCP　　　　B．AP 手动指定　　　C．广播　　　　D．DNS

12．为检测 CAPWAP 隧道的连通状态，在 CAPWAP 隧道建立后，AC 使用 CAPWAP 报文

（　　）进行检测。

  A．Keeplive B．DPD   C．Echo   D．Hello

13．在移动化趋势下，企业对传统网络提出的新需求是（　　）。

  A．严格的层次化组网   B．随时随地一致的业务体验

  C．有线无线统一管理   D．支撑移动应用快速部署

14．AP 从 AC 上获取版本进行升级的模式有（　　）。

  A．FTP 模式 B．TFTP 模式 C．AC 模式 D．SFTP 模式

6.3　判断题

1．FAT AP 无须 AC 即可独立完成无线用户接入，无线用户认证，业务数据转发的工作。（　　）

  A．对 B．错

2．AC 上可以手动指定创建 CAPWAP 隧道的源地址或者源接口。（　　）

  A．对 B．错

3．AC 使用 CAPWAP 的控制隧道传输对 FIT AP 的管理报文。（　　）

  A．对 B．错

4．FIT AP 可以不依赖 AC 独立进行工作。（　　）

  A．对 B．错

5．AP 支持静态和 DHCP 两种方式获取 IP 地址。（　　）

  A．对 B．错

6．IEEE 802.11ac 只支持 5GHz 频段。（　　）

  A．对 B．错

7．只有 WPAI-PSK 的安全策略，才支持使用 TKIP 进行数据加密。（　　）

  A．对 B．错

8．AP 的工作模式不允许进行切换。（　　）

  A．对 B．错

9．Wi-Fi 6 实际是指 IEEE 802.11ax 标准。（　　）

  A．对 B．错

10．CAPWAP 的控制隧道和数据隧道传输采用的端口号一致。（　　）

  A．对 B．错

11．IEEE 802.11ax 标准只支持 5GHz 频段。（　　）

  A．对 B．错

12．STA 发现无线网络的方式只有通过 AP 对外发送 Beacon 帧。（　　）

  A．对 B．错

13．FIT AP 上线的过程中一定会从 AC 下载软件版本。（　　）

  A．对 B．错

14. AP 一个射频口只能绑定一个 SSID。（　　）

A. 对　　B. 错

15. WLAN 的二层组网指的是 STA 将 AC 作为自己的网关。（　　）

A. 对　　B. 错

16. 国家码的配置会影响实际传输使用的频率以及最大传输功率。（　　）

A. 对　　B. 错

17. 2.4GHz 频段中的 14 个可用频段不存在信道重叠。（　　）

A. 对　　B. 错

18. 只有 WPA2-PSK 的安全策略，才支持使用 TKIP 进行数据加密。（　　）

A. 对　　B. 错

第 7 章　广域网基础

7.1　单选题

1. 以下关于 Prefix Segment 的说法错误的是（　　）。

A. Prefix Segment 可以由 IGP 自动分配

B. Prefix Segment 需要手工配置

C. Prefix Segment 通过 IGP 协议扩散到其他网元，全局可见，全局有效

D. Prefix Segment 用于标识网络中的某个目的地址前缀（Prefix）

2. PPP 协议定义的是 OSI 参考模型中（　　）的封装格式。

A. 表示层　　　　B. 应用层　　　　C. 数据链路层　　　　D. 网络层

3. 采用 MPLS 标签双层嵌套技术的报文比原 IP 报文多了（　　）字节。

A. 32　　　　B. 8　　　　C. 4　　　　D. 16

4. 有关 MPLS Label 的说法，错误的是（　　）。

A. 标签封装在网络层和传输层之间

B. 标签由报文的头部所携带、不包含拓扑信息

C. 标签用于唯一标识一个分组所属的转发等价类 FEC

D. 标签是一个长度固定、只具有本地意义的短标识符

5. LDP 邻居发现有不同的实现机制和规定，关于 LDP 邻居发现的描述错误的是（　　）。

A. LDP 发现机制包括 LDP 基本发现机制和 LDP 扩展发现机制

B. LDP 基本发现机制可以自动发现直连在同条链路上的 LDP Peers

C. LDP 扩展发现机制能够发现非直连 LDP Peers

D. LDP 发现机制都需要明确指明 LDP Peers

6. 在以太网这种多点访问网络上，PPPoE 服务器可以通过一个以太网端口与很多 PPPoE 客户

端建立 PPP 连接，因此服务器必须为每个 PPP 会话建立唯一的会话标识符，以区分不同的连接，PPPoE 会使用（　　）参数建立会话标识符。

  A．IP 地址与 MAC 地址　　　　　　　B．MAC 地址与 PPP-ID

  C．MAC 地址与 Session-ID　　　　　　D．DMAC 地址

7．下列（　　）命令可以用来检查 PPPoE 客户端的会话状态。

  A．display pppoe-client session packet　　　B．display pppoe-client session summary

  C．display ip interface brief　　　　　　　D．display current-configuration

8．LCP 协商使用以下（　　）参数检测链路环路和其他异常情况。

  A．CHAP　　　　　B．MRUC　　　　　C．魔术字　　　　　D．PAP

9．在配置 MPLS VPN 时，管理员配置了如下几条命令，对于该命令描述错误的是（　　）。

Interface GigabitEthernet0/0/0 IP binding vpn-instance VPN1

Interface GigabitEthernet0/0/1 IP binding vpn-instance VPN2

  A．该配置命令通常是在 PE 设备上配置的

  B．该命令的作用是将各 PE 设备上的 G0/0/1 和 G0/0/2 接口与分配给客户网络的 VPN 实例进行绑定

  C．设备上的接口与 VPN 实例绑定后，该接口将变为私网接口，并可以配置私网地址，运行私网路由协议

  D．取消接口与 VPN 实例绑定设备，并不会自动清空与 VPN 实例绑定接口下的 IPv4 或者 IPv6 的相关配置

10．在 MPLS 网络中，交换机会分配标签，下列对标签分配方式的描述正确的是（　　）。

  A．可以由下游 LSR 决定将标签分配给特定 FEC，再通知上游 LSR

  B．下游按需方式 DoD（Downstream on Demand）是指对于一个特定的 FEC，LSR 无须从上游获得标签请求消息即进行标签分配与分发

  C．下游自主分配标签方式是指对于一个特定 FEC，LSR 获得标签请求消息后才进行标签分配与分发

  D．具有标签分发邻接关系的上游 LSR 和下游 LSR 使用的标签发布方式可以一致

11．运行 MPLS 设备的标签转发表中，对于不同的路由（下一跳也不同），出标签（　　）。

  A．一定不同　　　　B．一定相同　　　　C．可能相同

12．运行 MPLS 设备的标签转发表中，对于同一条路由，入标签和出标签（　　）。

  A．一定不同　　　　B．一定相同　　　　C．可能相同

13．PPPoE 会话的建立和终结过程中不包括（　　）。

  A．发现阶段　　　B．数据转发阶段　　C．会话阶段　　　　D．会话终结阶段

14．在 PPP 中，当通信双方的两端检测到物理链路激活时，就会从链路不可用阶段转化到链路建立阶段，在这个阶段主要是通过（　　）协议进行链路参数的协商。

  A．IP　　　　　　B．LCP　　　　　　C．NCP　　　　　　D．DHCP

15．段路由 SR（Segment Routing）是基于（　　）理念而设计的在网络上转发数据包的一种协议。

    A．策略路由　　　　B．源路由　　　　　C．路由策略　　　　　D．目的路由

16．采用 MPLS 标签的报文比原来的 IP 报文多（　　）字节。

    A．4　　　　　　　B．8　　　　　　　　C．16　　　　　　　　D．32

17．基于 MPLS 标签最多可以标识出（　　）类服务等级不同的数据流。

    A．8　　　　　　　B．2　　　　　　　　C．4　　　　　　　　　D．16

18．关于 Adjacency Segment（邻接段）的说法错误的是（　　）。

    A．Adjacency Segment 用于标识网络中某节点的某个邻接

    B．Adjacency Segment 通过 Adjacency Segment ID（SID）标识

    C．Adjacency Segment 必须手动配置

    D．Adjacency Segment 通过 IGP 协议扩散到其他网元，全局可见本地有效

19．如果在 PPP 认证的过程中，被认证者发送了错误的用户名和密码给认证者，认证者将会发送（　　）报文给被认证者。

    A．Authenticate-Reply　　　　　　　B．Authenticate-Ack

    C．Authenticate-Nak　　　　　　　　D．Authenticate-Reject

7.2　多选题

扫一扫，看视频

1．MPLS 头部包括（　　）字段。

    A．EXP　　　　　　B．TTL　　　　　　　C．Label　　　　　　　D．ToS

2．PPP 协议中的 LCP 协议支持（　　）功能。

    A．协商网络层地址　　　　　　　　　B．协商认证协议

    C．检测链路环路　　　　　　　　　　D．协商最大接收单元 MRU

3．以下关于 MPLS 报文头，S 字段的说法正确的是（　　）。

    A．S 位在帧模式中只有 1 位，在信元模式中有 2 位

    B．S 位存在于每一个 MPLS 报文头中

    C．S 位用来标识本标签后是否还有其他标签，1 表示是，0 表示不是

    D．S 位用来标识本标签后是否还有其他标签，0 表示是，1 表示不是

4．通过 SR（Segment Routing）可以简易地定义一条显式路径，网络中的节点只需维护 Segment Routing 信息，即可应对业务的实时快速发展。Segment Routing 具有的特点是（　　）。

    A．通过对现有协议（如 IGP）进行扩展，能使现有网络更好地平滑演进

    B．SR 采用 IP 转发，不需要额外维护一张标签转发表

    C．采用源路由技术，提供网络和上层应用快速交互的能力

    D．同时支持控制器的集中控制模式和转发器的分布控制模式，提供集中控制和分布控制之间的平衡确认

5．PPPoE 会话建立过程可分为（　　）。

    A．Discovery 阶段　　　　　　　　　B．PPPoE Session 阶段

C．PPP Connecting 阶段　　　　　　　D．DHCP 阶段

6．PPP 协议由（　　）组成。

　　A．LCP　　　　　　B．认证协议　　　　C．PPPoE　　　　　　D．NCP

7．对于 PPP 链路建立过程的描述，下面说法错误的是（　　）。

　　A．在 Establish 阶段，PPP 链路进行 LCP 参数协商。协商内容包括最大接收单元 MRU、认证方式、魔术字等选项

　　B．NCP 协商成功后，PPP 链路将保持通信状态，并且进入 Terminate 阶段

　　C．Dead 阶段也称为物理层不可用阶段。当通信双方的两端检测到物理线路激活时，就会从 Dead 阶段迁移至 Establish 阶段，即链路建立阶段

　　D．PPP 链路支持半双工和全双工两种模式

　　E．在 Network 阶段，PPP 链路进行 NCP 协商。通过 NCP 协商来选择和配置一个网络层协议，并进行网络层参数协商

8．可以对报文的（　　）进行标记或重标记。

　　A．MAC Address 信息

　　B．报文中的任何信息

　　C．IP Source, Destination Addess;EXP 信息

　　D．IP DSCP. IP Precedence, 802.1 p.EKP 信息

9．MPLS 封装有不同的方式，下列选项中关于封装方式的说法正确的是（　　）。

　　A．MPLS 封装有帧模式和信元模式

　　B．Ethernet 和 PPP 使用帧模式封装

　　C．ATM 使用信元模式封装

　　D．信元模式封装时，如果报文中已经解封装了 MPLS Header，第一个信元会保留该 MPLS Header 用于转发

10．对于此台交换机上的配置，下列描述正确的是（　　）。

[Huawei] dhcp enable [Huawei] interface Vlanif 100

[Huawei -Vlanif100] dhcp select relay

[Huawei -Vlanif100] dhcp relay server-select dhcpgroup1

　　A．默认情况下，配置 DHCP 服务器和 DHCP delay 都必须开启 DHCP 服务

　　B．Vlanif 100 接口会将接收到的 DHCP 报文通过中继发送到外部 DHCP Server

　　C．为 Vlanif 100 接口指定 DHCP 服务器组为 dhcpgroup1

　　D．首先需要创建 DHCP 服务器组并向服务器组添加 DHCP 服务器

　　E．默认情况下，dhcpgroup1 会自动添加网络中的 DHCP 服务器

11．下列选项错误的是（　　）。

[LSRA] mpls lsr-id 1.1.1.9

[LSRA] mpls[LSRA]interface Vlanif 10

[LSRA-Vlanif10] mpls

[LSRA-Vlanif10] quit

[LSRA] static-lsp ingress SA to SD destination 4.4.4.9.32 nexthop 10.1.1.2 out-label 20

  A．最后一条命令是配置 LSRA 为入接口 LSR，并且配置了一条静态 LSP

  B．mpls 使能全局 mpls 之后，就不需要在接口视图下再次启用 mpls

  C．mpls lsr-id 是配置 LSR 的 ID，是配置其他 MPLS 命令的前提，默认是没有配置的

  D．mpls 是在系统视图和接口视图下启用 mpls 功能，在使能 mpls 之后才能配置 lsr-id

12．关于 MPLS 转发流程中，对于 ingress 节点转发的描述正确的是（　　）。

  A．Ingress 节点收到数据包后会首先查看 ILM 表，查找 Tunnel ID

  B．根据 ILM 表的 Tunnel ID 找到对应的 NHLFE 表项，将 LFHB 和 NHLFE 表项关联起来

  C．查看 NHLFE 表项，可以得到出接口、下一跳、出标签和标签操作类型，标签操作类型为 Push

  D．在 IP 分组报文中压入获得的标签，并根据 QoS 策略处理 EXP，同时处理 TTL，然后将封装好的 MPLS 分组报文发送给下一跳

13．MPLS 称为多协议标签交换，关于 MPLS 中的标签描述正确的是（　　）。

  A．标签栈按后进先出（Last In First Out）方式组织标签，从栈顶开始处理标签

  B．标签封装在链路层和网络层之间

  C．标签栈按后进先出（Last In First Out）方式组织标签，从栈底开始处理标签

  D．标签上固定长度的 4 字节

14．LSR 对收到的标签进行保留，且保留方式有多种，那么以下关于 LDP 标签保留—自由方式的说法正确的是（　　）。

  A．保留邻居发送来的所有标签

  B．需要更多的内存和标签空间

  C．只保留来自下一跳邻居的标签，丢弃所有非下一跳邻居发来的标签

  D．节省内存和标签空间

  E．当 IP 路由收敛，下一跳改变时，减少了 LSP 收敛时间

15．LDP 消息有多种类型，其中 Session message 可以实现的功能是（　　）。

  A．监控 LDP Session 的 TCP 连接的完整性

  B．终止未完成的 Label Request Message

  C．释放标签

  D．在 LDP Session 建立过程中协商参数

16．LDP 会话用于 LSR 之间交换标签映射、释放等消息。下列关于 LDP 会话建立过程的描述，正确的是（　　）。

  A．两台 LSR 之间通过交换 hello 消息来发起 LDP Session 的建立

  B．Initalization Message 用来在 LDP Session 建立过程中协商参数

  C．KeepAlive Message 用来监控 LDP Session 的 TCP 连接的完整性

　　D. 当入节点 LSR 收到标签映射消息时，完成了 LDP 会话的建立

　　17. 在 MPLS VPN 中，为了区分使用相同地址空间的 IPv4 前缀将 IPv4 的地址增加了 RD 值下列选项正确的是（　　）。

　　　　A. RD 在传递过程中作为 BGP 的扩展属性封装在 Update 报文中

　　　　B. PE 从接收到 IPv4 路由后，给 IPv4 路由增加 RD，将其转换为全局唯一的 VPN-IPv4 路由，并在公网上发布

　　　　C. 在 PE 设备上，每个 VPN 实例都对应一个 RD 值，且同一 PE 设备上必须保证 RD 全局唯一

　　　　D. RD 可用来控制 VPN 路由信息的发布

　　18. 以下属于 MPLS VPN 路由的传递过程的是（　　）。

　　　　A. CE 与 PE 之间的路由交换　　　　B. 公网标签的分配过程
　　　　C. VRF 路由注入 MP-BGP 的过程　　D. MP-BGP 路由注入 VRF 的过程

　　19. 下列选项中，属于使用下游自主标签发布方式和有序标签控制方式建立 LSP 的过程描述的是（　　）。

　　　　A. 边缘节点发现自己的路由表中出现了新的不属于任何已有的 FEC 的目的地址，也不会建立一个新的 FEC 与之对应

　　　　B. LSP 的建立过程实际就是将 FEC 和标签进行绑定并将这种绑定通告给 LSP 上的相邻 LSR

　　　　C. 如果出节点有可供分配的标签，则会为 FEC 分配标签并主动向上游发出标签映射消息

　　　　D. 节点 LSR 收到标签映射消息时，也需要在标签转发表中增加相应的条目

7.3　判断题

　　1. 在以 PPP 作为数据链路层协议的接口上，可以通过指定下一跳地址或者出接口来配置静态路由。（　　）

　　　　A. 对　　B. 错

　　2. PPPoE 会话只能使用 CHAP 认证。（　　）

　　　　A. 对　　B. 错

　　3. MPLS 标签头封装在报文的数据链路层头部和网络层头部之间。（　　）

　　　　A. 对　　B. 错

　　4. 主机 192.168.1.2 访问公网地址一定要经过 NAT。（　　）

　　　　A. 对　　B. 错

　　5. 数据链路层使用 PPP 封装，链路两端的 IP 地址可以不在同一个网段。（　　）

　　　　A. 对　　B. 错

第 8 章　网络管理与运维

8.1　单选题

扫一扫，看视频

1．关于 SNMP 的说法正确的是（　　）。

　　A．SNMP 采用组播的方式发送管理消息

　　B．SNMP 只支持在以太网链路上发送管理消息

　　C．SNMP 采用 ICMP 作为网络层协议

　　D．SNMP 采用 UDP 作为传输层协议

2．下面（　　）版本的 SNMP 支持加密特性。

　　A．SNMPv2c　　　　B．SNMPv3　　　　C．SNMPv1　　　　D．SNMPv2

3．默认情况下运行 SNMPv2c 的网络设备使用以下（　　）端口号向网络管理系统发送 Trap 消息。

　　A．17　　　　　　B．162　　　　　　C．6　　　　　　　D．161

4．管理员在 AR2200 上进行了如下配置，则下列关于配置信息描述正确的是（　　）。

<Huawei>reset saved-configuration

warning:The action will delete the saved configuration in the device.The configuration will be erased to reconfigure. Continue? [Y/N]:

　　A．保存的配置文件将会被正在运行的配置文件替换

　　B．用户如果想要清空设备配置的下次启动配置文件，则应该选择"N"

　　C．用户如果想要清空设备配置的下次启动配置文件，则应该选择"Y"

　　D．设备配置的下次启动文件将会被保留

5．园区网规划时，设备互联 IP 地址推荐使用的掩码长度是（　　）。

　　A．16　　　　　　B．32　　　　　　C．24　　　　　　D．30

6．网络管理工作站通过 SNMP 管理网络设备，当被管理设备有异常发生时，网络管理工作站将会收到的 SNMP 报文是（　　）。

　　A．Trap 报文　　　　　　　　　　B．Get-Response 报文

　　C．Set-Request 报文　　　　　　　D．Get-Request 报文

7．在 eSight 的告警管理功能中，其告警等级分为（　　）四种。

　　A．紧急、次要、一般、提示　　　　B．紧急、重要、主要、提示

　　C．紧急、重要、警告、提示　　　　D．紧急、重要、次要、提示

8．拥塞避免通常采用的 QoS 技术是（　　）。

　　A．GTS　　　　　　B．LR　　　　　　C．Car　　　　　　D．WRED

9．下面对"报文标记"的描述不正确的是（　　）。

A．可以对报文的 QoS 信息字段进行标记

B．可以对 IP 报文中的 DSCP、IP Precedence 信息进行标记

C．可以对 Vlan 报文的 802.1P 信息进行标记

D．可以对报文的 MAC 进行标记

10．使用 SNMPv1 管理网络设备时，网络管理员使用（　　）命令完成对网络设备的管理。

A．Set Request　　　B．Response　　　C．Get-Next Request　　D．Get-Request

11．下列（　　）接口不是华为网络设备开放接口。

A．XML　　　　　B．Netconf　　　　C．Json　　　　　D．Restconf

12．园区网搭建生命周期中，（　　）阶段是项目的开端。

A．网络优化　　　B．网络实施　　　C．网络运维　　　D．网络规划与设计

13．OPX 的定义是（　　）。

A．维护成本　　　B．总体拥有成本　　C．运营成本　　　D．运维成本

14．管理员无法通过 Telnet 登录华为路由器，但是其他管理员可以正常登录，那么可能的原因是（　　）。

A．该管理员用户账户的权限级别已经被修改为 0

B．该管理员用户账户已经被禁用

C．AR2200 路由器的 Telnet 服务已经被禁用

D．该管理员用户账户被删除

15．运行 SNMPv1 的网络设备使用（　　）报文类型主动发送告警信息。

A．Get-Next Request　　　　　B．Trap

C．Response　　　　　　　　　D．Get-Request

16．默认情况下，在 SNMP 中，代理进程使用（　　）端口号向 NMS 发送告警消息。

A．161　　　　　B．163　　　　　C．164　　　　　D．162

8.2　多选题

1．以下（　　）不是华为网络设备的开放接口。

A．NETCONF　　　B．RESTCONF　　　C．JSON　　　　D．XML

2．关于 VRP 平台快捷键的说法正确的有（　　）。

A．TAB 提示最近输入的命令

B．Ctrl+C 停止当前命令的运行

C．向左的光标键（＜）表示光标左移一位

D．Ctrl+Z 回到用户视图

3．SNMP 由（　　）部分组成。

A．代理进程　　　B．被管设备　　　C．网络管理站　　　D．管理信息库

4．以下 IEEE（　　）标准支持在 5GHz 频段工作。

A．802.11n   B．802.11ax   C．802.11a   D．802.11g

5．eSight 网管要实现能够接收并管理设备上报的告警，需要具备的条件是（   ）。

A．设备被网管管理

B．设备侧配置了正确的 Trap 参数

C．网管上被管理设备要配置正确的 SNMP 协议及参数

D．网管和设备之间要联通

6．为什么说可以通过提高链路带宽容量来提高网络的 QoS？（   ）

A．链路带宽的增加减小了拥塞发生的概率，从而减少了丢包的数量

B．链路带宽的增加可以增加控制协议的可用带宽

C．链路带宽的增加意味着更小的延迟和抖动

D．链路带宽的增加可以支持更高的流量

7．关于时延和抖动，下面描述正确的是（   ）。

A．业务中断的时间大大减少   B．简化网络管理，降低网络部署规划的复杂度

C．可有效减少网络功耗   D．提高网络设备和链路的利用率

8．当拥塞发生时，通常会影响到 QoS 的（   ）指标。

A．传输时延   B．传输抖动   C．传输带宽   D．传输距离

9．以下是关于 eSight，物理拓扑监控的功能描述，其中正确的选项有（   ）。

A．图形化地展示网元、子网、链路的布局以及状态

B．精确可视化监控全网网络运行状态

C．系统地展现全网网络结构及网络实体在业务上的关系

D．整个网络监控的入口，为客户实现高效运维

10．下列关于高可用性网络的特点描述正确的是（   ）。

A．出现故障后能很快恢复   B．一旦出现故障只能通过人工干预恢复业务

C．不会出现故障   D．不能频频出现故障

11．下列关于 SNMP 各个版本的说法正确的有（   ）。

A．SNMPv2c 报文具有身份验证和加密处理的功能

B．SNMPv3 报文具有身份验证和加密处理的功能

C．SNMPv1 采用 UDP 作为传输层协议，而 SNMPv2c 和 SNMPv3 采用 TCP 作为传输层协议，因此可靠性更高

D．SNMPv2c 沿用了 v1 版本定义的 5 种协议操作并额外新增了两种操作

12．假设对标记为 AF21 的报文，设置的 WRED 丢弃策略下限设为 35，上限设为 40，丢弃概率是 50%，那么当 AF21 的报文到达时，关于 WRED 对该报文的处理结果描述错误的是（   ）。

A．如果当前队列的平均长度小于 35，报文开始丢弃

B．如果当前队列的平均长度大于下限 35，小于上限 40，该报文丢弃的概率为 50%

C．如果当前队列的平均长度大于上限 40，则该报文开始进入队列

D．如果当前队列的平均长度大于上限 40，则该报文将被丢弃

13. 华为 eSight 网管软件支持的设备发现方式是（　　）。

    A. 指定某个 IP 地址　　　　　　　　　B. 指定某个 IP 地址段

    C. 指定产品型号　　　　　　　　　　　D. 通过 Excel 表格（指定 IP 地址）进行导入

14. 关于时延和抖动，下面描述正确的是（　　）。

    A. 端到端时延等于处理时延与队列时延之和

    B. 抖动是因为每个包的端到端时延不相等造成的

    C. 抖动的大小跟时延的大小相关，时延小则抖动范围小，时延大则抖动范围大

    D. 抖动的大小跟时延不相关

15. 端口镜像可以对（　　）流量进行镜像。

    A. 接口接收的报文　　　　　　　　　　B. 端口发送的报文

    C. 端口发送和接收的报文　　　　　　　D. 端口丢弃的报文

16. 当使用 eSight 对历史告警进行查询时，可以按照（　　）条件进行告警过渡。

    A. 告警级别　　　B. 首次发生时间　　C. 告警源　　　　　D. 告警名称

17. 按照分类规则参考信息的不同，流量分类可以分为（　　）。

    A. 简单流分类　　B. 复杂流分类　　　C. 按需流分类　　　D. 业务流分类

18. PQ+WFQ 的优点有（　　）。

    A. 不能有差别地对待优先级不同的报文

    B. 可保证低时延业务得到及时调度

    C. 实现按权重分配带宽

    D. 实现根据用户自定义灵活分类报文的需求

19. 在 eSight 子网中，对于可以管理的资源，下列描述正确的有（　　）。

    A. 设备　　　　　　　　　　　　　　　B. 子网

    C. 链路　　　　　　　　　　　　　　　D. 子网下不可用嵌套其他子网

20. 在 Agile Controller 的安全协议中，关于安全联动组件的描述正确的是（　　）。

    A. 上报日志设备由网络中部署的网络设备、安全设备、策略服务器、第三方系统等来承担，主要负责提供网络信息与安全日志

    B. 客户设备是网络信息与安全日志的生产者

    C. 联动策略执行设备由交换机来承担，主要负责安全事件发生后的设备联动部分的安全响应，是执行阻断或引流策略的设备

    D. Agile Controller 的安全协防组件负责对日志的采集处理、事件关联、安全态势展现、安全响应

21. 拥塞避免机制中的丢弃策略不包括（　　）。

    A. FIFO　　　　　　B. RED　　　　　　C. WRED　　　　　　D. WFQ

8.3　判断题

扫一扫，看视频

1．管理信息库 MIB(Management Information Base)是一个虚拟的数据库，这个数据库只存在于 NMS 上。（　　）

　　A．对　　B．错

2．VRP 界面下，使用命令 delete vrpcfg.zip 删除文件，必须在回收站中清空，才能彻底删除文件。（　　）

　　A．对　　B．错

3．以下两条配置命令可以实现路由器 RTA 去往同一目的地 10.1.1.0 路由的主备备份。（　　）

　　[RTA] ip route-static.10.1.1.0 24 12.1.1.1 permanent

　　[RTA] ip route-static.10.2.2.0 24 13.1.1.1

　　A．对　　B．错

4．NAS 设备对用户的管理是基于域的，每个用户都属于一个域，一个域是由属于同一个域的用户构成的群体。（　　）

　　A．对　　B．错

5．网络管理系统通过 SNMP 协议只能查看设备运行状态而不能下发配置。（　　）

　　A．对　　B．错

6．运行 SNMP 协议的网络设备可以主动上报告警信息以便网络管理员及时发现故障。（　　）

　　A．对　　B．错

7．SDN 架构中协同层的作用是基于用户意图完成作业部署，Open Stack 属于业务协同层。（　　）

　　A．对　　B．错

8．SNMPv1 定义了 5 种协议操作。

　　A．对　　B．错

9．运行 SNMP 协议的网络设备本地都运行一个代理进程。（　　）

　　A．对　　B．错

10．SNMP 报文是通过 TCP 来承载的。（　　）

　　A．对　　B．错

11．华为 ARG3 系列路由器默认存在 SNMP 的所有版本（SNMPv1、SNMPv2c 和 SNMPv3）。

　　A．对　　B．错

第 9 章　IPv6 基础

9.1　单选题

扫一扫，看视频

1．IPv6 报文头的（　　）字段可以用于 QoS。

    A．Traffic Class　　　　B．Payload Length　　C．Version　　　　　　D．Next Header

2．如果一个接口的 MAC 地址为 00E0-FCEF-0FEC，则其对应的 EUI-64 地址为（　　）。

    A．00E0-FCEF-FFFE-0FEC　　　　　　　B．02E0-FCFF-FEEF-0FEC

    C．00E0-FCFF-FEEF-0FEC　　　　　　　D．02E0-FCEF-FFFE-0FEC

3．以下是链路本地地址的 IPv6 地址是（　　）。

    A．2000: : 2E0:FCFF :FEEF :FEC　　　　B．FC00: : 2E0:FCFF :FEEF :FEC

    C．FE80: : 2E0:FCFF :FEEF :FEC　　　　D．FF02: : 2E0:FCFF :FEEF :FEC

4．IPv6 基本报头长度为（　　）字节。

    A．48　　　　　　　　B．40　　　　　　　　C．64　　　　　　　　D．32

5．IPv6 地址中不包括（　　）。

    A．任播地址　　　　　B．广播地址　　　　　C．单播地址　　　　　D．组播地址

6．IPv6 无状态自动配置使用的 RA 报文属于（　　）协议。

    A．ICMPv6　　　　　　B．IGMPv6　　　　　　C．TCPv6　　　　　　D．UDPv6

7．（　　）是 IPv6 全球单播地址。

    A．2000::12::1　　　　　　　　　　　B．FF02::1

    C．FE::02::2EO:FCFF:FEEF:FEC　　　　D．FEE:FCFF:FEEF:FEC

8．以下可以简写为 2FFF :DAC :ABEF : :CDAA:732 的 IPv6 地址是（　　）。

    A．2FFF : 0DAC: ABEF : 0000: 0000 :CDAA:0732

    B．2FFF : 0ODAC: ABEF : 0000: 0000 : 0000:CDAA:0732

    C．2FFF : 0DAC:ABEF : 0000: 0000: 0000 :CDAA: 7320

    D．2FFF :DACO: ABEF : 0000: 0000: 0000:CDAA:0732

9．IPv6 报文头比 IPv4 报文头增加了（　　）字段。

    A．Destination Address　　　　　　　B．Source Address

    C．Flow Label　　　　　　　　　　　D．Version

10．IPv6 报头中（　　）字段的作用类似于 IPv4 报头中的 TTL 字段。

    A．Version　　　　　　B．Hop Limit　　　　C．Next Header　　　D．Traffic Class

11．链路本地单播地址的接口标识总长度为（　　）位。

    A．64　　　　　　　　B．32　　　　　　　　C．96　　　　　　　　D．48

12．IPv6 地址 FE80:2E0:FCFF:FE6F:4F36 属于（　　）。

A. 组播地址   B. 链路本地地址   C. 全球半播地址   D. 任播地址

13. IPv6 地址总长度为（　　）位。

     A. 96   B. 64   C. 32   D. 128

14. 关于 DSCP 中的业务优先级描述正确的是（　　）。

     A. AF 的优先级高于 EF   B. AF11 的丢包概率高于 AF12

     C. CS 的优先级最高   D. AF1 的优先级高于 AF4

15. 以下是组播地址的 IPv6 地址是（　　）。

     A. FE80::2E0:FCFF:FEEF:FEC   B. 2000::2E0:FCFF:FEEF:FEC

     C. FC00::2E0:FCFF:FEEF:FEC   D. FF02::2E0:FCFF:FEEF:FEC

9.2　多选题

1. 关于 IPv6 地址 2031:0000:720C:0000:0000:09E0:839A:130B，下面缩写正确的是（　　）。

     A. 2031:0:720C:0:0:9E:839A:130B   B. 2031:0:720C::9E0:839A:130B

     C. 2031:0:720C:0:0:9E0:839A:130B   D. 2031::720C::9E0:839A:130B

2. 关于 IPv6 地址配置说法正确的是（　　）。

     A. IPv6 支持无状态自动配置   B. IPv6 地址只能手动配置

     C. IPv6 地址支持多种方式的自动配置   D. IPv6 支持 DHCPv6 的形式进行地址配置

3. IPv6 无状态地址自动配置使用（　　）报文。

     A. NS   B. NA   C. RA   D. RS

4. 关于 IPv6 的 RA 和 RS 报文说法正确的是（　　）。

     A. RS 用于回复地址前缀信息   B. RS 用于请求地址前缀信息

     C. RA 用于请求地址前缀信息   D. RA 用于回复地址前缀信息

5. IPv6 地址包含（　　）。

     A. 单播地址   B. 广播地址   C. 组播地址   D. 任播地址

6. IPv6 报文支持（　　）。

     A. 目的选项扩展报头   B. 分片扩展报头

     C. 逐跳选项扩展报头   D. VLAN 扩展报头

9.3　判断题

1. IPv6 报文的基本首部长度是固定值。（　　）

     A. 对   B. 错

2. IPv6 地址 2001:ABEF:2240E:FFE2:BCC0:CD0:DDBE:8D58 不能简写。（　　）

     A. 对   B. 错

3. IPv6 协议使用 NS 和 NA 报文进行重复地址检测。（　　）

A．对　　B．错

4．主机使用无状态地址自动配置方案来获取 IPv6 地址时，无法获取 DNS 服务器地址信息。（　　）

A．对　　B．错

5．::1/128 是 IPv6 环回地址。（　　）

A．对　　B．错

6．DHCPv6 服务器支持为主机提供 DNS 服务器地址等其他配置信息。（　　）

A．对　　B．错

第 10 章　SDN 与自动化基础

扫一扫，看视频

10.1　单选题

1．现在需要实现一个 Python 自动化脚本 Telnet 到设备上查看设备运行配置，以下说法错误的是（　　）。

A．telnetlib 可以实现这个功能

B．使用 telnet.Telnet(host)连接到 Telnet 服务器

C．可以使用 telnet.write(b"display current-configuration\n")向设备输入查看当前配置的命令

D．telnet.console( )用在每一次输入命令后，作用是等待交换机回显信息

2．关于 Python 说法不正确的是（　　）。

A．Python 可以用于自动化运维脚本、人工智能、数据科学等诸多领域

B．Python 是一门完全开源的高级编程语言

C．Python 拥有清晰的语法结构，简单易学同时运行效率高

D．Python 具有丰富的第三方库

3．某设备已配置完成 Telnet 配置，设备登录地址为 10.1.1.10，Telnet 用户名为 admin，密码为 Huawei@123，以下使用 telnetlib 登录此设备正确的方法是（　　）。

A．telnetlib.Telnet(10.1.1.0,23,admin,Huawei@123)

B．telnetlib.Telnet(10.1.1.0)

C．telnetlib.Telnet(10.1.1.0,23,Huawei@123)

D．telnetlib.Telnet(10.1.1.0,23,admin)

4．以下选项中不属于 SDN 网络架构的是（　　）。

A．设备层　　　　B．控制器层　　　　C．芯片层　　　　D．应用协同层

5．传统网络的局限性不包括（　　）。

A．网络新业务升级的速度较慢

B．网络协议实现复杂运维难度较大

    C．不同厂家设备实现机制相似操作命令差异较小，易于操作

    D．流量路径的调整能力不够灵活

6．SDN 主要技术流派主张采用分层的开放架构，请问倡导定义集中式架构和 OpenFlow 的是
（　　）技术流派。

    A．ETSI   B．ONF   C．ITU   D．IETF

7．在 Python 的 telnetlib 中，（　　）可以非阻塞地读取数据。

    A．telnet. read_very_ eager ()   B．telnet. read very_ lazy()

    C．telnet. read_all()   D．telnet. read_ eager ()

8．SDN 的网络架构所具备的三个基本特征是（　　）。

    A．转控分离、集中控制、开放接口   B．转控分离、分散控制、开放接口

    C．转控集中、集中控制、开放接口   D．转控分离、集中控制、封闭接口

10.2　多选题

扫一扫，看视频

1．关于 Python 说法正确的是（　　）。

    A．是一门完全开源的高级编程语言

    B．具有丰富的第三方库

    C．拥有清晰的语法结构，简单易学同时运行效率高

    D．可以用于自动化运维脚本、人工智能、数据科学等诸多领域

2．控制器是 SDN 的核心组件，通过南向接口连接设备。以下属于控制器南向协议的是（　　）。

    A．PCEP   B．SNMF   C．OpenFlow   D．NETCONF

3．下面选项中关于 NFV 标准架构的概念描述正确的是（　　）。

    A．MANO 由 NFVO、VNFM 和 VIM 组成

    B．NFVO（NFV Orchestrator）负责业务的编排

    C．VIM（Virtualised Infrastructure Manager）虚拟资源管理，负责实现基础设施的虚拟化

    D．VNFM 虚拟网络功能管理，负责 VNF 的生命周期管理

4．NFV 具备的优点是（　　）。

    A．减少设备成本

    B．缩短网络运营业务创新周期

    C．网络设备可以统一版本，统一管理距离

    D．单一平台为不同应用、租户提供服务

5．在 NFV 架构中，具体的底层物理设备主要包括（　　）。

    A．存储设备   B．网络设备   C．服务器   D．空调系统

6．关于 Python 语言说法错误的是（　　）。

    A．Python 一般都会按照次序从头到尾执行代码

    B．在写代码时注意多使用注释，帮助读代码人的理解，注释以=开头

C．Python 语言支持自动缩进，在写代码时不需要关注

D．print() 的作用是输出括号内的内容

10.3　判断题

1．SDN 的起源是转控分离，转控分离是实现 SDN 的一种方法而不是本质。（　　　）

　　A．对　　B．错

2．在 Telnetlib 中，telnet_read very_ eagerc 的作用是非阻塞地读取数据，通常需要和 time 模块一起使用。（　　　）

　　A．对　　B．错

3．telnetlib 是 Python 自带的实现 Telnet 协议的模板。（　　　）

　　A．对　　B．错

4．NFV（Network Functional Virtualization，网络功能虚拟化），实现了以软件化的方式部署网络应用。（　　　）

　　A．对　　B．错

附录 参考答案

第 1 章 数据通信和网络基础

1.1 单选题

1．试题答案：D

试题解析：在 VRP 平台中，Ctrl+U 为自定义快捷键，Ctrl+P 为显示历史缓存区的前一条命令，左光标为移动光标，上光标为访问上一条历史命令。因此答案选 D。

2．试题答案：A

试题解析：从图片中可以看出，HOST A 的 IP 是 10.1.1.2/24，HOST B 的 IP 是 11.1.1.2/24。两台主机属于不同的网段，需要通过网关查找路由表转发数据，要求设备为具有路由功能的三层设备，而集线器（HUB）属于物理层设备，二层交换机属于二层设备，不具有三层路由功能，路由器属于三层设备，具有路由功能。因此答案选 A。

3．试题答案：B

试题解析：路由器工作在网络层，一般作为网络的出口设备，所以可以作为网关设备，路由器通过查询路由表实现 IP 报文的转发，路由器的每一个接口单独属于一个广播域， 所以路由器可以接收处理广播报文，但是不能转发广播报文，从而来隔离广播域。因此答案选 B。

4．试题答案：B

试题解析：ping -d 的作用是设置 socket 为 debug 模式，ping -a 的作用是指定 echo request 报文的源 IP 地址，ping -s 的作用是设置 echo request 报文的报文长度，ping -n 的作用是将 HOST 参数直接作为 IP 地址，而不需做域名解析。因此答案选 B。

5．试题答案：D

试题解析：考查 OSI 七层模型的基本知识，OSI 参考模型从高层到底层分别是应用层、表示层、会话层、传输层、网络层、数据链路层和物理层。因此答案选 D。

6．试题答案：C

试题解析：Versatile Routing Platform，通用路由平台，记忆题。因此答案选 C。

7．试题答案：D

试题解析：进程号用于在一台路由器上区分不同的 OSPF 进程，若不指定进程号，则默认使用的进程号是 1。因此答案选 D。

8．试题答案：B

试题解析：此题为记忆题。因此答案选 B。

9．试题答案：B

试题解析：选项 A：RTA 与 SWC 之间有一台交换机 SWA，所以有两个冲突域。选项 B：SWA 与 SWC 之间是一台集线器，所以只有一个冲突域。选项 C：SWA 与 SWB 之间是一台路由器，所以有两个广播域。选项 D：SWA 与 SWC 之间是一台 HUB，它们在一个广播域。交换机隔离冲突域，路由器隔离广播域。因此答案选 B。

10．试题答案：C

试题解析：这条命令的意思是修改用户视图下的 save 命令的权限等级为 3。选项 A 把 save 看成了保存配置是错误的。选项 B 也把 save 看成了保存配置。选项 D 修改一个用户的 save 也是错误的。因此答案选 C。

11．试题答案：A

试题解析：选项 A：配置级可以配置命令，但不能操作文件系统。选项 B：监控级只能用系统维护命令。选项 C：访问级只能用网络诊断工具命令。选项 D：管理级可以配置和操作文件系统。配置级用户等级为 2，因此答案选 A。

12．试题答案：B

试题解析：当以太网数据帧 Type 字段为 Length/Type=0x8100 时，代表该数据帧一定使用了 802.1q，携带了 VLAN TAG；当 Length/Type=0x0800 时，代表上层一定是 IP 首部；当 Length/Type=0x0806 时，代表上层一定存在 ARP 首部。上层是否存在 TCP 或者 UDP 的首部，需要根据 IP 首部中的 protocol 字段来判断。因此答案选 B。

13．试题答案：B

试题解析：选项 A：如果两个接口都开启 ARP 代理，则 Host A 与 Host B 可以通信，数据通信是双向的，所以 C 和 D 选项错误。因此答案选 B。

14．试题答案：A

试题解析：交换设备分为二层交换机和三层交换机，交换设备一般工作在数据链路层，并且能够通过 MAC 地址完成数据帧的交换工作，二层交换一般为终端设备提供接入服务，网络出口设备通常会选择路由器实现不同网络之间的选路及转发工作。因此答案选 A。

15．试题答案：D

试题解析：当接口收到一个数据帧时，如果目的 MAC 地址为自己的 MAC 地址，说明此数据需要交给本设备处理，则进行三层转发；如果目的 MAC 地址不是自己的 MAC 地址，则通过查找 MAC 地址表进行二层转发。因此答案选 D。

16．试题答案：C

试题解析：选项 A：文件传输为 FTP 或 TFTP。选项 B：邮件传输为 SMTP。选项 C：域名解析为 DNS。选项 D：远程接入为 telnet。因此答案选 C。

17．试题答案：D

试题解析：Ethernet_Ⅱ 帧中 data 字段的取值为 46～1500，再加上 MAC 头部 12 字节，type 字段 2 字节，fcs 4 字节，因此包含头部的 EII 数据帧长度应该为 64～1518 字节。因此答案选 D。

18．试题答案：B

试题解析：display ip interface Ethernet0/0/0 是查看 Ethernet0/0/0 接口的详细信息，通过图片可以看出，该接口的 IP 地址（Internet address）为 10.0.12.1，广播地址（broadcast address）为 10.0.12.255，接口的 MTU（maxiamum transmission unit）值为 1500，物理链路状态为（up）正常状态。因此答案选 B。

19．试题答案：C

试题解析：通过 Console 配置路由器时，终端仿真程序的正确设置应为：速率固定为 9600bps，8 位数据位，1 位停止位，无校验和无流控。因此答案选 C。

20．试题答案：C

试题解析：display users 用于查看用户，display version 用于查看版本信息，display this 用于查看当前试图模式的所有配置，display ip interface brief 用于查看设备的 IP 简要信息。因此答案选 C。

21．试题答案：D

试题解析：设备下次启动时系统文件可以修改，所以 A 选项是正确的。正在运行的配置文件没有保存，如果保存会显示"Next startup saved-configuration file:"及对应的文件名，所以 B 选项是对的。通过"Startup system software:"可以看到设备启动的系统文件是 ar2220-v200r003c00spc00.cc，所以 C 选项正确。设备下次启动时的系统文件可以使用 startup system software 来修改，因此答案选 D。

22．试题答案：A

试题解析：history-command max-size 命令用来设置历史命令缓冲区的大小。undo history-command max-size 命令用来恢复历史命令缓冲区的大小为默认值。默认情况下，存放 10 条历史命令。因此答案选 A。

23．试题答案：E

试题解析：物理层在设备之间传输比特流规定了电平、速度和电缆针脚，A 选项错误；应用层是 OSI 参考模型中最靠近用户的那一层，为应用程序提供网络服务，B 选项错误；传输层提供面向连接或非面向连接的数据传递以及进行重传前的差错检测，C 选项错误；数据链路层将比特组合成字节，再将字节组合成帧，使用链路层地址（以太网使用 MAC 地址）来访问介质，并进行差错检测，D 选项错误；网络层提供逻辑地址，实现数据从源到目的地的转发，E 选项正确。因此答案选 E。

24．试题答案：B

试题解析：UDP 是用户数据报协议，它采用无连接的方式传输数据。也就是说，发送端不关心发送的数据是否到达目标主机、数据是否出错等。收到数据的主机也不会告诉发送方是否收到了数据，它的可靠性由应用层协议来保障。因此答案选 B。

25．试题答案：D

试题解析：由图可知，数据包为 TCP 三次握手阶段，B 选项正确；TCP 三次握手阶段不发送应用层数据，A 选项正确；由图可知，服务类型为 Telnet，选择的端口号为 50190，C 选项正确；第一个数据包的源 IP 10.0.12.1 是客户端 IP，目的 IP10.0.12.2 为服务器 IP，D 选项错误。因此答案选 D。

26．试题答案：C

试题解析：常见命令行报错如下。

Error: Unrecognized command found at '^' position //没有查找到命令或关键字。

Error: Incomplete command found at '^' position //输入的命令不完整，或者参数没输入。

Error: Wrong parameter found at '^' position //参数类型错误或者参数越界。

Error: Too many parameters found at '^' position //输入的参数太多或者不存在。

Error: Ambiguous command found '^' position //输入命令不明确。因此答案选 C。

27．试题答案：C

试题解析：FTP 为文件传输协议，SFTP 为安全文件传输协议，HTTP 为超文本传输协议，TFTP 为简单文件传输协议。因此答案选 C。

28．试题答案：C

试题解析：管理员进入 System-view 系统视图才能为路由器修改设备。因此答案选 C。

29．试题答案：D

试题解析：VRP 的登录方式包括 Console 口登录、VTY 登录、HTTP、HTTPS 登录。因此答案选 D。

30．试题答案：B

试题解析：中型园区网络能够支撑几百至上千用户接入。中型园区网络引入了按功能进行分区的理念，也就是模块化的设计思路，但功能模块相对较少。一般根据业务需要进行灵活分区。中型园区网络架构中常见的网络层次有接入层、汇聚层、核心层和出口层，不包含网络层。因此答案选 B。

31．试题答案：A

试题解析：PPP 协议、PPP 点到点协议，不需要 ARP 解析，也不需要 MAC 封装，只需把报文发到该链路就可以了，A 选项错误。因此答案选 A。

32．试题答案：B

试题解析：若配置出接口的方法，出接口应该为 GE0/0/1，AD 选项错误；若配置为下一跳的方式，则下一跳为 10.0.12.2，故 ACD 选项错误，选项 B 正确。因此答案选 B。

33．试题答案：C

试题解析：200.200.200.200 转换为二进制为 11001000.11001000.11001000.11001000，已知其网络掩码为 30 位，则其广播地址为 11001000.11001000.11001000.11001011，转换为十进制为 200.200.200.203。因此答案选 C。

34．试题答案：A

试题解析：RED 技术通过随机丢弃报文避免了 TCP 的全局同步现象，使得当某个 TCP 连接的报文被丢弃，开始减速发送的时候，其他的 TCP 连接仍然有较高的发送速度。这样，无论什么时候，总有 TCP 连接在进行较快的发送，提高了线路带宽的利用率。因此答案选 A。

35．正确答案：A

解析：配置文件是以文本文件格式保存设备配置命令的文件。设备刚启动时所使用的文件是起始配置（saved-configuration），如果设备中没有配置文件，则系统在启动的过程中使用默认参数进行初始化。也就是说，如果用户指定的配置文件不存在，那么网络设备会使用默认配置进行初始化。因此答案选 A。

36．试题答案：B

试题解析：VRP 中 Ping 命令的-i 参数用来设置发送 ICMP Echo Request 报文的接口。因此答案选 B。

37．正确答案：A

试题解析：一个 IPv4 数据包由首部长度+数据载荷组成，所以本题为 1500B-20B=1480B。同时要记住首部长度包含 20B 固定部分和最大 40B 可变部分。因此答案选 A。

38．正确答案：A

试题解析：路由器工作在网络层，交换机工作在数据链路层。因此答案选 A。

39．试题答案：B

试题解析：VRP 平台上直连路由默认协议优先级为 0，静态路由默认协议优先级为 60，RIP 协议默认优先级为 100，OSPF 区域内路由默认协议优先级为 10。这些协议优先级从高到低的排序是：直连路由、OSPF、静态路由、RIP。因此答案选 B。

40．试题答案：B

试题解析：若路由器配置了相同的区域 ID，则无法形成邻居关系，无法停留在 2-WAY 状态，A 选项错误；若这两台路由器是广播型网络中的 DR Other 路由器，则其稳定的状态为 2-WAY 状态，B 选项正确；路由器配置了相同的进程 ID 就可以完成 2-WAY 后的状态的建立，C 选项错误；路由器配置了错误的 Router-ID，无法形成邻居关系，D 选项错误。因此答案选 B。

41．试题答案：A

试题解析：只有同时关闭 Router B 的 GE0/0/ 1 和 GE0/0/2 端口，Eth-Trunk 1 protocol down，因此答案选 A。

42．试题答案：D

试题解析：在 STP 网络中，桥优先级是可以配置的，取值范围是 0 ~ 65535，默认值为 32768。优先级最高的设备（桥 ID 最小）会被选举为根桥。如果优先级相同，则会比较 MAC 地址，MAC 地址越小则越优先。因此答案选 D。

43．试题答案：A

试题解析：AP 管理负责管理、配置无线网络中的所有无线 AP，统一下发配置参数、策略；接入认证和安全策略管理：集成证书颁发中心和多种接入身份认证，并提供多种安全加密策略，确保用户接入、上网安全；WLAN 网络中的数据包括控制报文（管理报文）和数据报文。控制报文是通过 CAPWAP 的控制隧道转发的，用户的数据报文分为隧道转发（又称为"集中转发"）方式、直接转发（又称为"本地转发"）方式和 Soft-GRE 转发方式。隧道转发方式是指用户的数据报文到达 AP 后，需要经过 CAPWAP 数据隧道封装后发送给 AC，然后由 AC 转发到上层网络，采用直接转发方式，业务数据不经过 AC 转发。当无线用户接入网络需要进行用户接入认证（如 802.1x 认证等）且接入控制点部署在 AC 上时，用户的认证报文就无法通过 AC 集中管理，这就给管理员对用户的统一控制造成了不便。所以在直接转发方式下，AC 会将用户的认证报文通过 CAPWAP 隧道集中到 AC 转发。因此答案选 A。

44．试题答案：A

试题解析：本题为记忆题，以太网交换机工作在 OSI 参考模型的数据链路层。因此答案选 A。

45．试题答案：D

试题解析：第一跳判断出报文的目的 IP 地址不是本机 IP 地址，则丢弃报文并向源端发送一个

ICMP 超时（Time Exceeded）报文。该报文中含有第一跳的 IP 地址，也就是 ICMP TTL 超时消息的源 IP 地址，远端就得到了第一跳设备的地址。因此答案选 D。

46．试题答案：A

试题解析：在系统视图下输入 quit 命令可以切换到用户视图。因此答案选 A。

47．试题答案：C

试题解析：配置设备名称[Huawei] sysname name。因此答案选 C。

48．试题答案：B

试题解析：小型园区网络的特点是用户数量较少、仅单个地点、网络无层次性、网络需求简单。因此答案选 B。

49．试题答案：D

试题解析：根据路由器隔离广播域，交换机隔离冲突域，可知图中网络有 2 个广播域，4 个冲突域。因此答案选 D。

50．试题答案：B

试题解析：display memory 用于查看设备内存占用率信息，display cpu-usage 用于查看 CPU 利用率，display interface 用于查看指点接口信息，display cpu-state 命令不存在。因此答案选 B。

51．正确答案：A

试题解析：为避免环路导致的网络拥塞，IP 报文头中包含一个生存时间 TTL 字段，长度为 8 位。报文每经过一台三层设备，TTL 值减 1，初始 TTL 值由源端设备设置，当报文中的 TTL 降为 0 时，报文会被丢弃。Identification、Flags、Fragment Offset 字段用于数据包分片。Type of Service 用于表示数据包的优先级。因此答案选 A。

1.2 多选题

1．试题答案：AC

试题解析：TCP 连接的建立是一个三次握手的过程，而 TCP 连接的终止则要经过四次握手，A 选项正确；UDP 是直接发送数据的，没有使用 SYN 和 ACK 标志位来请求建立连接和确认建立连接，B 选项错误；知名端口号范围为 1～1023，C 选项正确；UDP 适合传输对时延敏感的流量说法正确，但是 UDP 不可以依据报文首部中的序列号字段进行重组，D 选项错误。因此答案选 AC。

2．试题答案：ABCD

试题解析：该题属于记忆题，选项 ABCD 均是通信网络。因此答案选 ABCD。

3．试题答案：ACD

试题解析：此题为记忆题，网络设备从逻辑上可以分为三个平面：数据（转发）平面、控制平面和监控（管理）平面。因此答案选 ACD。

4．正确答案：ABC

丢包可能由于传输过程丢包，在使用 QoS 后队列丢包，设备 CPU 使用率过高导致丢包。因此答案选 ABC。

5．正确答案：ACD

试题解析：增加链路带宽可以减少拥塞发生的概率，从而减少丢包数量。延迟和抖动也与链路带宽相关，并且带宽的增加可以支持更高的流量。而控制协议并不会占用太大的带宽。因此答案选 ACD。

6．试题答案：ACD

试题解析：企业 WLAN 产品的无线接入点（Access Point，AP）一般支持 FAT AP（胖 AP）、FIT AP（瘦 AP）和云管理 AP 三种工作模式。因此答案选 ACD。

7．试题答案：ABCD

试题解析：OSPF 作为基于链路状态的协议，能够解决 RIP 所面临的诸多问题。此外，OSPF 还有以下优点：OSPF 采用组播形式收发协议报文，这样可以减少对其他不运行 OSPF 路由器的影响。OSPF 支持无类型域间选路（CIDR）。OSPF 支持对等价路由进行负载分担。OSPF 支持报文认证。因此答案选 ABCD。

8．试题答案：ABCD

试题解析：任播地址设计用来在给多个主机或者节点提供相同服务时提供冗余功能和负载分担功能。目前，任播地址的使用通过共享单播地址方式来完成。将一个单播地址分配给多个节点或者主机，这样在网络中如果存在多条该地址路由，当发送者发送以任播地址为目的 IP 的数据报文时，发送者无法控制哪台设备能够收到，这取决于整个网络中路由协议计算的结果。任播地址主要为 DNS 和 HTTP 提供服务。IPv6 中没有为任播规定单独的地址空间，任播地址和单播地址使用相同的地址空间。目前 IPv6 中任播主要应用于移动 IPv6。IPv6 任播地址仅可以被分配给路由设备，不能应用于主机。任播地址不能作为 IPv6 报文的源地址。因此答案选 ABCD。

9．试题答案：ABCD

试题解析：路由表的生成方式有直连、静态和动态三种。动态包括 RIP、EIGRP、OSPF、ISIS、BGP。因此答案选 ABCD。

10．试题答案：CD

试题解析：路由器需要恢复初始配置，需要进行的操作是重置 saved configuration 和重启该路由器。因此答案选 CD。

11．试题答案：ABCD

试题解析：VRP 平台的命令行视图如下。

<huawei>用户视图，查看运行状态或其他参数；

system-view//进入系统视图；

[huawei]系统视图，配置系统参数；

[huawei-GigabitEthernet0/0/0]接口视图；

[huawei-ospf-1]协议视图。

因此答案选 ABCD。

12．试题答案：AB

试题解析：在 VRP 中，路由协议优先级数值越大，表示该路由优先级越低，A 选项错误；若路由条目的 Cost 值越大，则该路由的优先级越低，B 选项错误；默认情况下，直连路由的优先级为 0，OSPF 路由的优先级为 10，直连路由优先级高，C 选项正确；静态路由的优先级可以手动配置，静态路由的优先级可以不相同，D 选项正确。因此答案选 AB。

13．试题答案：ACD

试题解析：根据生成树规则，SWB 的 3 号口会被阻塞。在 RSTP 中，阻塞端口分成了 AP 和 BP，被对端交换机发来的更优 bpdu 阻塞掉的，是 AP（Alternate Port），被本机的其他接口发来的更优的 bpdu 阻塞掉的，是 BP（Backup Port）。因此答案选 ACD。

14．试题答案：ABC

试题解析：VRP 的系统升级方法有：将路由器开启 FTP 服务上传和下载数据，从 PC 上 FTP 到路由器，上载版本，上载完毕将版本写入 FLASH，配置 TFTP 与 FTP 相同，目前 VRP 设备只支持作为 TFTP 客户端，所以选项 D 错误。因此答案选 ABC。

15．试题答案：AC

试题解析：局域网（LAN）是指在某一地理区域内由计算机、服务器以及各种网络设备组成的网络。局域网的覆盖范围一般是方圆几千米以内，典型的局域网有一家公司的办公网络、一个网吧的网络、一个家庭网络等。因特网（Internet）是由全球所有的网络组成的集合，也就是由无数个局域网通过 WAN 线路汇聚到运营商，然后运营商之间互联起来所形成的互联网。城域网（MAN）是在一个城市范围内所建立的计算机通信网络，典型的城域网有宽带城域网、教育城域网、市级或省级电子政务专网等。因此答案选 AC。

16．试题答案：AB

试题解析：由配置信息

Startup system software: flash:/AR2220E-V200R007C00SPC600.cc

Next startup system software: flash:/AR2220E-v200R007C00SPC600.cc

可知当前使用的 VRP 版本文件和下次启动使用的 VRP 文件相同，C 选项错误，B 选项正确。

由配置信息

Startup saved-configuration file: flash:/vrpcfg. zip

Next startup saved-configuration file: flash:/backup. zip

可知当前使用的配置文件和下次启动使用的配置文件不同，A 选项正确，D 选项错误。因此答案选 AB。

17．试题答案：AC

试题解析：SWA 为根桥，关闭 SWA 的 STP 功能后，要重新选举根桥，此时 SWB 为根桥，那么经过 Max Age 时间后，GE0/0/1、GE0/0/2、GE0/0/3 端口都会发送配置 BPDU，因此 AC 选项正确。SWB 并不会周期性从 GE0/0/1 端口发送配置 BPDU，B 选项错误；SWC 和 SWB 要经过 20s 重新进行根桥的选举，D 选项错误。因此答案选 AC。

18．试题答案：ABCD

试题解析：由 ACL 配置规则可知答案 ABCD 都可实现题目要求。因此答案选 ABCD。

19．试题答案：BCD

试题解析：A 基于 ICMP，FTP（文件传输协议）、TFTP（简单的文件传输协议）、HTTP（超文本传输协议）都基于 TCP 协议。因此答案选 BCD。

20．试题答案：CD

试题解析：数据封装是指将协议数据单元（PDU）封装在一组协议头和尾中的过程，每一层添加不同的协议包头，解封装相反，封装解封装能实现不同协议功能，使不同的网络可以互通。因此答案选 CD。

21．试题答案：CD

试题解析：ping 命令中用到的协议及其作用如下。

（1）DNS，作用是将域名转换为网络可以识别的 IP 地址。

（2）ARP，作用：根据 IP 地址获取 MAC 地址。

（3）ICMP，作用：在 IP 主机、路由器之间传递控制消息（包括网络是否通畅，主机是否可达，路由是否可用等网络本身消息）。因此答案选 CD。

22．试题答案：AE

试题解析：VRP 系统中，Ctrl＋Z 组合键具备从任何视图退回用户视图的功能。因此答案选 AE。

23．试题答案：BCD

试题解析：VRP 平台登录有 Console 口、mini USB 口、Telnet、STelnet、HTTP 和 HTTPS 登录方法。因此答案选 BCD。

24．试题答案：ABD

试题解析：由显示信息 Version 5 得知，该设备的 VRP 平台版本为 VRP5，由 Router uptime is 0 week,0 day,0 hour,1 minute 得知，该设备已运行 1 分钟，由 MPU（Master）得知，主控板为主用板，正常运行，设备名称为 Huawei。因此答案选 ABD。

1.3　判断题

1．正确答案：B

试题解析：常见网络层 Protocol 字段有 1（ICMP）、6（TCP）、17（UDP）、89（OSPF），网络层 Protocol 字段取值为 6，应该是 TCP，本题说法错误。因此答案选错。

2．正确答案：B

试题解析：TCP 三次握手，四次断开，题干说法错误。因此答案选错。

3．正确答案：A

试题解析：Mkdir 命令用来创建目录，题干说法正确。因此答案选对。

4．试题答案：A

试题解析：网络通信是指终端设备之间通过计算机网络进行的通信。因此答案选对。

5．试题答案：A

试题解析：当应用程序对传输的可靠性要求不高，但是对传输速度和延迟要求较高时，可以用 UDP 协议来替代 TCP 协议在传输层控制数据的转发。UDP 将数据从源端发送到目的端时，无须事先建立连接。UDP 采用了简单、易操作的机制在应用程序间传输数据，没有使用 TCP 中的确认技术或滑动窗口机制，因此 UDP 不能保证数据传输的可靠性，也无法避免接收到重复数据的情况。因此答案选对。

6. 试题答案：A

试题解析：user privilege level 3 命令将用户等级权限修改为 3，拥有配置级别。因此答案选对。

7. 试题答案：A

试题解析：startup saved-configuration backup.cfg 命令的作用为启动保存的配置文件，此配置文件为 backup.cfg。因此答案选对。

8. 试题答案：A

试题解析：Telnet 是基于传输层的 TCP 协议工作的，其端口号为 23。因此答案选对。

9. 试题答案：B

试题解析：登录 VRP 平台有多种方式，如通过 console 口登录，所以超时时间应该到对应的接口进行修改，使用 console 口登录时，就在 console 口修改超时时间。因此答案选错。

10. 试题答案：B

试题解析：pwd 命令用于查看当前目录，dir 命令用于显示当前目录下的文件信息。因此答案选错。

11. 试题答案：A

试题解析：树状网络对根的依赖性太大，如果根发生故障，则全网不能正常工作。因此这种结构的可靠性问题和星状结构相似。因此答案选对。

12. 试题答案：A

试题解析：TCP 的 Protocol 字段取值为 6；UDP 的 Protocol 字段取值为 17。因此答案选对。

13. 试题答案：A

试题解析：VTY 用户界面的 maximum-vty 命令可以配置多个用户同时通过 Telnet 登录设备。该题属于概念题，题中描述正确。因此答案选对。

14. 试题答案：B

试题解析：save 命令主要用于设备命令的保存，可预防我们在关闭设备时导致刚刚配置好的命令丢失。因此答案选错。

15. 试题答案：A

试题解析：Web 服务是基于 HTTP 协议，HTTP 是一个客户端和服务器端请求和应答的标准（TCP），传输层使用 TCP 协议，则网络层 protocol 字段取值为 6。因此答案选对。

16. 试题答案：A

试题解析：如果配置 BPDU 是根桥发出的，则 Message Age 为 0；否则，Message Age 是从根桥发送到当前网桥接收到 BPDU 的总时间，包括传输时延等。在现实中，配置 BPDU 报文每经过一个交换机，Message Age 增加 1。因此答案选对。

17. 试题答案：B

试题解析：现在的 AP 通常支持创建多个 VAP（Virtual Access Point，虚拟 AP）。VAP 就是在一个物理实体 AP 上虚拟出的多个 AP。每个被虚拟出的 AP 就是一个 VAP，每个 VAP 提供和物理实体 AP 一样的功能。每个 VAP 对应 1 个 BSS。这样 1 个 AP 就可以提供多个 BSS，可以再为这些 BSS 设置不同的 SSID。因此 AP 的一个射频可以绑定多个 SSID。因此答案选错。

18．试题答案：B

试题解析：RSTP 的 Discarding 不包括学习 MAC 地址，Learning 状态才开始学习并维护 MAC 表。因此答案选错。

19．试题答案：A

试题解析：Telnet 类提供的读取返回结果的函数比较多，这里列举 3 个。telnet.read_until(expected, timeout=None)会读取数据，直到遇到给定字节串 expected 或 timeout 秒已过。默认为阻塞式读取。telnet.read_all()会读取所有数据，直到遇到 EOF，连接关闭前该函数都会保持阻塞状态。telnet.read_very_eager()会在不阻塞 I/O 的情况下，尽可能多地读取数据（即 eager 模式）。因此答案选对。

20．试题答案：A

试题解析：通过堆叠（iStack）技术使多台支持堆叠特性的交换机通过堆叠线缆连接在一起，从逻辑上变成一台交换设备，作为一个整体参与数据转发，题干说法正确。因此答案选对。

21．试题答案：A

试题解析：Trunk 端口可以设置 pvid 和 allow-pass，如 pvid 设置为 vlan 10，allow-pass 设置为 vlan 10 与 vlan 20，则可以发送带 vlan tag 的 vlan 20 数据帧与不带 vlan tag 的 vlan 10 数据帧。本题说法正确。因此答案选对。

第 2 章　构建互联互通的 IP 网络

2.1　单选题

1．试题答案：B

试题解析：OSPF 的 RouterDeadInterval 为 4 倍 hello time 时间，hello time 周期默认为 10s，所以 RouterDeadInterval 默认为 40s，若设备 40s 内没有收到邻居发送的 hello 报文，则认为邻居失效。因此答案选 B。

2．试题答案：B

试题解析：动态路由衡量 cost 的参数有度量值、跳数、带宽、时延、负载等。sysname 系统名不能作为衡量 cost 的参数。因此答案选 B。

3．试题答案：A

试题解析：因为最大的一个子公司有 14 台主机，所以每个网段需满足至少 16 个主机位（要去掉一个网络地址和一个广播地址），所以本题选 A 选项。B 选项只有两个网段，选项 C 只有 4 个网段，D 选项只有一个网段。因此答案选 A。

4．试题答案：D

试题解析：Sequence Number 是 TCP 序列号，其他都是网络层首部的内容。因此答案选 D。

5. 试题答案：C

试题解析：OSPF 包含 Hello、DD、LSR、LSU、LSACK 五种报文。因此答案选 C。

6. 试题答案：A

试题解析：广播地址为 172.16.1.255，它的网络地址不可能到 2.0 网段，所以 B 选项错误。子网掩码为 24 位时，网络地址为 172.16.1.0，C 选项错误。子网掩码为 31 位时，网络地址为 172.86.1.254；子网掩码为 30 位时，网络地址为 172.86.1.252，所以 D 选项错误。当子网掩码为 25 位时，网络地址为 172.16.1.128。因此答案选 A。

7. 试题答案：D

试题解析：子网掩码为 /30 时，192.168.10.112 是一个广播地址，A 选项错误。237.6.1.2/24 是组播地址，B 选项错误。127.3.1.4/28 属于本地回环地址，C 选项错误。因此答案选 D。

8. 试题答案：D

试题解析：HELLO 报文包含 Network Mask、HELLO Interval、options、Router priority、router dead interval、designated router、Backup designated router、active neighbor 等。本题不包含 Sysname。因此答案选 D。

9. 试题答案：A

试题解析：同一网段不需要通过路由进行通信，200.200.200.201/30 网段内只有 4 个主机位，200.200.200.200 ～ 200.200.200.203，去掉一个广播地址 200.200.200.203，去掉一个网络地址 200.200.200.200，只有 200.200.200.201 与 200.202 可用。因此答案选 A。

10. 试题答案：B

试题解析：根据默认路由的配置格式：ip route-static 0.0.0.0 0.0.0.0 下一跳 IP 地址（下一跳 IP 地址应为单播地址）。因此答案选 B。

11. 试题答案：C

试题解析：直连路由默认优先级为 0，优先级最高，所以选项 AB 是错误的。直连路由为路由器自动生成，所以选项 D 错误。因此答案选 C。

12. 试题答案：C

试题解析：在一台路由设备上，如果有多条路由去往同一目的网络并且它们的开销 cost 一样，我们称之为等价路由。次优路由是指两条路由的 cost 不相同，BD 选项为干扰项。因此答案选 C。

13. 试题答案：C

试题解析：10.1.1.1 是一个私网地址，私网地址是无法直接访问互联网的，需要进行 NAT 转换。因此答案选 C。

14. 试题答案：C

试题解析：LSU 报文用来向对端 Router 发送其所需要的 LSA 或者泛洪自己更新的 LSA，内容是多条 LSA（全部内容）的集合。LSR 报文用于请求相邻路由器链路状态数据库中的一部分数据。LSAck 报文是路由器在收到对端发来的 LSU 报文后所发出的确认应答报文。LSA 并不是报文，其描述的是 OSPF 的拓扑和路由信息，由 LSU 进行承载。因此答案选 C。

15. 试题答案：C

试题解析：IPv4 报文头部中的 protocol 字段的作用为描述上层协议，数值为 6 时代表上层使用 TCP 协议。而 Telnet 是基于 TCP 协议工作的。因此答案选 C。

16．试题答案：D

试题解析：路由器工作在 OSI 参考模型的第三层网络层，路由器使用 IP 地址进行寻址，实现源 IP 到目标 IP 的端到端的无连接数据报服务。因此答案选 D。

17．试题答案：C

试题解析：OSPF 协议是为 IP 协议提供路由功能的路由协议。OSPFv2（OSPF 版本 2）是支持 IPv4 的路由协议，为了让 OSPF 协议支持 IPv6，技术人员开发了 OSPFv3（OSPF 版本 3），OSPFv3 由 RFC 2740 定义。因此答案选 C。

18．正确答案：A

试题解析：路由表中包含目的地址、网络掩码、标识路由加入 IP 路由表的优先级、路由开销、输出接口和下一跳 IP 地址，不包含 MAC 信息。因此答案选 A。

19．试题答案：B

试题解析：配置静态路由可以实现数据包按照需求从相应链路转发，配置命令为[Huawei] ip route-static ip-address { mask | mask-length } nexthop-address，访问 PC2 的数据包从 GE0/0/0 口(图上 GE0/0/2)走，则目的地址为 10.0.12.2，下一跳为 11.0.12.6；PC2 访问 PC1 的数据包从 GE0/0/4 口走(图上 GE0/0/0)，目的地址为 10.0.12.1，下一跳为 11.0.12.5。因此答案选 B。

20．试题答案：B

试题答案：该题属于记忆题，B 选项为 VRRP 抢占时延的命令。因此答案选 B。

21．试题答案：C

试题解析：D 类地址是组播地址，不能作为主机地址。目前常用的主机地址有 A、B 和 C 三类。因此答案选 C。

22．试题答案：A

试题解析:display this 命令用于查看当前视图的运行配置,在 OSPF 协议视图下输入命令 display this 即可查看 OSPF 协议的配置信息。display current-configuration 命令用于显示设备当前生效的配置参数。display ospf peer 命令用于查看 OSPF 邻居关系。dis ip routing-table 命令用于查看 IP 路由表。因此答案选 A。

23．试题答案：A

试题解析：OSPF 协议用 DD 报文来描述自己的 LSDB 中每一条 LSA 的摘要信息，用 LSR 报文向对方请求所需的 LSA，用 LSU 报文向对方发送其所需要的报文进行更新，用 HELLO 报文发现和维持 OSPF 邻居关系。因此答案选 A。

24．试题答案：C

试题解析：运行 OSPF 协议的路由器数量超过 2 台以上时，必须部署骨干区域，该说法错误，A 选项错误。ABR 区域边界路由器能够产生 3 类 LSA 的路由器，有接口属于 0 区域，还有接口不属于 0 区域，因此 B 选项错误。OSPF 网络中必须存在并唯一的是骨干区域，因此 D 选项错误。Area 0 是骨干区域。因此答案选 C。

25．试题答案：B

试题解析：IPv4 数据包由首部和数据两部分组成，首部由固定的 20B 的基本部分和 0～40B 可变长度组成，长度范围为 20～60B。因此答案选 B。

26．试题答案：C

试题解析：192.168.1.1/28 的网络位为 28 位，主机位的 4 位，所以可以容纳的主机数为 16-2=14，一共 14 台，题中问的是这个主机所在的网络还可以增加多少台，答案为 13 台，因为要减去这个主机。因此答案选 C。

27．试题答案：B

试题解析：Router B 和 Router C 的优先级都为 0，只能成为 DRother，DRother 之间的邻居关系为 2-way。因此答案选 B。

28．试题答案：A

试题解析：网络地址：150.25.0.0、广播地址：150.25.31.255、主机地址：150.25.0.1～150.25.31.254。所以答案选 A。

29．试题答案：C

试题解析：TTL 值的主要作用是设置数据包可以经过的路由器数量，每经过一台路由器，TTL 值会被减 1，当数据包的 TTL 数值为 0 时，它将会被丢弃，其作用是当网络中出现环路时起到破环的作用。因此答案选 C。

30．试题答案：B

试题解析：从图片可以看出，目的 IP 为 9.1.4.5 的数据报可以匹配 9.0.0.0/8、9.1.0.0/16 两条路由条目。其中，9.0.0.0/8 是通过 OSPF 协议学习到的，路由优先级为 10，开销值为 50；9.1.0.0/16 是通过 IS-IS 学习到的，路由优先级为 15，开销值为 100，根据路由的优先原则，先比较路由条目的子网掩码，越长越优先，再比较路由条目的优先级和开销值，9.1.0.0/16 比 9.0.0.0/8 掩码长度更长，相对而言更加精确，因此会选择 9.1.0.0/16 这条路由条目进行转发，而不会再比较优先级以及开销值。因此答案选 B。

31．试题答案：B

试题解析：A 类地址的取值范围为 0.0.0.0～126.255.255.255，127.0.0.0～127.255.255.255 属于特殊地址，用于测试网卡以及 TCP/IP 协议栈是否正常；B 类地址的取值范围为 128.0.0.0～191.255.255.255；C 类地址的取值范围为 192.0.0.0～223.255.255.255。因此答案选 B。

32．试题答案：A

试题解析：OSPF 的 hello 报文发送周期为 10s 一次，用于建立以及维护邻居关系。因此答案选 A。

33．试题答案：C

试题解析：Cost 值的计算是沿途所有转发数据接口的 Cost 值之和，数值越小越优。因此答案选 C。

34．试题答案：D

试题解析：静态路由没有开销说法，故 A 选项是对的。静态路由的默认优先级是 60，故 B 选项是对的。路由优先级的范围是 0～255，静态路由优先级的范围是 1～255，故 C 选项是对的。D

选项与 C 选项互斥。因此答案选 D。

35．试题答案：D

试题解析：直连路由默认优先级为 0，优先级最高。因此答案选 D。

36．试题答案：D

试题解析：当 OSPF 中的两个路由器初始化连接时，要交换数据库描述（DD）报文。OSPF 报文的第三种类型为链路-状态请求（LSR）报文。链路-状态更新（LSU）报文用于把 LSA 发送给它的相邻节点。OSPF 使用 HELLO 报文建立和维护相邻站点之间的邻居关系。因此答案选 D。

37．试题答案：B

试题解析：默认情况下，OSPF 协议内部路由优先级的数值为 10。因此答案选 B。

38．试题答案：C

试题解析：因为路由表包含的参数只有网络地址（Network Destination）、网络掩码（Netmask）、网关（Gateway，又称为下一跳服务器）、接口（Interface）、跃点数（Metric），而 MAC 地址不属于路由器包含的参数。因此答案选 C。

39．试题答案：D

试题解析：如果 OSPF 路由器未使用 OSPF Router-ID 命令进行配置，而是配置了环回口，则以环回口地址最大的 IP 作为 Router-ID，如果未配置环回口，则比较接口 IP 地址，越大越优先。因此答案选 D。

40．试题答案：D

试题解析：通过题目拓扑可以得知，RTA 分别可以从 RTB、RTC、RTD 学习到 10.0.0.0/8 的路由条目，开销值分别为 70、60、100，由于都是通过 OSPF 学习到的路由相同网段的条目，此时会比较路由条目的开销值，越小越优先。因此答案选 D。

41．试题答案：A

试题解析：在 VRP 平台中查看路由条目的命令是 display ip routing-table，如果想单独查看不同的路由协议产生的路由条目，可以使用 display ip routing-table protocol（路由类型），如果查看静态路由，就使用 display ip routing-table protocol static 命令。查看 OSPF 产生的路由条目就使用 display ip routing-table protocol ospf 命令。因此答案选 A。

42．试题答案：D

试题解析：由题目可以得知，Host A 的 IP 为 10.1.12.1/30，属于 10.1.12.0/30 网段，Host B 的 IP 为 10.0.12.5/24，属于 10.0.12.0/24 网段，双方主机不属于一个网段，虽然 Host B 会有 10.1.12.1 的路由信息，但是 Host A 没有 10.0.12.5 的路由信息，因此会导致 Host B 能够发送报文给 Host A，但是 Host A 无法发送回应包，导致不能通信。因此答案选 D。

43．试题答案：A

试题解析：ip route-static 10.0.12.0 255.255.255.0 192.168.1.1，此命令配置了一条目标网段为 10.0.12.0/24，下一跳为 192.168.1.1 的静态路由，默认优先级为 60。如果通过其他协议学习到相同的目的网络的路由条目，路由器会根据优先级进行路由的优选，优先级越小越优先。因此答案选 A。

44．试题答案：A

试题解析：由题目提供的信息可看出，192.168.1.127/25 网段的网络位为 25 位，主机位为 7 位，此网段最小的 IP 地址就是将主机位的比特位全取 0，127 转换成二进制为 0111 1111，主机位全取 0（0000 0000），那么网络地址是 192.168.1.0，当主机位全取 1（0111 1111）时，此地址为此网段的广播地址，算出来是 192.168.1.127，因此 192.168.1.127 是本网段的广播地址。因此答案选 A。

45．试题答案：C

试题解析：默认路由的目标网段为 0.0.0.0 0.0.0.0，表示一个未知网段，下一跳地址一定是一个有效的 IP 地址，而 A、D 两个选项的 0.0.0.0 明显不符合要求，B 选项的目标网段写法错误。因此答案选 C。

46．试题答案：A

试题解析：OSPF 用 IP 报文直接封装协议报文，其协议号为 89。因此答案选 A。

47．试题答案：D

试题解析：因为两台路由器之间互相交换 DD 报文后，能够知道对端的路由器有哪些 LSA 是本地 LSDB 所缺少的或者对端更新的 LSA，这时需要发送 LSR 报文向对方请求所需的 LSA。因此答案选 D。

48．试题答案：B

试题解析：因为 OSPF 是一种更高级的内部网关协议，属于 IGP 协议，所以规定它的优先级为 10。因此答案选 B。

49．试题答案：A

试题解析：OSPF 协议通过互相交互 LSA 来获取网络的拓扑和路由信息，再通过 SPF 算出的最短路径树，然后通过路由计算得到对应路由信息。因此答案选 A。

50．试题答案：D

试题解析：OSPF 是基于 IP 的，协议号为 89。因此答案选 D。

51．试题答案：D

试题解析：因为已成功登录路由器，所以 A 和 C 选项错误。因为是通过 Telnet 登录，所以 B 选项错误。因此答案选 D。

52．试题答案：A

试题解析：

（1）hello 报文：OSPF 最常用的报文，用于建立和维护邻接，周期性地在 OSPF 的接口上发送，发送的报文包括定时器的数值、网络中的 DR、BDR 以及已知的邻居。

（2）DD 报文：两台设备在邻接关系初始化时，用 DD 报文描述本端设备的 LSDB，进行数据库的同步。

（3）LSR 报文：两台设备交换过 DD 报文后，需要发送 LSR 报文向对方请求更新 LSA，内容包括所需要的 LSA 的报文信息。

（4）LSU 报文：LSU 报文用来向对端设备发送其所需的 LSA 或者泛洪本端更新的 LSA，内容是多条 LSA（全部内容）的集合，为了实现 Flooding 的可靠性传输，需要 LSAck 报文对其进行确认，对没有收到确认报文的 LSA 进行重传，重传的 LSA 直接发送给邻居。

（5）LSAck 报文：LSAck 报文用来对接收到的 LSU 报文进行确认，内容是需要确认的 LSA 的 Header（一个 LSAck 报文可对多个 LSA 进行确认）。

因此答案选 A。

53．试题答案：D

试题解析：因为 Static 的优先级为 60，RIP 的优先级为 100，OSPF 的优先级为 10，Direct 的优先级为 0，优先级的值越小，优先级越高。因此答案选 D。

54．试题答案：C

试题解析：因为静态路由是管理员手动写的路由条目，所以 C 选项的说法是错误的，并不能自动完成网络收敛。因此答案选 C。

55．试题答案：C

试题解析：因为 224～239 属于组播地址，所以 224.0.0.5 为组播。因此答案选 C。

56．试题答案：C

试题解析：需要满足最少 20 台主机使用，则需要借 3 位，子网掩码为/27，所以 B、D 选项错误。A 选项 192.168.176.160/27 并不是一个网络地址，无法代表某个网段。因此答案选 C。

57．试题答案：C

试题解析：本题考查动态路由协议的基本概念，C 选项为动态路由协议的基本功能，其他选项皆不是动态路由协议的作用。因此答案选 C。

58．试题答案：C

试题解析：输出信息显示"current state : Administratively DOWN"，表示接口被人为 Shutdown。因此答案选 C。

59．试题答案：B

试题解析：网络地址为 10.1.1.0/30，掩码为 30 位，所以主机位为 2 位，主机的数量为 2 的平方（4 个），网络地址是本网段最小的 IP，所以此网段的网络地址范围为 10.1.1.0～10.1.1.3，最大的 IP 地址是广播地址，那么此网段的广播地址为 10.1.1.3。因此答案选 B。

60．试题答案：B

试题解析：一个网络的广播地址为 172.16.1.255，广播地址为本网段最大的 IP 地址，所以 A 选项是错误的。当子网掩码为 25 时，网络地址为 172.16.1.128，当子网掩码为 24 时，网络地址为 172.16.1.0，当子网掩码为 30 时，网络地址为 172.16.1.252，所以 C、D 两个选项是错误的。因此答案选 B。

61．试题答案：A

试题解析：OSPF 的 LSU 为 LSA 的更新报文，详细的 LSA 信息需要通过 LSU 发送更新。因此答案选 A。

62．试题答案：D

试题解析：DR 的选举原则为优先级越高越优先，优先级一样比较 Router-ID，越大越优先，并且 DR 不能被抢占，但是优先级为 0 的不参与选举。优先级为 0 的设备不可能为 DR。因此答案选 D。

63．试题答案：A

试题解析：A 选项掩码为 12 位，B 选项掩码为 14 位，C 选项掩码为 16 位，D 选项掩码为 24 位。因此答案选 A。

64．试题答案：A

试题解析：路由的优先级范围为 0～255，根据路由优先级赋值原则，直连路由具有最高优先级。因此答案选 A。

65．试题答案：D

试题解析：静态路由支持配置时手动指定优先级，可以通过配置目的地址/掩码相同、优先级不同、下一跳不同的静态路由，实现转发路径的备份。因此答案选 D。

66．试题答案：D

试题解析：ASBR 位于 OSPF 自主系统和非 OSPF 网络之间。ASBR 可以运行 OSPF 和另一路由选择协议（如 RIP），把 OSPF 上的路由发布到其他路由协议上。ABR 为区域间路由器，既有接口属于骨干区域，也有接口属于非骨干区域，ABR 与 ASBR 之间没有必然联系。因此答案选 D。

67．试题答案：A

试题解析：单播互传空的 DD 报文来确定主从关系，所以在 ExStart 状态确定主从关系。因此答案选 A。

68．试题答案：D

试题解析：静态路由不能自动适应网络拓扑变化，需要由管理员手动配置，对路由器的系统性能要求比较低，不需要互相交互路由信息。因此答案选 D。

69．试题答案：B

试题解析：只有公网 IP 地址可以直接访问 Internet。私网地址范围：A 类 10.0.0.0～10.255.255.255，B 类 172.16.0.0～172.16.31.255，C 类 192.168.0.0～192.168.255.255。因此答案选 B。

70．试题答案：A

试题解析：2-way 双向通信已经建立，标志着邻居关系的建立，因此 B 选项错。Attempt 仅在 NBMA 网络构建 OSPF 邻居时出现。Down 不可选，所以本题选 A，Full 为完全邻接状态，此时双方 LSDB 完全同步。

71．试题答案：D

试题解析：DR/BDR 的选举原则为比较路由器的优先级，越大越优先，数值为 0 不参与选举，如果优先级一样，则比较 Router-ID，Router-ID 越大越优先，所以 Router A 被选举为 DR，Router B 与 Router C 不参与选举，没有 BDR。因此答案选 D。

72．试题答案：D

试题解析：Direct 为直连路由，A 选项错误；Static 为静态路由，B 选项错误；FTP 是文件传输协议，C 选项错误；OSPF（开放式最短路径优先）是典型的链路状态路由协议，D 选项正确。因此答案选 D。

73．试题答案：B

试题解析：Options 为可选长度，范围为 0～40B。因此答案选 B。

74．试题答案：D

试题解析：Traceroute 命令利用 ICMP 协议定位计算机和目标计算机之间的所有路由器，ICMP 在 IPv4 首部的协议为 1。因此答案选 D。

75．试题答案：D

试题解析：优先级越高越有可能被选为 DR，第二高被选为 BDR。优先级范围为 0～255 之间任意数。优先级为 0 时表示该路由器不参与 DR 或 BDR 选举。优先级一样比 Router-ID，Router-ID 最大的当选 DR。因此答案选 D。

76．试题答案：.D

试题解析：在华为路由器上，默认情况下静态路由协议优先级的数值为 60。因此答案选 D。

77．试题答案：A

试题解析：NextHop 表示对于本路由器而言，到达该路由指向的目的网络的下一跳地址。该字段指明了数据转发的下一个设备，只有在直连时，才会是本地接口地址，A 选项错误；B、C、D 选项的说法都是正确的。因此答案选 A。

78．试题答案：A

试题解析：首先识别图中有 4 个广播型网络，分别是 A-B、A-C、B-D、C-D，所以有 4 个 DR。广播多路就是一个广播域。因此答案选 A。

79．试题答案：B

试题解析：display ospf interface 命令用于查看运行了 OSPF 的接口，A 选项错误；display ospf peer 命令用于查看 OSPF 的邻居表，在邻居表中可以查看 OSPF 是否已经建立邻居关系，B 选项正确；没有 display ospf neighbor 这条命令，C 选项错误；display ospf brief 命令用于查看 OSPF 摘要信息，选项 D 错误。因此答案选 B。

80．试题答案：A

试题解析：DR/BDR 的选举原则为比较路由器的优先级，越大越优先，数值为 0 不参与选举，如果优先级一样，则比较 Router-ID，Router-ID 越大越优先。Router-ID 小的设备选举为 BDR，所以 Router C 不参与选举，C 选项错误；Router D 的优先级小于 Router A 与 Router B，所以 D 选项错误；Router A 与 Router B 优先级相同，Router B 的 Router-ID 较大，所以 Router B 选举为 DR，B 选项错误；Router A 选举为 BDR，A 选项正确。因此答案选 A。

81．试题答案：C

试题解析：由于 R1 与 R2 的 Hello time 不同，因此不能建立邻居关系，A、D 选项错误；点到点的网络类型没有 DR 与 BDR 的选举，B 选项错误；把 R1 的接口网络类型恢复为默认的广播类型，同时调整 hello 时间为 10s，R1 和 R2 即可建立稳定的邻居关系，C 选项正确。因此答案选 C。

82．试题答案：B

试题解析：Router-ID 在不指定的情况下，由 LoopBack 接口数值最高的 IP 地址来做，当没有 LoopBack 接口时，则由物理接口数值最高的 IP 来做。因此答案选 B。

83．试题答案：B

试题解析：Router-ID 在不指定的情况下，由 LoopBack 接口数值最高的 IP 地址来做，当没有 LoopBack 接口时，则由物理接口数值最高的 IP 来做。因此答案选 B。

84．试题答案：B

试题解析：OSPF 支持四种网络类型（点到点网络、广播多路访问、非广播多路访问和点到多点网络），不需要手动配置接口的网络类型，A 选项错误；OSPF 进程不做配置为默认进程，进程号为 1，C 选项错误；OSPF 中不手工指定，会默认用 LoopBack 口作为 Router-ID，D 选项错误；OSPF 区域必须手动配置。因此答案选 B。

85．试题答案：B

试题解析：237.6.1.2/24 属于 D 类 IP 地址用于组播，不能配置为接口的 IP 地址，A 选项错误；145.4.2.55/26 的最后一字节转换为二进制 00110111，属于 145.4.2.0/26 网段，此网段下的主机地址范围为 145.4.2.1/26～145.4.2.62/26，包含 145.4.2.55/26，B 选项正确；127.3.1.4/28 是环回地址用于测试，不能用于配置 IP 地址，C 选项错误；192.168.10.112/30 的最后一字节转换为二进制 01101100，主机位为最后两位，主机位为 0，广播位不变，是一个网络地址，不能配置在接口上，D 选项错误。因此答案选 B。

86．试题答案：B

试题解析：广播地址的概念为——网络位不变，主机位全为 1，200.200.200.201/30 的前 3 字节为网络位不变 200.200.200，最后一字节转换为二进制 11001001，最后两位为主机位，其主机地址的范围应该是 11001001～11001010，即只有两个主机地址，分别为 200.200.200.201 与 200.200.200.202。因此答案选 B。

87．试题答案：A

试题解析：广播地址的概念为——网络位不变，主机位全为 1，200.200.200.200/30 的前 3 字节为网络位不变 200.200.200，最后一字节转换为二进制 11001000，最后两位为主机位，化为 1 可以得到 11001011，转换为十进制 203，所以 200.200.200.200/30 的广播地址为 200.200.200.203。因此答案选 A。

88．试题答案：D

试题解析：当路由器收到一个 IP 数据包时，会将数据包的目的 IP 地址与自己本地路由表中的所有路由表项进行逐位比对，直到找到匹配度最长的条目，由路由表可得：下一跳为 10.0.21.2 的路由为最长匹配，因此从 Ethernet0/0/1 口发出。因此答案选 D。

2.2 多选题

1．试题答案：AD

试题解析：OSPF 中的广播型网络选举 DR 的主要作用为减少邻接关系的数量，从而减少重复 LSA 的泛洪，DR 和 BDR、DRother 之间建立邻接关系，DRother 之间建立邻居关系。选举 DR 并不能减少 OSPF 的协议报文类型，也不能减少邻居关系的建立时间。因此答案选 AD。

2．试题答案：BCD

试题解析：DR 的选举原则为，先比较设备优先级，越大越优先，优先级一样比较 Router-ID，越大越优先，优先级为 0 不参与选举。广播型网络中一定存在 DR，否则无法同步数据库。BDR 不存在不会影响数据库的同步。因此答案选 BCD。

　　3．试题答案：AD

　　试题解析：OSPF 的广播型网络中，DRother 之间会建立邻居关系，状态一直停留在 2-way。而邻接关系建立成功，状态就会停留在 Full 状态。Attempt 只存在于 NBMA 网络类型中，与 Down 状态都是不稳定状态。因此答案选 AD。

　　4．试题答案：BD

　　试题解析：OSPF 建立邻接关系时，Router-ID 一定不能一致，Area ID、Hello Time、Router Dead Interval、子网掩码、认证类型必须一致；否则无法建立邻居关系。因此答案选 BD。

　　5．试题答案：ABCD

　　试题解析：ARP 报文包含以下内容。

硬件类型	协议类型	硬件地址长度和协议长度
操作类型	发送方 MAC 地址	发送方 IP 地址
目标 MAC 地址	目标 IP 地址	

因此答案选 ABCD。

　　6．试题答案：AB

　　试题解析：目的网络 10.0.3.3/32 的 NextHop 非直连，但是本题中配置有去往目的地的路由条目，也可以转发数据包到达。10.0.12.1 为本地接口 IP 地址，如果收到目标网段为 10.0.12.1 的数据包，应交给本地 CPU 处理，而不是接口转发。因此答案选 AB。

　　7．试题答案：B

　　试题解析：RTA 走 10.0.12.2 的优先级为 60，走 10.2.21.2 的优先级为 40，所以会选择走下面，所以 C 正确，D 错误；如果 GE0/0/1 端口 down 了，不会切换路径，所以 A 错误；如果 GE0/0/2 端口 down 了，会选择走上面，所以 B 正确。因此答案选 B。

　　8．试题答案：ABD

　　试题解析：DD 报文中仅包含 LSA 的头部信息，C 选项错误。因此答案选 ABD。

　　9．试题答案：ABD

　　试题解析：路由器用于实现不同网段设备之间的相互通信，A 选项错误。路由器根据收到数据包的目的 IP 地址进行转发，B 选项错误。路由器根据 FIB 表指导数据转发，D 选项错误。因此答案选 ABD。

　　10．试题答案：ACD

　　试题解析：单臂路由只有一条物理链路，创建 N 个子接口。本题 B 选项错误。因此答案选 ACD。

　　11．试题答案：BD

　　试题解析：在 OSPF 中可以划分多个不同的区域，其中区域编号范围是 0.0.0.0～255.255.255.255，骨干区域编号为 0。通告网络时只需按照对应的接口所属区域进行通过即可，不需要全部在骨干区域中通告，并且配置 OSPF 区域之前不需要给路由器的 LoopBack 接口配置 IP 地址。因此答案选 BD。

　　12．试题答案：ABC

试题解析：当 Master 未出现故障时，Slave 不会响应目的 IP 地址为虚拟 IP 地址的 IP 报文，因此本题的 ABC 选项正确。

13. 试题答案：BCD

试题解析：配置静态路由的方式有 3 种，第一种是基于下一跳 IP 的方式配置，第二种是基于关联出接口的方式配置，第三种是基于关联出接口和下一跳 IP 方式进行配置，因此创建静态路由的基本参数包括目的 IP 地址，下一跳 IP 地址以及出接口地址。因此答案选 BCD。

14. 试题答案：AD

试题解析：silent-interface s0/0/0 命令意为给 RTA 手动配置静态路由，因此 RTA 将不会再发送 OSPF 报文，以及两台路由的邻居关系会失效。因此答案选 AD。

15. 试题答案：ABCD

试题解析：OSPF 有四种网络类型，Broadcast（广播类型）、NBMA、P2MP（点到多点）和 P2P（点到点）。因此答案选 ABCD。

16. 试题答案：A

试题解析：默认路由可以手动配置，也可以自动产生，所以 B 错误，路由器上可以有默认路由，也可以没有，所以 C 错误，默认路由以 0.0.0.0 的方式出现，所以 D 正确，报文到达路由器以后，如果没有匹配明细路由将匹配默认路由，所以 A 正确。因此答案选 A。

17. 试题答案：AD

试题解析：在 OSPF 广播网络中，DRother 会和 BDR 和 DR 交换链路状态信息，DRother 之间不会建立全毗邻的 OSPF 邻接关系，双方停滞在 2-way 状态。因此答案选 AD。

18. 试题答案：AD

试题解析：OSPF 的 hello 报文功能是邻居发现与维护邻居关系；OSPF 的 LSR 报文功能是同步路由器的 LSDB 和更新 LSA 信息。因此答案选 AD。

19. 试题答案：ABCD

试题解析：TTL 是 Time To Live 的缩写，该字段指定 IP 包被路由器丢弃之前允许通过的最大网段数量。TTL 是 IPv4 报头的一个 8 位字段，A 选项说法正确。

TTL 字段由 IP 数据包的发送者设置，在 IP 数据包从源到目的的整个转发路径上，每经过一个路由器，路由器都会修改这个 TTL 字段值，具体的做法是把该 TTL 的值减 1，然后将 IP 包转发出去。如果在 IP 包到达目的 IP 之前，TTL 减少为 0，路由器将会丢弃收到的 TTL=0 的 IP 包并向 IP 包的发送者发送 ICMP time exceeded 消息。TTL 的主要作用是避免 IP 包在网络中的无限循环和收发，节省了网络资源，并使 IP 包的发送者能收到告警消息。TTL 是由发送主机设置的，以防止数据包在 IP 互联网络上永不终止地循环，BC 选项正确；TTL 值的范围是 0 ~ 255，D 选项正确。因此答案选 ABCD。

20. 试题答案：ACD

试题解析：B 为生命周期，与分片无关，主机使用 IP 首部中的标识（Identification）、标志（Flags）和片偏移（Fragment Offset）字段来完成对片的重组。因此答案选 ACD。

21. 试题答案：CD

试题解析：目的网络为 12.0.0.0/8 的数据包将从路由器的 GigabitEthernet 0/0/0 接口转发，A 选项错误；目的网络为 11.0.0.0/8 的数据包将从路由器的 GigabitEthernet 0/0/0 接口转发，不会丢弃，B 选项错误；目的网络为 12.0.0.0/8 的数据包将从路由器的 GigabitEthernet 0/0/0 接口转发，C 选项正确；目的网络为 11.0.0.0/8 的数据包将从路由器的 GigabitEthernet 0/0/0 接口转发，D 选项正确。因此答案选 CD。

22．试题答案：BCD

试题解析：

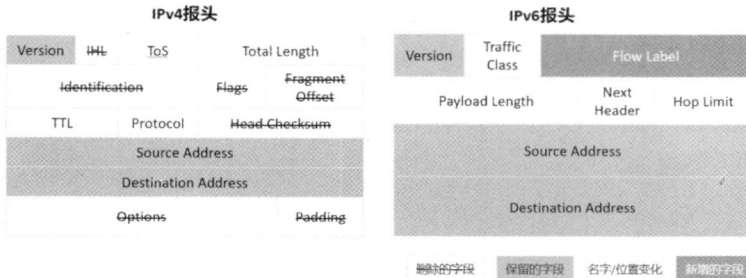

如上图所示，IPv6 和 IPv4 报文头中都存在的字段有 Version、Source Address 以及 Destination Address。因此答案选 BCD。

23．试题答案：ABC

试题解析：路由器获得路由条目的来源有三种，静态路由、动态路由以及直连路由。因此答案选 ABC。

24．试题答案：ABD

试题解析：OSPF 中的广播型网络选举 DR 的主要作用为减少邻接关系的数量，从而减少重复 LSA 的泛洪，DR 和 BDR、DRother 之间建立邻接关系，DRother 之间建立邻居关系。DR 的选举原则为，先比较设备优先级，越大越优先，优先级一样比较 Router-ID，越大越优先，优先级为 0 不参与选举。默认情况下，设备的优先级为 1，都会参与选举。因此答案选 ABD。

25．试题答案：BCD

试题解析：由题目可以得知聚合后的路由为 10.0.0.24/29，前 29 位为网络位，后 3 位为子网位，因此子网的取值范围应该是 10.0.0.24～10.0.0.31。因此答案选 BCD。

26．试题答案：ABCDE

试题解析：路由表中包含的参数有 Destination/Mask（目标网段）、NextHop（下一跳地址）、Protocol（协议优先级）、Cost（开销值）、Interface（出接口）。因此答案选 ABCDE。

27．试题答案：ABCD

试题解析：如图可知，如果想让 Router B 获取 HOST A 所在的 IP 网段，就必须将此网段路由通告到 OSPF 进程中，或者将此直连路由引入到 OSPF 路由中。

ospf 1 Import-route direct 将直连引入到 ospf 进程中，此种方式可以将 Router A 的 192.168.1.0 网段路由引入，路由器 B 可以获取 HOST A 所在的 IP 网段路由。

ospf 1 Area 0.0.0.0 Network 192.168.1.2 0.0.0.0 在区域 0 中通告 192.168.1.2 网段路由，此命令的作用是 IP 地址为 192.168.1.2 的接口将使能 ospf，并产生对应的 ospf 路由，此种方式也可以让 Router B 获取 HOST A 所在的 IP 网段路由。其中

ospf 1 Area 0.0.0.0 Network 192.168.0.0 0.0.255.255 表示 IP 地址属于 192.168.0.0 ~ 192.168.255.255 的接口将使用 ospf，包括 GE0/0/0 接口，此种方式也可以让 Router B 获取 HOST A 所在的 IP 网段路由。

ospf 1 Area 0.0.0.0 Network 192.168.1.0 0.0.0.255 同理，IP 地址属于 192.168.1.0 ~ 192.168.1.255 的接口将使用 ospf，包括 GE0/0/0 接口，此种方式也可以让路由器 B 获取 HOST A 所在的 IP 网段路由。因此答案选 ABCD。

28．试题答案：BD

试题解析：[Huawei-ospf-1] area 0 以及 [Huawei-ospf-1] area 0.0.0.0 都可进入 area 0，0 与 0.0.0.0 的意义相同。因此答案选 BD。

29．试题答案：AB

试题解析：silent-interface 将运行 OSPF 协议的接口指定为 Silent 状态后，该接口的直连路由仍可以发布出去，但接口的 Hello 报文将被阻塞，接口上无法建立邻居关系。这样可以增强 OSPF 的组网适应能力，减少系统资源的消耗。因此答案选 AB。

30．试题答案：BD

试题解析：点到点类型，是指该接口通过点到点的方式与一台路由器相连。此类型网络不需要进行 OSPF 的 DR、BDR 选举。点到多点网络类型并不是根据接口封装自己设置的，而是需要管理员手动配置。在这种网络中也无须选举 DR 和 BDR。因此答案选 BD。

31．试题答案：AD

试题解析：边缘路由器一定要配置默认路由和 NAT，所以 AD 选项正确。STP 不能配置，所以 B 选项错误。DHCP 可以不配，所以 C 选项错误。因此答案选 AD。

32．试题答案：CD

试题解析：Router A 与 Router B 为直连链路，更改路由并不会导致链路中断。修改 G0/0/1 接口 IP 地址会导致连接失败，关闭其中一个接口也会导致连接失败。因此答案选 CD。

33．试题答案：CD

试题解析：OSPF 的特性有支持 CIDR、支持区域划分、无路由自环、路由变化收敛快（触发更新）、使用 IP 组播和单播收发协议数据、支持多条等值路由、支持协议认证功能。因此答案选 CD。

34．试题答案：ABC

试题解析：静态路由配置有三种方式，第一种，关联下一跳 IP 的方式；第二种，关联出接口的方式；第三种，关联出接口和下一跳 IP 方式。对于点到点接口（如串口），只需指定出接口。对于广播接口（如以太网接口）和 VT（Virtual-Template）接口，必须指定下一跳。A 选项和 B 选项是采用关联下一跳 IP 的方式，C 选项采用的是关联出接口的方式。D 选项中的 129.1.0.0 作为网段，不能作为下一跳地址。因此答案选 ABC。

35．试题答案：BCD

试题解析：Router-ID 可以手动指定，也可以自己选择，但必须要有，所以 A 选项正确、D 选项错误。交换机的 vlanif 可以作为 Router-ID，所以 C 选项错误，同一个区域 Router-ID 一定不能相同，所以 B 选项错误。因此答案选 BCD。

36．试题答案：CD

试题解析：A 选项为直连路由，B 选项为静态路由。C、D 选项为动态路由协议。因此答案选 CD。

37．试题答案：AD

试题解析：LSDB 包含有关整个网络的拓扑信息，每台路由器都需要保存前往其所在区域中每个网络的路由，并非所有这些路由都加入路由表中。因此答案选 AD。

38．试题答案：ACD

试题解析：配置静态路由的五个参数为目的地址和掩码、出接口和下一跳地址、优先级。因此答案选 ACD。

39．试题答案：AC

试题解析：路由 Cost 值越小，则路由优先级越高。VRP 中，路由优先级数值越小，则表示路由优先级越高。因此答案选 AC。

40．试题答案：ABD

试题解析：对于 ip route-static 10.0.2.2 255.255.255.255 10.0.12.2 preference 20，目的 IP 为 10.0.2.2，掩码为 32，下一跳为 10.0.12.2，优先级为 20。因此答案选 ABD。

41．试题答案：AD

试题解析：PQ 调度机制分为 4 个队列，分别为高优先队列、中优先队列、正常优先队列和低优先队列，它们的优先级依次降低。在报文出队时，PQ 会首先让高优先队列中的报文出队并发送，直到高优先队列中的报文发送完，然后发送中优先队列中的报文，同样，直到发送完，然后是正常优先队列和低优先队列。这样的话，将关键业务的报文放入较高优先级的队列，将非关键业务（如 E-mail）的报文放入较低优先级的队列，可以保证关键业务的报文被优先传送，非关键业务的报文在处理关键业务数据的空闲间隙被传送。在出队时，WFQ 按流的优先级来分配每个流应占有的出口带宽。优先级的数值越小，所得的带宽越少。优先级的数值越大，所得的带宽越多。这样就保证了相同优先级业务之间的公平，体现了不同优先级业务之间的权值。所以此题流量 A 属于 PQ 队列调度，通过的带宽为 50M，流量 B 通过的流量为 10M，流量 C、D 通过的流量分别为 20M。因此答案选 AD。

42．试题答案：ABCD

试题解析：OSPF 的 Router-ID 选举规则为①通过命令手动设置 Router-ID。②如果没通过命令设置 Router-ID，若有 Loopback 地址，则选择最大的 Loopback 地址作为 Router-ID；若无 Loopback 地址，则选择其他接口中地址最大的作为 Router-ID。③可能使用最大的 VLANIF 的 IP 地址作为 Router-ID。因此答案选 ABCD。

43．试题答案：ABCD

试题解析：在 VAP 应用场景中，可以将 AR 路由器的防火墙、VoIP、NAT、VPN 等功能虚拟化到 server。因此答案选 ABCD。

44．试题答案：CD

试题解析：

10.24.0.0=00001010.00011000.00000000.00000000

10.24.1.0=00001010.00011000.00000001.00000000

10.24.2.0=00001010.00011000.00000010.00000000

10.24.3.0=00001010.00011000.00000011.00000000

能同时指向四个网段的路由为 10.24.0.0/22，最大网络位为 22，D 选项也可以，因此答案选 CD。

45．试题答案：BCD

试题解析：OSPF ExStart：确认序列号和主从关系，DD 报文的序列号是在 ExStart 状态下决定的；Exchange：路由器相互发送包含链路状态信息摘要的 DD 报文；Loading：邻居之间相互发送 LSR/LSU/LSAck；Full：路由器 LSDB 同步完成之后，转化为 Full 状态，形成完全的邻接关系。因此答案选 BCD。

46．试题答案：AB

试题解析：区域边界路由器 ABR（Area Border Router）的接口同时属于两个以上的区域，但至少有一个接口属于骨干区域 0。因此答案选 AB。

47．试题答案：AC

试题解析：下一跳是指转发到达目的网段的数据包所使用的接口地址，B、D 选项的下一跳配置错误。A、C 选项配置可实现题目要求。A 选项为配置默认地址，关联相邻路由器的 G0/0/3 接口实现。因此答案选 AC

48．试题答案：BCD

试题解析：由信息表可得 B、C、D 选项，本路由接口 DR 优先级未标明。因此答案选 BCD。

49．试题答案：BD

试题解析：由信息可得，本路由器到达 10.0.0.1 的出接口为 Ethernet0/0/0，路由器到达 10.0.2.2 的出接口为 Ethernet0/0/1。因此答案选 BD。

50．试题答案：ABD

试题解析：没有配置进程号时默认为 1，不是影响因素，可能原因为 ABD。因此答案选 ABD。

51．试题答案：AB

试题解析：C 选项配置默认路由下一跳地址错误，应为相邻路由的接口地址，D 选项同理，因此答案选 AB。

52．试题答案：AD

试题解析：OSPF 配置命令如下。

（1）创建并运行 OSPF 进程：ospf [process-id | router-id router-id]porcess-id 用于标识 OSPF 进程，默认进程号为 1。

（2）创建并进入 OSPF 区域：area area-id。

（3）指定运行 OSPF 的接口：network network-address wildcard-mask，A、D 选项满足要求，D 选项反掩码计算错误。

因此答案选 AD。

2.3 判断题

1．试题答案：B

试题解析：运行 OSPF 协议的路由器在 LSDB 同步完成后，邻接状态才会建立成功，并达到 Full 状态。因此答案选错。

2．试题答案：A

试题解析：在 OSPF 的广播网络中，DR 和 BDR 都会监听 224.0.0.6 这个组播地址，当 DRother 更新报文时，会向 224.0.0.6 这个组播地址发送更新报文，DR 收到之后再以 224.0.0.5 这个组播地址同步给其他的 DRother。因此答案选对。

3．试题答案：A

试题解析：对于到达同一个目的网络的多条路径，路由器会先比较路由条目的路由优先级，越小越优，如果一样，就比较路由条目的开销值，越小越优。因此答案选对。

4．试题答案：B

试题解析：OSPF 协议是基于接口划分区域的，在同一台设备上面，不同的接口可以属于不同的区域。因此答案选错。

5．试题答案：B

试题解析：路由器进行数据包转发时只修改源和目的 MAC，并不对目的 IP 地址进行修改。因此答案选错。

6．试题答案：B

试题解析：同一区域 OSPF 会选举一个 DR 和一个 BDR。因此答案选错。

7．试题答案：B

试题解析：Router-ID 改变之后，各协议需要通过手工执行 reset 命令才会重新选取新的 Router-ID。因此答案选错。

8．试题答案：B

试题解析：路由器隔离广播域，因此答案选错。

9．试题答案：B

试题解析：如果一个网络的网络地址为 192.168.1.0，只有当子网掩码为 255.255.255.0 时，广播地址才为 192.168.1.255。子网掩码发生变化，广播地址也会发生变化。因此答案选错。

10．试题答案：B

试题解析：OSPF 的路由优先级可在 OSPF 的协议视图进行修改，默认为 10。因此答案选错。

11．试题答案：A

试题解析：tracert 是一个简单的网络诊断工具，可以列出分组经过的路由节点，以及它在 IP 网络中每一跳的延迟。因此答案选对。

12．试题答案：B

试题解析：广播地址是网络地址中主机位全部置为 1 的一种特殊地址，但是它不能作为主机地址使用。因此答案选错。

13．试题答案：A

试题解析：0x0800 表示上次报文为 IP 报文，IP 报文头部包含 20B 的固定长度和 0～40B 的可选长度，所以总共是 20～60B 的长度。因此答案选对。

14．试题答案：B

试题解析：路由器转发数据包时，会通过查看源 IP 地址进行查表转发，转发的过程中，不会更改目的 IP 地址。如果更改了目的 IP，会导致数据包无法到达目的设备。因此答案选错。

15．试题答案：A

试题解析：路由器在转发某个数据包时，如果未匹配到对应的明细路由且无默认路由时，路由器将无法查表进行数据转发。因此答案选对。

16．试题答案：A

试题解析：运行 OSPF 协议的路由器在完成 LSDB 同步，此时邻接状态建立成功，到达 Full 状态。因此答案选对。

17．试题答案：B

试题解析：采用 Hello 报文机制检测故障所需时间较长，通常超过 1 秒。当数据传输速率高时，将导致大量数据丢失。而 BFD 可以为各种上层协议（如路由协议、MPLS、PIM 等）提供毫秒级的双向转发路径故障检测。因此答案选错。

18．试题答案：B

试题解析：时延是指一个报文从一个网络的一端传送到另一端所需要的时间。单个网络设备的时延包括传输时延、串行化时延、处理时延以及队列时延。因此答案选错。

19．试题答案：A

试题解析：网络带宽是指在单位时间（一般指的是 1 秒）内能传输的数据量。传输的最大带宽是由传输路径上的最小链路带宽决定的。所以，带宽小的链路是影响传输速率的关键。因此答案选对。

20．试题答案：A

试题解析：DSCP 提供 6 位字段用于 QoS 标记，这 6 位字段是与 IP 优先权相同的 3 位，再加上接下来的 ToS 字段的 3 位，DSCP 值的范围是 0～63，DSCP 值在 QoS 处理中起到关键性作用。因此答案选对。

21．试题答案：B

试题解析：BFD 快速检测技术，自身不能够建立邻居关系，需要依赖其他协议结合使用。因此答案选错。

22．试题答案：B

试题解析：从本质上讲，BFD 是一种高速且独立的 HELLO 协议。BFD 能够在系统之间的多种类型通道上进行故障检测，这些通道包括直接的物理链路、虚电路、隧道、MPLS LSP、多跳路由通道，以及非直接的通道（如跨接二层以太网）。同时正是由于 BFD 实现故障检测的简单、单一性，使 BFD 能够专注于转发故障的快速检测，帮助网络以良好 QoS 实现各类业务的传输。因此答案选错。

23．试题答案：A

试题解析：BFD 可以为各种上层协议（如路由协议、MPLS、PIM 等）快速检测两台设备间双向转发路径的故障，提供毫秒级检测。因此答案选对。

24．试题答案：B

试题解析：BFD 双向转发检测机制是一种快速转发机制，与协议和介质都无关，应用方便简洁。因此答案选错。

25．试题答案：A

试题解析：直连路由的默认优先级为 0，因此答案选对。

26．试题答案：B

试题解析：在同网段的两台主机间通信不需要通过网关。因此答案选错。

27．试题答案：A

试题解析：由于园区网用户比较集中、信息点位置相对固定，建议使用静态 IP。因此答案选对。

28．试题答案：A

试题解析：为了适应大型的网络，OSPF 在 AS 内划分多个区域，每个 OSPF 路由器只维护所在区域的完整链路状态信息。骨干区域 Area 0 负责区域间路由信息传播（路由信息：LSA [链路状态通告]），因此骨干区域内的路由器有其他所有区域的完整链路状态信息。因此答案选对。

29．试题答案：B

试题解析：对于 192.168.1.0/25 网段，主机位是 7 位，网络位是 25 位。广播地址计算方式，网络位不变，主机位全为 1。计算可得 192.168.1.0/25 网段的广播地址为 192.168.1.127。因此答案选错。

30．试题答案：B

试题解析：静态路由是一种简单的路由，需手工配置，用一条指令指定静态路由的目的 IP 地址、子网掩码、下一跳 IP 地址，或者出接口、优先级等主要参数值。因此答案选错。

31．试题答案：A

试题解析:在没有手工配置 Router-ID 的情况下,一些厂家的路由器,支持自动从当前所有 DAO 接口的 IP 地址自动选举一个 IP 地址作为 Router-ID。一般选择的原则如下：首先选取最大的 Loopback 接口地址；如果没有配置 Loopback 接口，那么选取最大的物理接口地址；也可以通过命令人工强制改变 Router-ID。因此答案选错。

32．试题答案：A

试题解析：ARP 协议的主要任务就是根据目的主机的 IP 地址，获得其 MAC 地址。ARP 协议能够根据目的 IP 地址解析目标设备 MAC 地址，从而实现 MAC 地址与 IP 地址的映射。因此答案选对。

33．试题答案：A

试题解析：动态路由协议通过路由信息的交换生成并维护转发引擎所需的路由表。当网络拓扑结构改变时，动态路由协议可以自动更新路由表，并负责决定数据传输最佳路径。因此答案选对。

第 3 章　构建以太网交换网络

3.1　单选题

1．试题答案：B

试题解析：20s 的等待超时加上 30s 的转发延时才能进入转发状态，所以一共是 50s。因此答案选 B。

2．试题答案：A

试题解析：主机 A 与主机 B 处于不同的网段，故主机 A 发出的数据包的 MAC 地址为网关的 MAC 地址，即 MAC-C，IP 地址为主机 B 相应的接口 IP 地址，即 11.0.12.1，因此答案选 A。

3．试题答案：D

试题解析：由图可知，接口类型为 hybrid 且未配置 PVID，故会使用默认 PVID，即 PVID 为 1。因此答案选 D。

4．试题答案：A

试题解析：RSTP 协议中，在根端口失效的情况下，Alternate 端口就会快速转换为新的根端口并立即进入转发状态；在指定端口失效的情况下，Backup 端口就会快速转换为新的根端口并立即进入转发状态。因此答案选 A。

5．试题答案：D

试题解析：SWA 和 SWB 的优先级都为 0，通过比较 MAC 地址选出根网桥，SWA 的 MAC 地址小成为根网桥，SWB 的 G0/0/1 为根端口，SWA 的两个端口竞争指定端口，G0/0/1 成为指定端口，G0/0/2 成为备份端口（阻塞）。因此答案选 D。

6．试题答案：C

试题解析：光接口和电接口不能聚合，A 选项错误。G 接口和 FE 接口不能聚合，B、D 选项错误。因此答案选 C。

7．试题答案：B

试题解析：Trunk 端口既能发送 tagged 帧，又能发送 untagged 帧，因此 A、D 选项错误。Access 端口只发送 untagged 帧。因此 C 选项错误，因此答案选 B。

8．试题答案：A

试题解析：指定端口是交换机向所连网段转发配置 BPDU 的端口，因此答案选 A。

9．试题答案：B

试题解析：以太网交换机工作在 OSI 参考模型的数据链路层。因此答案选 B。

10．试题答案：A

试题解析：在 STP 网络中，桥 ID 最小的设备会被选举为根桥。在 BID 的比较过程中，首先比较桥优先级，优先级的值越小，则越优先，拥有最小优先级值的交换机会成为根桥；如果优先级相等，那么再比较 MAC 地址，拥有最小 MAC 地址的交换机会成为根桥。因此答案选 A。

11．试题答案：D

试题解析：在 STP 网络中，桥 ID 最小的设备会被选举为根桥。在 BID 的比较过程中，首先比较桥优先级，优先级的值越小，则越优先，拥有最小优先级值的交换机成为根桥；如果优先级相等，那么再比较 MAC 地址，拥有最小 MAC 地址的交换机会成为根桥。因此答案选 D。

12．试题答案：D

试题解析：二层以太网交换机根据端口所接收到以太网帧的源 MAC 地址生成 MAC 地址表的表项，存放 MAC 地址与交换机端口之间的映射关系。因此答案选 D。

13．试题答案：A

试题解析：Priority，3 位，表示数据帧的优先级，用于 QoS，取值范围为 0～7，值越大优先级越高。当网络阻塞时，交换机优先发送优先级高的数据帧。因此答案选 A。

14．试题答案：A

试题解析：MAC 地址表用于存放交换机所学习到的其他设备的 MAC 地址信息。交换机在转发数据时，根据以太网帧中的目的 MAC 地址和 VLAN 编号查询 MAC 表，快速定位设备的出接口。因此 MAC 地址表中包括 MAC 地址，设备所属的 VLAN、出接口、MAC 表项类型、老化时间等，因此答案选 A。

15．试题答案：B

试题解析：PPP 链路与 HDLC 链路在封装时不需要知道对端的 MAC 地址，不会用到 ARP 协议，A 选项错误；ARP 协议基于 Ethernet 封装，B 选项说法正确；通过 ARP 协议可以获取目的端的 MAC 地址但不能获取 UUID 的地址，C 选项错误；网络设备上的 ARP 缓存除了可以通过 ARP 协议得到外，还可以手工配置，D 选项错误。因此答案选 B。

16．题答案：A

试题解析：MAC 地址的第八位二进制数为 0 代表单播地址，为 1 代表组播地址。以 01-00-5E 开头的 MAC 地址是大家公认的组播 MAC 地址。01-00-5E-A0-B1-C3 并不是非法 MAC 地址，广播 MAC 地址为 FF-FF-FF-FF-FF-FF。因此答案选 A。

17．试题答案：B

试题解析：由于不知道 VLANIF 10 接口处于 down 状态的原因，若是 VLANIF 10 下没有物理接口，则使用命令 undo shutdown 无法开启接口。若想使得 VLANIF 10 接口恢复正常，需将一个状态为 Up 的物理接口划入 VLAN 10，此时不需要关注该接口类型。因此答案选 B。

18．试题答案：C

试题解析：二层以太网交换机在转发数据时只查询二层帧头地址，并不会对三层头部做修改，因此答案选 C。

19．试题答案：A

试题解析：RSTP 端口状态有 3 种，丢弃状态、学习状态和转发状态。因此答案选 A。

20．试题答案：D

试题解析：

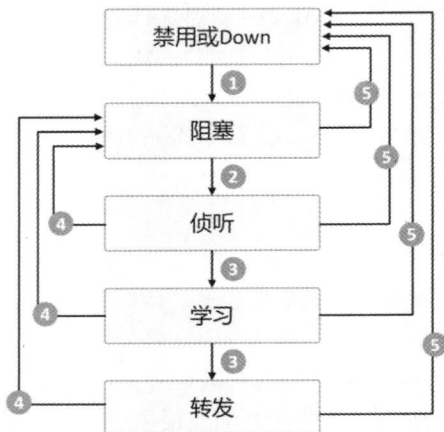

如图所示，根交换机全局域关闭 STP 功能，网络中阻塞端口转到监听要 20s，转到侦听要 15s，转到学习要 15s，所以一共要 50s。因此答案选 D。

21. 试题答案：A

试题解析：本题为记忆题。LACP 模式选举活动端口，先比较接口优先级，优先级相同情况下再比较接口编号，皆是越小越优先。因此答案选 A。

22. 试题答案：A

试题解析：Hybrid 端口发送数据帧时，可以定义是否剥离 vlan tag，若剥离，则数据帧不携带 vlan tag，B 选项错误；Hybrid 端口可以接收不带 vlan tag 的数据帧，并给数据帧添加该 Hybrid 端口的 PVID，C 选项错误；每个端口有且只有一个 PVID，未定义情况下 PVID 为 1，D 选项错误。因此答案选 A。

23. 试题答案：D

试题解析：从图中可以看出，MAC 地址表项 MAC 地址为 5489-9811-0b49 的 type 选项后面显示 static，代表这个 MAC 地址是由管理员静态配置上来的，而其他两个 MAC 地址为动态获取的，交换机重启后，静态 MAC 地址会一直保留，而动态学习的会被清空，然后重新学习，所以 A、B 选项错误。MAC 地址表中 MAC Address 与其学习地址的端口一一对应，当端口收到目的 MAC 后会查找 MAC 地址表中所对应端口进行转发。因此答案选 D。

24. 试题答案：D

试题解析：trunk 端口发报文时会比较端口的 PVID 和将要发送报文的 VLAN 信息，如果两者不相等，则携带原有的 VLAN 标记进行转发，否则剥离 VLAN 信息，再发送。本题 trunk 端口的 PVID 为 10，所以此端口在发送携带 VLAN 10 的数据帧时会剥离 VLAN TAG，因此答案选 D。

25. 试题答案：A

试题解析：主机 A 使用命令 ping11.0.12.1 是跨网段的，需要借助网关设备，题干提示有三层设备，但主机 A 却没有配置网关，所以不会有任何数据包从主机 A 发出。因此答案选 A。

26. 试题答案：D

试题解析：在 STP 网络中，桥优先级是可以配置的，取值范围是 0~65535，默认值为 32768，可以修改但是修改值必须为 4096 的倍数，因此不会出现优先级为 2048 的桥 ID。因此答案选 D。

27．试题答案：A

试题解析：Host A 对应 vlan 为 10，Host B 为 20，Host C 为 100。对于 SWA，Host A 的 MAC 地址与 GE0/0/1 进行绑定，Host B 的 MAC 地址与 GE0/0/2 进行绑定，Host C 的 MAC 地址绑定 GE0/0/3 口。对于 SWB，Host A 和 Host B 的 MAC 地址与 GE0/0/3 进行绑定，Host C 的 MAC 地址与 GE0/0/1 进行绑定。因此答案选 A。

28．试题答案：D

试题解析：配置端口类型为 Trunk 类型，pvid 为 200，如果数据帧携带的 VLAN TAG 为 100，在访问列表中，则交换机不做处理直接发送。因此答案选 D。

29．试题答案：B

试题解析：交换机只要配置 vlan10 的接口 IP 地址 10.0.12.1/24，然后把接口 GE0/0/2 设置成 trunk，允许 vlan10 通过，所以答案选 B。

30．试题答案：A

试题解析：由图可知，Forward-delay 为 15s。因此答案选 A。

31．试题答案：D

试题解析：对于负载分担，可以分为逐包的负载分担和逐流的负载分担，其中逐流的负载分担可以保证同一数据流的帧在同一条物理链路转发，又实现了流量在聚合组内各物理链路上的负载分担。因此答案选 D。

32．试题答案：D

试题解析：4 字节的 802.1q 标签中，包含了 2 字节的标签协议标识（Tag Protocol Identifier，TPID，它的值是 8100）和 2 字节的标签控制信息（Tag Control Information，TCI），TPID 是 IEEE 定义的新的类型，表明这是一个加了 802.1q 标签的报文。

33．试题答案：C

试题解析：交换机可以基于源 MAC 地址学习，基于目的 MAC 地址转发，若主机 A 没有发送任何数据帧，则交换机可能学习不到主机 A 的 MAC 地址，A 选项正确；交换机可以关闭接口的 MAC 地址学习功能，也可以关闭 VLAN 的 MAC 地址学习功能，若关闭以后同样学习不到相应的 MAC 地址，B、D 选项正确；交换机 1 端口被设置为 Access 模式不影响 MAC 地址的学习，C 选项错误。因此答案选 C。

34．试题答案：D

试题解析：因为 5489-9885-18a8 的数据帧是从 Eth 0/0/2 端口收到的，所以不会再从 Eth 0/0/2 端口发出去，也不可能从 Eth 0/0/1 端口发出去。因此 A、C 选项错误。因为 MAC 地址表中能查询到该数据帧，所以不可能将这个数据帧泛洪出去。最终该数据帧会被丢弃，因此答案选 D。

35．试题答案：C

试题解析：RSTP 配置 BPDU 报文中的 Type 字段取值为 0x02，此题属于记忆题。

36．试题答案：A

试题解析：交换机在接收到未知单播帧时会在除了收到该帧的端口之外的所有端口泛洪该帧。因此答案选 A。

37. 试题答案：B

试题解析：

BPDU 报文包含以下信息。

Protocol ID

Version

Message Type

Root ID

Cost of Path

Bridge ID

Port ID

Message Age

Max Age

Hello Time

Forward Delay
因此答案选 B。

38. 试题答案：A

试题解析：根据 STP 的选举规则，SWA 将被选举为根端口，SWB 的 G0/0/3 和 SWC 的 G0/0/2 口成为根端口，SWB 和 SWC 之间链路，通过比较本端的 BID 选举出 SWB 的 G0/0/1 口为指定端口。SWC 的 G0/0/1 口将被阻塞。因此答案选 A。

39. 试题答案：B

试题解析：Alternate 端口是由于学习到其他网桥发送的配置 BPDU 报文而阻塞的端口，处于 Discarding 状态，不再对外发送报文，但是可以接收 BPDU。因此答案选 B。

40. 试题答案：C

试题解析：Forward Delay 是指一个端口在 STP 中分别处于 Listening 和 Learning 状态时的持续时间，默认是 15s。因此答案选 C。

41. 试题答案：B

试题解析：只有静态 MAC 地址表项不受 300s 的老化时间影响。因此答案选 B。

42. 试题答案：B

试题解析：port trunk allow-pass vlan all 作为 vlan trunk 的配置命令，可以放行所有 VLAN 通过。因此答案选 B。

43. 试题答案：B

试题解析：在 Learning 状态下经过一段时间的延迟，将自动进入 Forwarding 状态，因此答案选 B。

44. 试题答案：A

试题解析：交换机收到一个带有 vlan 标签的未知单播数据帧时，会将该数据帧泛洪给除了接收端口以外所有相同 vlan 的端口，而不会泛洪给其他不同 vlan 的端口，因为不同的 vlan 属于不同的广播域。因此答案选 A。

45．试题答案：C

试题解析：VLAN 标签 4 字节，12 位用来表示 VLAN ID，取值范围是 0～4095，共 4096 个，可用 4094 个；封装协议是 IEEE 802.1q（打标签），因此答案选 C。

46．试题答案：C

试题解析：从图中可以看出，5489-9811-0b491 这个 MAC 地址对应 Eth 0/0/3 接口，当设备从其他接口收到目的 MAC 地址为 5489-9811-0b491 的数据帧时，对于交换机而言，这个数据帧是一个已知单播帧，查询 MAC 地址表进行转发，所以会把这个数据帧从 Eth0/0/3 端口转发出去。因此答案选 C。

47．试题答案：B

试题解析：优先级越小越优，GE0/0/0 为 100，GE0/0/1 为 200，GE0/0/2 为 300，GE0/0/3 为 400，所以 GE0/0/3 为非活动端口。因此答案选 B。

48．试题答案：D

试题解析：STP 有五种端口状态，而 RSTP 只有三种端口状态，Discarding（丢弃状态）、Learning（学习状态）和 Forwarding（转发状态）。因此答案选 D。

49．试题答案：C

试题解析：Hybrid 属性具有 Trunk 和 Access 两种端口属性的特点，tag 类似 Trunk，untag 类似 Access，但是又不同，因为 Hybrid 端口可以接收某个或者多个 vlan 的数据，Hybrid 端口报文的 tag 和出接口的 pvid 一致，那么剥离 tag 后转发，即转发出去的报文是不带 tag 的，如果报文的 tag 和出接口的 pvid 不一致，那么看接口的配置，如果 tag 是允许通过的，那么转发该报文。ABD 错误，因此答案选 C。

50．试题答案：D

试题解析：端口速率越大，开销越小。端口速率为 10Mbps 时，开销为 2000，端口速率为 100Mbps 时，开销为 200，端口速率为 1000Mbps 时，开销为 20，端口速率为 10Gbps 时，开销为 2，端口速率为 40Gbps 时，开销为 1。因此答案选 D。

51．试题答案：A

试题解析：端口直接与用户终端相连，而没有连接到其他网桥或局域网网段上时，该端口即为边缘端口。边缘端口连接的是终端，当网络拓扑变化时，边缘端口不会产生临时环路，所以边缘端口可以略过两个 Forward Delay 的时间，直接进入 Forwarding 状态，无须任何延时。因此答案选 A。

52．试题答案：D

试题解析：port hybrid untagged vlan 4 6 这条命令代表 vlan 4、vlan 6 不打 tag，vlan 1 默认不打 tag。所以会剥离 vlan 1 4 6 的 tag。因此答案选 D。

53．试题答案：B

试题解析：MAC 地址表的形成原理为：当交换机从某个接口收到数据帧时，就会将此数据帧的源 MAC 地址与接口做对应的映射关系。因此对于 SWB 而言，一定是从 G0/0/3 口收到来自主机 A（MAC A）、主机 B（MAC B）的数据帧，从 G0/0/1 口收到来自主机 C（MAC C）的数据帧，因此交换机的 MAC 地址记录关系应该为 MAC-A G0/0/3 MAC-B G0/0/3 MAC-C G0/0/1。因此答案选 B。

54．试题答案：C

试题解析：从图中可以得到信息：HOST A 为 VLAN 10 主机，网关为 10.0.1.254；HOST B 为 VLAN 20 主机，网关为 10.0.2.254；而路由器的子接口 G0/0/1.1 的 IP 地址为 10.0.1.254，G0/0/1.2 的 IP 地址为 10.0.2.254，由此可以看出 G0/0/1.1 属于 VLAN 10 的网关，需要处理 VLAN 10 的数据，必须通过 Dot1q termination vid 10 这条命令来接收处理带有标签的数据帧。因此答案选 C。

55．试题答案：A

试题解析：转发延时的作用是为了防止 STP 网络中出现临时环路，在 lisenling—learning—forwarding 状态进行转换时都需要经过一个转发延时（15s）。因此答案选 A。

56．试题答案：C

试题解析：RSTP 可以提高收敛速度的原因如下。

（1）AP 端口为根端口的备份端口，可实现快速切换。

（2）边缘端口的引入，无须参与生成树选举，直接进入转发状态。

（3）P/A 机制，无须等待计时器超时，实现快速收敛。

（4）对次优 bpdu 的处理方式，采用直接处理。

（5）拓扑改变时机制更加快速。RSTP 并没有取消转发延时。例如，一条链路上一个端口为指定端口，一个端口为阻塞端口时，还是需要等待计时器超时才能完成收敛，但是并不影响实际的网络收敛速度。因此答案选 C。

57．试题答案：D

试题解析：由题目给出的信息可以看出，port hybrid pvid vlan 100 表示当端口收到不带标签的数据帧时，将添加 vlan tag 100 的标签；port hybrid tagged vlan 100 表示当端口收到带有 vlan tag 为 100 的标签时，则以 tagged（带有标签的形式）发出；port hybrid untagged vlan 200 表示当端口收到 vlan tag 为 200 的数据帧时，则以 untagged（剥离标签的形式）发出。因此答案选 D。

58．试题答案：B

试题解析：指定端口的作用是发送配置的 bpdu，指定端口是在每一条链路上进行选举的。一般情况下，根交换机上的所有端口都是指定端口，但在某些特殊情况下，根交换机上的端口不一定都是指定端口。例如，当一台根交换机上的两个端口用一根网线连接时，如果这两个端口都是指定端口，那么会出现环路，所以系统会阻塞其中一个端口来防止环路。因此，根交换机上的端口不总是指定端口。因此答案选 B。

59．试题答案：D

试题解析：VLANIF 接口一般为每一个 VLAN 的网关接口，那么 VLANIF 接口是三层接口，当 VLANIF 接口作为网关接口时，如果主机想要访问不同网段的数据，就必须把数据先转发给此 VLANIF 接口，因此主机必须要知道 VLANIF 接口的 MAC 地址才能封装数据帧，所以 VLANIF 接口一定是有 MAC 地址的，也需要学习 MAC 地址，并且不同的 VLANIF 接口不能使用相同的 IP 地址，否则会出现 IP 地址冲突的现象。因此答案选 D。

60．试题答案：B

试题解析：在 RSTP 中，边缘端口一般连接终端设备，因为终端设备不需要参与生成树的选举，因此边缘端口的特点就是可以直接由 Disable 状态转到 Forwarding 状态，从而使终端快速接入网络，而不需要等待生成树选举的 30s。边缘端口是不参与 RSTP 运算的，当边缘端口收到 bpdu 报文时，就会丧失边缘端口的功能，并且转发 bpdu。因为交换机之间互联端口要进行生成树选举，所以不要设置为边缘端口，如果设置为边缘端口，就会有环路的风险。因此答案选 B。

61．试题答案：D

试题解析：链路集合分为手工的负载分担模式和 LACP 负载分担模式，当使用 LACP 负载分担模式时，需要通过优先级来选举出一个主设备，目的是确定对应的活动接口以及维护集合链路，主设备通过比较优先级进行选举，越小越优先，华为默认的 LACP 优先级为 32768。因此答案选 D。

62．试题答案：D

试题解析：端口 ID 由两部分组成，高 4 位为接口优先级，低 12 位为接口编号，总共是 16 位。因此答案选 D。

63．试题答案：B

试题解析：

port hybrid tagged vlan 2 to 3 100 收到 vlan tag 为 2、3、100 的数据帧不剥离标签直接发送。

port hybrid untagged vlan 4 6 收到 vlan tag 为 4、6 的数据帧剥离标签再发送。

因此答案选 B。

64．试题答案：D

试题解析：单臂路由可以实现不同 VLAN 之间的通信，其原理就是利用多个子接口来充当网关处理不同 VLAN 之间的数据，如果不使用单臂路由，就需要使用多个物理接口来充当不同 VLAN 的网关，VLAN 数量过多，使用的链路也会更多，因此单臂路由可以减少链路的数量。因此答案选 D。

65．试题答案：A

试题解析：当主机经常发生移动时，其 MAC 地址是唯一固定不变的参数，因此基于 MAC 地址划分 VLAN 最为合适。因此答案选 A。

66．试题答案：C

试题解析：interface vlanif<vlan-id>命令的作用是创建一个 VLANIF 接口并且进入这个虚拟接口。因此答案选 C。

67．试题答案：A

试题解析：交换机和主机之间相连，一般使用 Access（接入链路），交换机连接交换机，一般使用 Trunk（干道链路），混合模式可灵活应用于多个场景。因此答案选 A。

68．试题答案：C

试题解析：从图中可以看出：eth-trunk 1 中包含 G0/0/1 和 G0/0/2 两个物理接口，而在物理接口中使用 undo eth-trunk 的作用是退出此聚合口，如果要删除聚合口，需要使用 undo interface Eth-

Trunk 1。因此答案选 C。

69．试题答案：D

试题解析：基于端口划分 vlan 的特点是，当端口收到一个未打标签的数据帧时，会根据端口的 PVID 打上对应的 VLAN 标签，而不会去检查此数据帧中的 IP 地址、协议类型、封装格式。因此，当主机移动位置时，需要在新连接的端口重新配置 VLAN 等参数。因此答案选 D。

70．试题答案：B

试题解析：从图中可以看出，VLAN 40 后面的信息有 UT：GE0/0/5 TG：GE0/0/1 GE0/0/3 GE0/0/4。其中，UT 表示收到 VLAN 40 的数据帧，剥离标签，以 untagged 的形式发送，TG 表示收到 VLAN 40 的数据帧，直接以 tagged 的方式转发。因此答案选 B。

71．试题答案：B

试题解析：dot1q termination vid 100 表示此子接口可以接收处理 VLAN 100 的数据，收到带有 VLAN TAG 100 的数据帧时剥离标签，发送未携带 VLAN TAG 的数据帧时打上 VLAN TAG 100 的标签。因此答案选 B。

72．试题答案：D

试题解析：VRRP 是网关冗余协议，用于多网关场景。ARP 是地址解析协议，通过 IP 地址解析 MAC 地址。UDP 是传输层的非面向连接协议。STP 是生成树协议，用于解决二层环路。因此答案选 D。

73．试题答案：D

试题解析：IEEE 802.1q 的标签长度为 4 字节，由 4 个字段组成，分别是 TPID、PRI、CFI、VLAN ID。因此答案选 D。

74．试题答案：B

试题解析：从图中可以看出，MAC 地址为 5489-9811-0b49 的 type 选项为 static，代表这个 MAC 地址是由管理员静态配置的，而其他两个 MAC 地址为 dynamic，说明这两个 MAC 地址为动态获取的，交换机重启后，静态 MAC 地址会一直保留，而动态学习的会被清空，然后重新学习。因此答案选 B。

75．试题答案：A

试题解析：P/A 机制中,同步机制会阻塞所有的非边缘端口来防止出现临时环路。因此答案选 A。

76．试题答案：A

试题解析：从图中可以看出，此交换机的所有接口均为指定端口，由于 STP 协议的指定端口在每条链路上面选举，选举会先比较交换设备的 BID，根桥的 BID 是整个网络中最优的，所以根桥的端口均为指定端口，由此可判断此设备为根桥。根桥的优先级越小越优先，不一定为 0，只需比其他交换设备小就行了。因此答案选 A。

77．试题答案：D

试题解析：因为 vlan batch 10 20 这条命令是创建 vlan 10 和 vlan 20，而 vlan batch 10 to 20 这条命令创建的是 vlan 10 到 vlan 20。因此答案选 D。

78．试题答案：C

试题解析：在 SWD 上使用命令 stp root secondary，实际上就是把该设备的 stp 优先级修改成 4096，而该交换网络中 SWA 的优先级也为 4096，此时通过比较优先级无法选举出根桥，因此会比较 SWA 和 SWD 的 MAC 地址，由图可看出，SWA 的 MAC 地址比 SWD 的要小，因此 SWA 是本交换网络的根桥。因此答案选 C。

79．试题答案：B

试题解析：因为经常更换物理位置，接入网络的交换机和端口都有可能改变。因此答案选 B，基于 MAC 地址则不受影响。

80．试题答案：A

试题解析：Access 端口在收到以太网帧后打上 VLAN 标签，转发出端口时剥离 VLAN 标签。因此答案选 A。

81．试题答案：B

试题解析：只有在 Eth-Trunk 下所有接口都为 down 的情况下，Eth-Trunk 状态为 down；A、C、D 选项说法正确，B 选项错误。因此答案选 B。

82．试题答案：A

试题解析：删除 Eth-Trunk 1，并不需要进入某个接口。因此答案选 A。

83．试题答案：A

试题解析：Access 接口是交换机上用来连接用户主机的接口，它只能连接接入链路，仅仅允许唯一的 VLAN ID 通过本接口，这个 VLAN ID 与接口的默认 VLAN ID 相同，Access 接口发往对端设备的以太网帧永远是不带标签的帧。因此答案选 A。

84．试题答案：A

试题解析：本题考查 STP 的接口状态，处于 Forwarding 状态的接口既可以正常地收发业务数据帧，也会进行 BPDU 处理。因此答案选 A。注意：接口的角色需是根接口或指定接口才能进入转发状态。

85．试题答案：D

试题解析：因为 SWA 上 MAC 地址表中存在 MAC-B 与端口 GE0/0/2 的对应关系，所以去往主机 B 的数据将直接从 GE0/0/2 端口进行转发。因此答案选 D。

86．试题答案：A

试题解析：每条链路都会有一个指定端口，用于转发配置 BPDU 和转发业务流量。所以选项 C 错误，根交换机上的端口不一定是指定端口，如交换机自身的两个端口直连形成环路时。所以 B、D 选项错误。因此答案选 A。

87．试题答案：D

试题解析：命令行中 arp broadcast enable 用于开启 ARP 功能，所以 Router B 和 Router A 子接口能够相互学习到 MAC 地址，10.0.12.1 和 10.0.12.2 为同网段，RTA 与 RTB 的子接口的终结 vid 相同，故可以 ping 通。因此答案选 D。

88．试题答案：B

试题解析：STP 选举网桥 ID 最小的交换机作为根桥。网桥 ID=桥优先级+MAC 地址，优先比较桥优先级，桥 ID 不是一个参数。因此答案选 B。

89．试题答案：D

试题解析：子接口终结 VLAN 的实质包含两个方面：对接接收到报文，剥除 VLAN 标签后进入转发或其他处理，对接口发出的报文，又将相应的 VLAN 标签添加到报文中后再发送，所以 RTA 首先要删除 VLAN 标签 20，然后添加 VLAN 标签 10，再由 g0/0/1.1 接口发送出去。因此答案选 D。

90．试题答案：D

试题解析：由于是跨网段通信，RTA 的 ARP request 请求的是其网关的 MAC 地址，即 RTA 的 G0/0/0 接口的 MAC 地址。因此答案选 D。

91．试题答案：A

试题解析：由图可知，接口类型为 trunk，pvid 为 VLAN 10，所以在发送数据帧时会剥离 VLAN 10 的标签。因此答案选 A。

92．试题答案：B

试题解析：由于交换机连接主机 A 与主机 B 的接口均为 access 端口，划入 VLAN 2，所以它们都只能接收带 VLAN 2 的数据帧，故需要在 SWC 上创建 VLAN 2，配置 G0/0/1 和 G0/0/2 为 trunk 端口，不能设置 Pvid，B 选项正确。因此答案选 B。

93．试题答案：D

试题解析：由图可知，路由器 RTA GE0/0/2 口下有一台 IP 地址为 11.0.12.1/24 的主机，MAC 地址为 MAC-B，所以路由器从 HOST A 收到目的 IP 地址为 11.0.12.1 的数据包，这个数据包经由路由器转发后，目的 MAC 和目的 IP 分别为 MAC-B 与 11.0.12.1。因此答案选 D。

94．试题答案：A

试题解析：SWA 的两个端口连接在 HUB 上，需要选举一个指定端口，比较到根网桥的开销一致，再比较所在网桥的 bridge-ID 也一致，最后比较自己的 port id GE0/0/1 小于 GE0/0/2 口，GE0/0/1 被选举为指定端口，GE0/0/2 被阻塞。因此答案选 A。

95．试题答案：C

试题解析：在选举根网桥时比较 BID 可知，SWA 被选举为根网桥，SWD 的 GE0/0/4 端口收到的配置 BPDU 报文中包含的根路径开销值为根桥到该设备沿途所有入方向接口的 Cost 累加，即 200+200=400。因此答案选 C。

96．试题答案：D

试题解析：在 RSTP 网络中，为提高收敛速度，可以将交换机与用户终端相连的端口定义为边缘端口。因此答案选 D。

97．试题答案：D

试题解析：二层以太网交换机基于源 MAC 地址学习生成 MAC 地址表的表项，基于目的 MAC 地址转发。因此答案选 D。

98．试题答案：B

试题解析：LACPDU 中携带设备优先级、MAC 地址、接口优先级和接口编号，因此答案选 B。

99．试题答案：D

试题解析：LACP 模式下活动端口数量可以设置，数量可以大于 4，A、B 选项错误。LACP 模式下有两种转发方式，基于包的方式，所有活动接口都参与数据的转发，分担负载流量；基于流的方式，可能只会选择其中一个活动接口进行转发，所以 C 选项也是错误的。因此答案选 D。

100．试题答案：D

试题解析：交换机收到广播帧和未知的单播帧会进行泛洪操作，D 选项错误；A、B、C 选项说法都是正确的。因此答案选 D。

101．试题答案：D

试题解析：当一个 Tagged 帧从本交换机的其他接口到达一个 Access 接口后，交换机会检查这个帧的 Tag 中的 VID 是否与 PVID 相同：如果相同，则将这个 Tagged 帧的 Tag 进行剥离，然后将得到的 Untagged 帧从链路上发送出去；如果不同，则直接丢弃这个 Tagged 帧。因此答案选 D。

102．试题答案：D

试题解析：LACP 模式下先选取交换机的主动端与被动端，由主动端决定活动端口与活动端口数量，选举原则为先比较优先级，优先级越小越好，优先级相同比较 MAC 地址，MAC 地址越小越好，所以 SWA 选举为主动端。活动端口的选举原则为先比较优先级，优先级越小越好，优先级相同比较 MAC 地址，MAC 地址越小越好，比较 SWA 的接口优先级可得，GE0/0/3 口不会被选为活动端口。因此答案选 D。

103．试题答案：B

试题解析：根网桥的选举，比较优先级得到 SWA 为根网桥，所以 A 选项正确；SWA 的两个端口连接在 HUB 上，需要选举一个指定端口，比较到根网桥的开销一致，再比较所在网桥的 bridge-ID 也一致，最后比较自己的 port id G0/0/1 小于 G0/0/2 口，G0/0/0 被选举为指定端口，G0/0/2 被阻塞，B 选项错误，C 选项正确；SWB 与 SWC 之间选取指定端口时，比较到根网桥的开销一致，再比较所在网桥的 bridge-ID，比较得到 SWB 的 G0/0/1 口选举为指定接口，SWC 的 G0/0/1 口被阻塞，D 选项正确。因此答案选 B。

104．试题答案：B

试题解析：hello time 允许 STP 协议的设备发送配置消息 BPDU 的时间间隔，用于设备检测链路是否存在故障。设备每隔 hello time 时间会向周边的设备发送 hello 报文，以确定链路是否存在故障。当网络拓扑稳定后，该计时器的修改只有在根桥修改后才有效，由图可知，比较优先级可得 SWA 与 SWC 更优，SWA 与 SWC 比较 MAC 地址可得，SWA 的 MAC 地址小被选举为根网桥，故 SWA 上修改 BPDU 的发送周期影响 SWD 的配置 BPDU 的发送周期。因此答案选 B。

105．试题答案：D

试题解析：由图可知，接口类型为 hybrid，C 选项正确；vlan 200 在 untagged 表里，发送时会剥离标签，A 选项正确；接口的 pvid 为 100，在收到不带标记的帧会打上 vlan 100 的标签，B 选项正确；vlan 100 在 tagged 表内，不需要剥除标签发送，D 选项错误。因此答案选 D。

106．试题答案：C

试题解析：1～254 是 VRRP 优先级手工设置的范围。因此答案选 C。

107．试题答案：C

试题解析：

```
MAC Address      VLAN/        PEVLAN CEVLAN Port        Type       LSP/LSR-ID
                 VSI/SI                                            MAC-Tunnel
-------------------------------------------------------------------------------
5489-9895-311c 1              -      -      GE0/0/1     dynamic    0/-
5489-9852-605d 1              -      -      GE0/0/4     dynamic    0/-
```

由图可知，MAC 地址表不包含 IP 地址。

108．试题答案：C

试题解析：不同虚拟机间可以利用 vswitch 建立的 VTEP 隧道来进行 VXLAN 的通信，那么 VXLAN 的通信过程是：①源 VTEP 将源 VM 发送的 ARP 广播封装为组播报文发送到 L3 网络中 ；②目的 VTEP 收到组播报文后,学习源 VM 与源 VTEP 映射关系,并且将组播报文转发给本地 VM；③本地 VM 进行单播应答;④目标 VTEP 封装 Vxlan 隧道,并建立映射表封装后单播发给源 VTEP；⑤源 VTEP 收到隧道建立目标 VM 与目标 VTEP 映射关系，去掉隧道转发给源 VM；⑥源 VM 与目标 VM 通过隧道进行单播报文通信。因此答案选 C。

109．试题答案：B

试题解析：手工负载分担模式下，可以设置活动端口的数量，A 选项错误；手工负载分担模式下，所有活动接口都参与数据的转发，分担负载流量，B 选项正确；手工负载分担模式下，最多只能有 16 个活动端口，C 选项错误；手工负载分担模式下，不发送 LACP 报文，D 选项错误。因此答案选 B。

3.2　多选题

1．试题答案：BC

试题解析：本题操作首先要进入聚合链路 1，配置其模式为 trunk，允许 vlan 100，分别进入 GE0/0/1 和 GE0/0/2 接口，将其捆绑到 eth-trunk 1，所以 B 选项正确。mode lacp-static 为配置 lacp 静态模式，A 选项错误。默认情况下，Eth-Trunk 接口是一个二层口，不能直接配置 IP 地址。如果将 Eth-Trunk 接口切换成三层口，可以配置 IP 地址，所以 D 选项错误、C 选项正确。因此答案选 BC。

2．试题答案：AC

试题解析：STP 中的根交换机的选举主要是比较设备之间的 BID，BID 越小越优先。BID 由 MAC 地址+优先级组成。因此答案选 AC。

3．试题答案：CD

试题解析：子接口可以随意，但 VID 必须是 20，只有 C、D 选项满足条件。因此答案选 CD。

4．试题答案：BCD

试题解析：链路聚合的作用就是将多条物理链路聚合成一条逻辑链路，从而实现带宽的增加，并且实现负载分担，聚合组中的某条链路发生故障，其他的链路依然可以转发数据，从而提升了网络的可靠性。链路聚合不具备安全性。因此答案选 BCD。

5．试题答案：ABD

试题解析：链路聚合的作用就是将多条物理链路聚合成一条逻辑链路，从而实现带宽的增加，并且实现负载分担，聚合组中的某条链路发生故障，其他的链路依然可以转发数据，从而提升网络的可靠性，链路聚合并不便于对数据进行分析。因此答案选 ABD。

6. 试题答案：ABD

试题解析：根端口的选举原则为，先比较根路径开销值（到达根桥的 Cost），再比较对端的 PID（端口编号+端口优先级），再比较本端的 PID。因此答案选 ABD。

7. 试题答案：ABD

试题解析：RSTP 有 Learning、Forwarding 和 Discarding 三种状态。因此答案选 ABD。

8. 试题答案：BCD

试题解析：由输出信息 OSPF Process 1 with Router-ID 10.0.2.2 可知，路由器的 Router-ID 为 10.0.2.2，A 选项错误，B 选项正确；由输出信息 Area 0.0.0.0 interface 10.0.12.2(GigabitEthernet0/0/0)'s neighbors 可知，本路由器接口地址为 10.0.12.2，C 选项正确；由输出信息 DR:10.0.12.2 可知，本路由器为 DR，D 选项正确。因此答案选 BCD。

9. 试题答案：BC

试题解析：

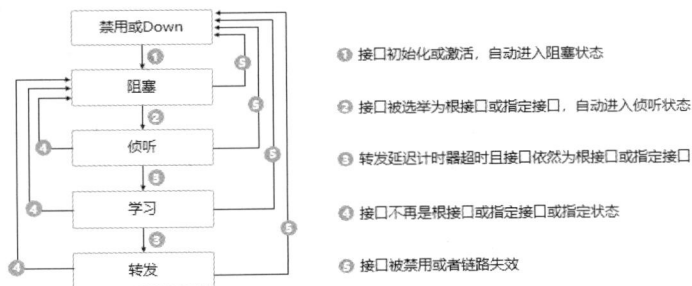

如上图所示，端口状态从侦听（Listening）到学习（Learning）以及从学习（Learning）到转发（Forwarding）会存在 Forward Delay。因此答案选 BC。

10. 试题答案：AB

试题解析：二层交换机中默认 VLAN 无法被手动删除，因此 A 选项正确。在默认情况下，交换机所有端口都是默认 VLAN 的成员端口。所以 B 选项正确。此题属于记忆题型。因此答案选 AB。

11. 试题答案：BD

试题解析：第八位为 1 是组播 MAC 地址，全为 1 是广播 MAC 地址，所以 B、D 选项是组播 MAC 地址，不能作为主机网卡的 MAC 地址。因此答案选 BD。

12. 试题答案：ABCD

试题解析：TCN BPDU 是指下游交换机感知到拓扑发生变化时向上游发送的拓扑变化通知。

SWC 感知到网络拓扑发生变化后，会不间断地向 SWB 发送 TCN BPDU 报文。

SWB 收到 SWC 发来的 TCN BPDU 报文后，会把配置 BPDU 报文中的 Flags 的 TCA 位设置为 1，然后发送给 SWC，告知 SWC 停止发送 TCN BPDU 报文。

SWB 向根桥转发 TCN BPDU 报文。

SWA 把配置 BPDU 报文中的 Flags 的 TC 位设置为 1 后发送，通知下游设备把 MAC 地址表项的老化时间由默认的 300 秒修改为 Forward Delay 的时间（默认为 15 秒）。

因此答案选 ABCD。

13. 试题答案：BE

试题解析：Forward Delay 是指一个端口处于 Listening 和 Learning 状态的各自持续时间，默认是 15 秒。因此答案选 BE。

14. 试题答案：ABC

试题解析：根据交换机的接口来划分 VLAN，网络管理员预先给交换机的每个接口配置不同的 PVID，将该接口划入 PVID 对应的 VLAN。PVID 的取值为 1～4094，默认情况下，PVID 的值为 1，它无法使用 undo 命令来对其进行删除。因此答案选 ABC。

15. 试题答案：ABC

试题解析：由题目可以得出以下信息，G0/0/1 的 PVID 为 20，G0/0/2 的 PVID 为 10，所以 HOST A 属于 vlan 20，HOST B 属于 vlan 10，并且在每个接口都配置了 port hybrid untagged vlan 10 20，此命令的作用是当接收到 vlan 10 和 vlan 20 的数据帧时，会剥离标签进行发送，因此在两条链路上的数据帧都不包含 vlan tag，并且由于两台主机属于相同网段，因此主机之间可以实现互通。因此答案选 ABC。

16. 试题答案：AB

试题解析：链路聚合只支持手工负载分担和 LACP 模式，因此答案选 AB。

17. 试题答案：BCD

试题解析：运行 STP 协议的设备上端口状态有 5 种。

Forwarding：转发状态。端口既可转发用户流量，也可转发 BPDU 报文，只有根端口或指定端口才能进入 Forwarding 状态。

Learning：学习状态。端口可根据收到的用户流量构建 MAC 地址表，但不转发用户流量。增加 Learning 状态是为了防止临时环路。

Listening：侦听状态。端口可以转发 BPDU 报文，但不能转发用户流量。

Blocking：阻塞状态。端口仅仅能接收并处理 BPDU，不能转发 BPDU，也不能转发用户流量。此状态是预备端口的最终状态。

Disabled：禁用状态。端口既不处理和转发 BPDU 报文，也不转发用户流量。

因此答案选 BCD。

18. 试题答案：BD

试题解析：OpenFlow 是一个网络协议，流表匹配顺序是从 0 到 n。在同一流表中，匹配优先级由 priority 字段值决定，字段值越大，优先级越高。priority 字段值相同的就按顺序匹配。数据包的匹配流程还受流表项中的 action 影响。运行 OpenFlow 的交换机通过查询流表指导流量转发。因此，A 选项说法错误。流表一般是由 OF 控制器统一计算，然后下发到交换机，流表是变长的，拥有丰富的匹配规则和转发规则。一台网络设备可以有多张流表，C 选项说法错误。因此答案选 BD。

19．试题答案：ABCE

试题解析：由图可知，在 STP 根网桥的选举过程中，先比较 Bridge ID，SWA 被选举为根网桥，SWA 上的 GE0/0/2 以及 GE0/0/3 端口被选举为指定端口，SWB 的 GE0/0/2 端口被选举为指定端口，SWB 的 GE0/0/3 端口被阻塞，所以 SWB 的 GE0/0/2 端口稳定在 Forwarding 状态，A 选项说法正确；SWA 的两个端口都是指定端口，B 选项说法正确；SWA 的 GE0/0/2 端口稳定在 Forwarding 状态，C 选项说法正确；SWB 的 GE0/0/2 端口被选举为指定端口，SWB 的 GE0/0/3 端口被阻塞，D 选项说法错误；SWA 的 GE0/0/3 端口稳定在 Forwarding 状态，E 选项说法正确。因此答案选 ABCE。

20．试题答案：CD

试题解析：RSTP 有禁用端口（Disabled Port）、根端口（Root Port）、指定端口（Designated Port）、为支持 RSTP 的快速特性规定的替代端口（Alternate Port）和备份端口（Backup Port）等五种端口类型。指定端口和根端口是 STP 共有的。因此答案选 CD。

21．试题答案：ABD

试题解析：根据配置

10 common UT:GE0/0/1(U) GE0/0/2(U)

20 common TC:GE0/0/1(0）

GE0/0/1 口 VLAN 10 的数据不带 TAG，VLAN 20 的标签携带 TAG。因此答案选 ABD。

22．试题答案：AB

试题解析：是否配置了 IP 地址对手工链路聚合模式下的 Eth-Trunk 端口速率没有影响，处于公网还是私网也没有影响。因此答案选 AB。

23．试题答案：BD

试题解析：MAC 地址不需要配置，只需配置 IP 和子网掩码即可。因此答案选 BD。

24．试题答案：BD

试题解析：根据优先级，本题中 SWA 将被选举为根桥，SWC 的 G0/0/1 口阻塞。每条链路有且只有一个指定端口，根桥的所有端口都是指定端口，所以本题中 SWA 的 G0/0/2、G0/0/3 端口都是指定端口，SWB 的 G0/0/1 端口为指定端口。因此答案选 BD。

25．试题答案：BCD

试题解析：只要速率相同，光接口和电接口也可以加入同一个 Eth-Trunk 接口，A 选项错误。Eth-Trunk 接口不能嵌套，其成员不能是 Eth-Trunk。两台设备对接时，两端模式必须一致，才能正常通信。GE 接口和 FE 接口的速率不一致，不能加入同一个 Eth-Trunk。因此答案选 BCD。

26．试题答案：AC

试题解析：默认所有端口都在 VLAN 1 里，又叫默认 VLAN 1，所有的端口物理上都能通，如果要把 GigabitEthernet0/0/1 变为 Access 端口，需要使用命令 undo port trunk allow-pass vlan all。因此答案选 AC。

27．试题答案：BC

试题解析：交换机开启 STP 协议后，SWA 为根桥，SWC 的 G0/0/1 口为阻塞端口，处于 Blocking 状态。因此答案选 BC。

28．试题答案：BD

试题解析：STP 中处于 Forwarding 状态的端口有根端口和指定端口，Forwarding 状态的端口可以转发数据报文，根端口主要用于接收最优的 BPDU 报文，不一定会发送 BPDU，指定端口用于发送 BPDU。并且这两种端口都可以学习 MAC 地址。因此答案选 BD。

29．试题答案：AB

试题解析：一个以太网数据帧的 Length/Type = 0x8100，那么这个数据帧可能是由 Trunk 类型的端口或者 Hybrid 类型的端口发出的。因此答案选 AB。

30．试题答案：DE

试题解析：STP 中的根交换机的选举主要是比较设备之间的 BID，BID 越小越优先。BID 由 MAC 地址+优先级组成。因此答案选 DE。

31．试题答案：BC

试题解析：LACP 模式选举主动端：优先级数值小的优先，如果相同，则比较设备 MAC，越小越优，因此答案选 BC。

32．试题答案：ABCD

试题解析：虚拟机特点为 A、B、C、D 选项。因此答案选 ABCD。

33．试题答案：ABD

试题解析：堆叠、集群技术具有扩展端口数量，可以部署跨物理设备的链路聚合，简化配置管理，管理一台逻辑设备即可的优势，使用堆叠、集群可以大大降低故障导致的业务中断时间，而不是解决通信故障。因此答案选 ABD。

34．试题答案：ABC

试题解析：聚合条件为两端相连的物理口数量一致，两端相连的物理口速率一致，两端相连的物理口双工模式一致，两端相连的物理口的流量控制方式一致。因此答案选 ABC。

35．试题答案：ABCD

试题解析：复杂流分类即采用复杂的规则，如由五元组（源地址、源端口号、协议优先级、目的地址、目的端口号）对报文进行精细的分类，通过将某些具有相同特征的报文划分为一类，并为这一类报文提供相同的 QoS 服务。因此答案选 ABCD。该题属于概念题。

36．试题答案：ABCD

试题解析：0x8100 表示一个 Q 标签帧（可携带一个虚拟局域网或者 VLAN ID）。

37．试题答案：ABD

试题解析：Length/Type>=1536(00600)是 Ethernet Ⅱ（以太网Ⅱ帧）格式，Length/Type<=1500 (005DC)是 IEEE 802.3 格式，FFFF-FFFF-FFFF 为广播 MAC 地址，用来表示局域网上的所有终端设备，目的 MAC 地址为广播 MAC 地址的帧发往链路上的所有节点，不可作为源 MAC 地址。因此答案选 ABD。

38．试题答案：AC

试题解析：动态 MAC 地址由接口通过报文中的源 MAC 地址学习获得，表项可老化，默认老化时间为 300s，可以通过命令修改老化时间，老化时间到后，会清除学习到的动态 MAC 地址。因此 A 选项正确。设备重启后表项会丢失，需要重新学习。因此答案选 AC。

39．试题答案：BCE

试题解析：HUB 工作在同一个冲突域和广播域；交换机隔离冲突域，工作在同一个广播域；路由器隔离广播域。因此答案选 BCE。

40．试题答案：BC

试题解析：LACPDU 中的 MAC 地址、设备优先级是选举 LACP 主动端的依据。因此答案选 BC。

41．试题答案：ABCD

试题解析：VRRP 可以同接口 track、BFD、NQA、ip-link 机制结合来监视上行链路的连通性。因此答案选 ABCD。

42．试题答案：BCD

试题解析：交换机与用户端之间不用 Trunk 端口，Trunk 端口在交换机与交换机之间配置，所以 A 选项错误。因此答案选 BCD。

43．试题答案：AD

试题解析：HOST A 访问 HOST B：由于 SWA 与 SWB 之间连接的是 Trunk 口，从 SWA 的 G0/0/3 口发送过去然后转发的帧 VLAN ID（与端口 PVID 相等，为 10）剥离转发，SWB 的 G0/0/3 口收到后打上 20 的标签到 G0/0/1 口，因为 G0/0/1 口收到的帧 VLAN ID 与端口 PVID 相等为 20，剥离转发到 HOST B，HOST B 访问 HOST A 同理，A 和 B 可以 ping 通。因此答案选 AD。

44．试题答案：ABC

试题解析：端口配置为 hybrid 模式，vlan 10 和 vlan 20 都在 untagged 列表中，因此 PC3 与 PC4 能够 ping 通，由配置信息可得交换机 GE0/0/1 口的 pvid 为 20，GE0/0/1 接收 PC3 信息时不带标签的加上 pvid，GE0/0/2 发送信息时帧 vlan ID=20 在 untagged 列表中，剥离转发，所以两条链路数据帧都不包含 vlan tag。因此答案选 ABC。

45．试题答案：ACD

试题解析：接口链路类型为 hybrid，Host B 发送给 Host A 的信息，在 SWA 的 G0/0/2 口，加上 pvid 20 的标签；在 G0/0/1 口，不在 untagged 列表中，丢弃，所以 B 选项错误，D 选项正确。AC 选项根据 hybrid 的特性与配置命令可知正确。因此答案选 ACD。

46．试题答案：AC

试题解析：HOST A 与 RTA 有直连路由，可能出现条目 10.0.12.2MAC-C，主机存在 ARP 缓存，可以发送 ARP 获取 HOST B 的地址，A 与 B 可以双向通信，无须配置静态路由，HOST A 的 ARP 缓存中不存在条目 11.0.12.1MAC-B。因此答案选 AC。

47．试题答案：ACD

试题解析：配置为 trunk 口，发送数据时可能携带 vlan 也可能不携带，其他查表可得。因此答案选 ACD。

48．试题答案：AB

试题解析：SWB 的 G0/0/3 学习到主机 A 和主机 B 的 MAC 地址，SWA 的 G0/0/3 学习到主机 C 的 MAC 地址。因此答案选 AB。

49．试题答案：BD

试题解析：GigabitEthernet0/0/1 端口的 PVID 是 10，GigabitEthernet0/0/2 端口的 PVID 是默认的 vlan 1。因此答案选 BD。

50．试题答案：BC

试题解析：ARP 代理需要两个端口都开通，因为通信是双向的，ARP 在不同的局域网中进行运行时：①主机先把自己的 IP 地址与目的主机的 IP 地址相与，发现不在同一个子网中；②HOST A 便运行 ARP 缓存表获取默认网关的 MAC 地址，与默认网关进行数据帧的传送；③当运行到路由器时，路由器查询转发表，看转发表中是否有目的 IP 地址，如果有，便可以进行直接交付。所以 HOST B 可以将数据包转发到 HOST A，HOST A 没有配置网关，无法与 HOST B 通信。因此答案选 BC。

3.3 判断题

1．试题答案：B

试题解析：STP 中根交换机的选举比较桥 ID，桥 ID 等于优先级+MAC 地址，如果优先级相同，则比较 MAC 地址。因此答案选错。

2．试题答案：A

试题解析：VLAN 1 是默认 VLAN，VLAN 1、4095 都不能创建。因此答案选对。

3．试题答案：B

试题解析：Backup 端口作为指定端口的备份，提供了另外一条从根节点到叶节点的备份通路。不能替换根端口。因此答案选错。

4．试题答案：B

试题解析：链路聚合可以在交换设备做二层聚合，也可以在路由设备做三层聚合。因此答案选错。

5．试题答案：A

试题解析：本题考查交换机转发原理。因此答案选对。

6．试题答案：A

试题解析：vlan batch 可以创建多个连续的 VLAN。因此答案选对。

7．试题答案：B

试题解析：VLAN ID 是 VLAN 的识别字段，为 12 位。支持 4096（2^12）VLAN 的识别。在 4096 可能的 VID 中，VID=0 用于识别帧优先级。4095（FFF）作为预留值，所以 VLAN 配置的最大可能值为 4094。因此答案选错。

8．试题答案：B

试题解析：HOST A 和 HOST B 位于不同的 VLAN，即使 HOST A 上有 HOST B 的 ARP 缓存，也不能直接跨 VLAN 通信。因此答案选错。

9．试题答案：A

试题解析：Hybrid 属性具有 Trunk 和 Access 两种端口属性的特点，tag 类似 Trunk, untag 类似

Access，但是又不同，因此 Hybrid 端口可以接收某个或者多个 VLAN 的数据。因此答案选对。

10．试题答案：B

试题解析：由图可知，行政部门与财务部门处于不同的网段，不同网段相互访问需要借助三层设备，若使用单臂路由，必须开启 ARP 代理，行政部门与财务部门之间才能够互访。本题题干说法错误，因此答案选错。

11．试题答案：A

试题解析：在 Learning 状态下，端口接收数据帧并构建 MAC 地址表，然后进入 Forwarding。端口状态由学习到转发需要经过一个转发延迟，主要作用是为了防止临时环路。因此答案选对。

12．试题答案：A

试题解析：STP 中，端口状态由 Disable 到 Forwarding 需要经过以下几个状态，disable—blocking—listening—learning—forwarding，其中由监听到学习，由学习到转发都需要等待转发延时 15s，所以所需时间一共是 15×2=30(s)。因此答案选对。

13．试题答案：A

试题解析：二层交换机属于数据链路层设备，当设备某接口收到数据帧时，会将接口与数据帧的源 MAC 地址做对应关系，形成 MAC 地址表，下次通信时直接通过查询 MAC 地址表进行转发。因此答案选对。

14．试题答案：A

试题解析：交换机通过比较 BID 选举根桥以及其他端口角色。默认情况下，华为交换机的桥优先级取值是 32768，取值范围是（0～65535）。因此答案选对。

15．试题答案：A

试题解析：同一台交换机的不同 vlanif 接口 IP 地址一定不能相同，否则会出现地址冲突。因此答案选对。

16．试题答案：B

试题解析：RSTP 中新增加了 Backup 端口，Backup 端口是指定端口的备份端口，AP 端口才是根端口的备份端口。因此答案选错。

17．试题答案：A

试题解析：环路对网络的主要影响有三点，分别是广播风暴、多重复数据帧和 MAC 地址表不稳定。因此答案选对。

18．正确答案：A

试题解析：同端口镜像类似，根据观察端口的不同，流镜像也可以分为本地流镜像和二层远程流镜像。题干说法正确。因此答案选对。

19．正确答案：B

试题解析：当根桥交换机上的两个端口（如 G0/0/1 与 G0/0/2）通过 HUB（集线器）连接起来时，根据 STP 原则会阻塞掉 G0/0/2 端口，故根桥交换机上所有的端口不一定都是指定端口。因此答案选错。

20．正确答案：A

试题解析：Trunk 类型的端口和 Hybrid 类型的端口在接收数据帧时的处理方式都为：Untagged 数据帧，打上 PVID，且 VID 在允许列表中，则接收；VID 不在允许列表中，则丢弃。Tagged 数据帧，查看 VID 是否在允许列表中，在允许列表中，则接收；VID 不在允许列表，则丢弃。因此答案选对。

21．正确答案：A

试题解析：vlan batch 可以同时创建多个 vlan，题干说法正确。因此答案选对。

22．正确答案：A

试题解析：当同一网段的两台设备分别运行 STP、RSTP 时，STP 会丢弃 RSTP 发过来的 BPDU，RSTP 收到 STP 发送过来的 BPDU 后等待 2 个 Hello time 时间，自动由 RSTP 模式切换为 STP 模式。当 STP 设备移走时，RSTP 设备不会自动切换模式，需要通过执行 MCheck 操作，使其恢复 RSTP 模式。题干说法正确。因此答案选对。

23．正确答案：A

试题解析：VLAN ID 取值范围是 0～4095。由于 0 和 4095 为协议保留取值，因此 VLAN ID 的有效取值范围是 1～4094。题干说法正确。因此答案选对。

24．正确答案：A

试题解析：运行 STP 协议，在状态迁移过程中，一旦端口被关闭或者出现链路故障，进入禁用状态。因此答案选对。

25．正确答案：A

试题解析：运行 OSPF 协议的路由器在完成 LSDB 同步后达到 FULL 状态。因此答案选对。

26．正确答案：B

试题解析：在交换机指定端口每条链路都要选举一个，若人为错误地将根桥交换机上的两个端口用一条线缆连接起来，则会选择一个指定端口，另外一个端口被阻塞，故题干说法错误。因此答案选错。

27．试题答案：B

试题解析：交换机的端口在收到不携带 VLAN TAG 的数据帧时，不一定会添加 PVID。例如，此端口属于 VLAN 1，对于 VLAN 1 这个默认 VLAN 而言，是不会添加 PVID 的。因此答案选错。

28．试题答案：B

试题解析：路由器隔离广播域，有几个接口就有几个广播域。因此答案选错。

29．试题答案：B

试题解析：RSTP 中 Alternate 接口和 Backup 端口不发送 BPDU，但是可以接收以及处理 BPDU。因此答案选错。

30．试题答案：A

试题解析：RSTP 中新加了边缘端口的角色，默认情况下，边缘端口不参与生成树的计算，当边缘端口收到 BPDU 时，将会丧失边缘端口的功能。因此答案选对。

31．试题答案：B

试题解析：NAT 和 NAPT 只能对 IP 报文的头部地址和 TCP/UDP 头部的端口进行地址转换，

对于一些特殊协议，如 ICMP、FTP 等，报文的数据部分可能包含 IP 地址和端口信息，这些内容不能被 NAT 有效地转换，导致出现问题。解决这些特殊协议的 NAT 转换问题的方法，就是在 NAT 实现中使用 ALG 功能，如果开启了 ICMP 的 ALG 功能，ICMP 可以使用 NAPT 进行报文的转发。因此答案选错。

32．正确答案：A

试题解析：

静态 MAC 地址表项有以下特性。

静态 MAC 地址表项不会老化，保存后设备重启不会消失，只能手动删除。

静态 MAC 地址表项中指定的 VLAN 必须已经创建并且已经加入绑定的端口。

静态 MAC 地址表项中指定的 MAC 地址，必须是单播 MAC 地址，不能是组播和广播 MAC 地址。

静态 MAC 地址表项的优先级高于动态 MAC 地址表项，对静态 MAC 地址进行漂移的报文会被丢弃。因此答案选对。

33．正确答案：B

试题解析：2-WAY 状态表示邻居关系已经建立了，FULL 状态才表示已经完成 LSDB 的同步。因此答案选错。

34．正确答案：B

试题解析：由题可知，MAC 地址为 00e0-fc99-9999 的 ARP 表项对应了三个接口，可能是由于主机更改 IP 后且更换了端口导致，也有可能是其他设备仿冒此 MAC 地址实现网络攻击。题干说法错误。因此答案选错。

35．正确答案：B

试题解析：交换机两个接口类型为 Access 且两个接口属于不同的 VLAN，故 HOST A 不能 Ping 通 HOST B。因此答案选错。

36．正确答案：B

试题解析：ABR 需要有接口属于区域 0，有接口属于其他接口，即路由器 RTB、RTC 是 ABR 路由器，但路由器 RTD 不是 ABR。因此答案选错。

37．正确答案：A

试题解析：当路由器收到一个 IP 数据包时，会将数据包的目的 IP 地址与自己本地路由表中的所有路由表项进行逐位（Bit-by-Bit）比对，直到找到匹配度最长的条目，查表可知 9.1.0.0/16 的路由匹配度最长。因此答案选对。

38．正确答案：A

试题解析：由题目可以得知，主机 A 的 IP 为 10.1.12.1/30，属于 10.1.12.0/30 网段，主机 B 的 IP 为 10.0.12.5/24，属于 10.0.12.0/24 网段，双方主机不属于一个网段，虽然主机 B 会有 10.1.12.1 的路由信息，但是主机 B 没有 10.0.12.5 的路由信息，因此主机 B 能够发送报文给主机 A，但是主机 A 无法发送回应包，导致不能通信。因此答案选对。

39．正确答案：B

试题解析：一个路由器可以属于不同的区域，但是一个网段（链路）只能属于一个区域，或者说每个运行 OSPF 的接口必须指明属于哪一个区域，而不是同一区域。因此答案选错。

40．试题答案：A

试题解析：链路聚合本身就是通过将多个物理接口捆绑成为一个逻辑接口，可以在不进行硬件升级的条件下，达到增加链路带宽的目的。因此答案选对。

41．试题答案：B

试题解析：以太帧在二层不存在防止环路的机制，如果物理拓扑成环，则会出现环路，如果物理拓扑不成环，则不会出现环路。因此答案选错。

42．试题答案：B

试题解析：根据交换机的转发原理，查找 MAC 地址表，按表转发，表里没有的则泛洪，如果对应的 MAC 地址表项为黑洞 MAC，则丢弃。因此答案选错。

43．试题答案：A

试题解析：CSS 是两台设备组成集群，虚拟成单一的逻辑设备。简化后的组网不再需要使用 MSTP、VRRP 等协议，简化了网络配置，同时依靠跨设备的链路聚合，实现快速收敛，提高了可靠性，一般用在核心层。因此答案选对。

44．试题答案：B

试题解析：交换机的端口在发送携带 VLAN TAG 和 PVID 一致的数据帧时，如果端口模式配置的是混合端口，并且配置 port hybrid tagged pvid，则该数据帧将以带标签的形式发送。因此答案选错。

45．试题答案：A

试题解析：静态 MAC 地址表项不会老化，保存后设备重启不会消失，只能手动删除。因流镜像（即"基于流的镜像"）是通过 QoS 中的复杂流策略对特定的报文进行监控的方法（仅支持入方向的报文监控），也分为本地流镜像和远程流镜像两类，而远程流镜像又分为二层远程流镜像和三层远程流镜像。因此答案选对。

46．试题答案：B

试题解析：VXLAN 采用 L2 over L4（MAC-in-UDP）的报文封装模式，而不是 MAC-in-TCP，最终将二层报文用三层协议进行封装，可实现二层网络在三层范围内进行扩展，同时满足数据中心大二层虚拟迁移和多租户的需求。因此答案选错。

47．试题答案：B

试题解析：VRRPv2 版本支持简单字符认证方式和 MD5 认证方式，VRRPv3 版本不支持认证。因此答案选错。

48．试题答案：A

试题解析：LSW2 为 Trunk 类型接口，定义了一个 vlanif 10，因此发往 LSW1 的数据是带标签的。题中描述正确。因此答案选对。

49．试题答案：A

试题解析：STP 协议是一种二层管理协议，它通过有选择性地阻塞网络冗余链路来达到消除网络二层环路的目的，同时具备链路的备份功能，题中描述正确。因此答案选对。

50．试题答案：A

试题解析：由于园区网络具有模块化、层次化等特点，因此在园区网络规划时，可以按照业务类型进行 VLAN 的规划，题中描述正确。因此答案选对。

51．试题答案：A

试题解析：链路聚合技术、堆叠技术以及集群技术有利于实现网络带宽的提升以及高可靠性保障。因此答案选对。

52．试题答案：B

试题解析：当没有标签的数据帧从 SW1 发送时，SW1 的 G0/0/1 会给数据帧打上 VLAN 20 的标签，当经过 SW2 的 G0/0/1 口时，若允许通过列表中没有 VLAN 20，则丢弃该数据帧。因此答案选错。

53．试题答案：B

试题解析：以太网帧在交换机上都是以 Tagged 的形式来处理和转发的，因此交换机必须给端口收到的 Untagged 数据帧添加上 Tag。因为交换机配置端口有个默认的 VLAN，当该端口收到 Untagged 数据帧时，交换机将给它加上一个默认的 VLAN 的 VLAN Tag。因此答案选错。

54．试题答案：A

试题解析：二层交换机（Layer 2 Switches）是指只支持 OSI 第二层（数据链路层）交换技术的交换机。二层交换机属于数据链路层设备，可以识别数据包中的 MAC 地址信息，根据 MAC 地址进行转发，并将这些 MAC 地址与对应的端口记录在自己内部的一个地址表中。因此答案选对。

第 4 章　网络安全基础与网络接入

4.1　单选题

1．试题答案：A

试题解析：AAA 包括 Authentication（认证）、Authorization（授权）、Accounting（计费）。因此答案选 A。

2．试题答案：A

试题解析：authentication-mode 为认证模式，authorization-mode 为授权模式，故 CD 选项错误；authentication-mode local 为本地认证，B 选项错误；authentication-mode hwtacacs 的认证模式为 HWTACACS。因此答案选 A。

3．正确答案：B

试题解析：本题为记忆题，在未设置 ACL 编号的情况下，ACL 默认步长为 5，这样的好处是方便后期在旧规则之间插入新规则。因此答案选 B。

4．试题答案：B

试题解析：在 RTA 的 S1/0/1 上配置 NAT Server 将内网服务器 192.168.1.1 的 8080 端口映射到公有地址 202.10.10.1 的 80 端口：nat server protocol tcp global 200.10.10.1 www inside 192.168.1.1 8080，因此答案选 B。

5. 试题答案：A

试题解析：基本 ACL 的编号范围是 2000～2999，高级 ACL 的编号范围是 3000～3999，二层 ACL 的编号范围是 4000～4999。因此答案选 A。

6. 试题答案：C

试题解析：NAPT 借助端口可以实现一个公有地址同时对应多个私有地址。该模式同时对 IP 地址和传输层端口进行转换，实现不同私有地址（不同的私有地址，不同的源端口）映射到同一个公有地址（相同的公有地址，不同的源端口）。实现公有地址与私有地址的 1:n 映射，提高公有地址利用率。若主机 C 也希望访问公网，则可以将主机 C 的源端口地址转换为公有网络地址，再进行访问。因此答案选 C。

7. 试题答案：C

试题解析：Outbound 是数据流的出方向，指的是安全级别高的区域流向安全级别低的区域。域等级 Local>Trust>Dmz>Untrust，选项 C 是从 Trust 区域到 Local 区域的数据流，是从低级别到高级别，属于入方向。因此答案选 C。

8. 试题答案：B

试题解析：默认包过滤：如果防火墙域间没有配置安全策略，在查找安全策略时，所有的安全策略都没有命中，则默认执行域间的默认包过滤动作（拒绝访问）。因此答案选 B。

9. 试题答案：D

试题解析：Access-Accept 用于认证接收报文；Access-Request 用于认证请求报文；Access-Challenge 用于认证挑战报文；Access-Reject 用于认证拒绝报文。因此答案选 D。

10. 试题答案：B

试题解析：authentication-mode local//认证模式为本地认证；authentication-mode none//认证模式为不进行认证，直接认证通过； authentication-mode hwtacacs//认证模式为通过 hwtacacs 方式进行认证。因此答案选 B。

11. 试题答案：B

试题解析：防火墙可以隔离不同的安全级别的网络，不同的安全区域之间默认是无法互访的，防火墙可以实现地址转换，身份认证以及不同网络之间的访问控制。因此答案选 B。

12. 试题答案：D

试题解析：这条命令代表拒绝 192.168.2.0/24 去访问 172.16.10.2 这台设备，只有 D 选项匹配。因此答案选 D。

13. 试题答案：A

试题解析：ACL 由若干条 permit 或 deny 语句组成。每条语句就是该 ACL 的一条规则，每条语句中的 permit 或 deny 就是与这条规则相对应的处理动作。ACL 规则的编号范围是 0～4294967294，所有规则均按照规则编号从小到大进行排序。因此根据图中信息，源 IP 地址为 192.168.1.1 的数据包被 permit 规则匹配。因此答案选 A。

14. 试题答案：B

试题解析：NAPT 是将多个 IP 地址映射到一个 IP 地址的不同端口号上面的一种 NAT 技术，

这种多对一的技术可以实现 IP 地址的节省，在 IP 与端口的映射过程中都是动态自动进行映射的，无须手动配置端口号及地址的对应关系，也不需要配置端口号的范围。因此答案选 B。

15．试题答案：C

试题解析：NAPT 是网络地址端口转换，可以将多个内部地址使用同一地址的不同端口转换成外部地址进行通信。因此答案选 C。

16．试题答案：B

试题解析：ACL 的系统默认 rule-id 是按 5、10、15 来分配的。所以本题系统默认分配的不会是 13 而是 15。因此答案选 B。

17．试题答案：A

试题解析：easy-ip 直接映射出口地址，不用管地址池。NAPT 是将多个内部地址使用同一地址的不同端口转换成外部地址。Basic NAT 是将一组 IP 地址映射到另一组 IP 地址。因此答案选 A。

18．试题答案：A

试题解析：Web 服务基于 TCP 传输，所以 B、C 选项错误。按照匹配规则，先禁止访问 80 端口，然后放行其他流量。因此答案选 A。

19．试题答案：B

试题解析：基本访问控制列表编号为 2000～2999，高级的访问控制列表编号为 3000～3999，二层的访问控制列表编号为 4000～4999。因此答案选 B。

20．试题答案：C

试题解析：基本访问控制列表编号为 2000～2999，高级的访问控制列表编号为 3000～3999，二层的访问控制列表编号为 4000～4999。因此答案选 C。

21．试题答案：A

试题解析：source 192.168.1.0 0.0.0.255 代表匹配源 IP 为 192.168.1.0～192.168.1.255 部分的所有地址，destination 172.16.10.1 0.0.0.0 destination-port eq 21 代表匹配 172.16.10.1 这一个 IP 地址，因为通配符 0.0.0.0，0 代表精确匹配，全 0 代表只匹配一个主机地址，eq 21 代表匹配的目的端口号为 21。基本 ACL 仅使用报文的源 IP 地址、分片信息和生效时间段信息来定义规则。高级 ACL 可使用 IPv4 报文的源 IP 地址、目的 IP 地址、IP 协议类型、ICMP 类型、TCP 源/目的端口号、UDP 源/目的端口号、生效时间段等来定义规则，所以此 ACL 为高级 ACL，D 选项错误。因此答案选 A。

22．试题答案：C

试题解析：高级的访问控制列表标号为 3000～3999，可以定义源/目 IP 地址、源/目端口号以及时间参数。但是不能定义物理接口。因此答案选 C。

23．试题答案：B

试题解析：在华为交换机上配置 RADIUS 服务器模板时，可配置共享密钥，认证服务器地址和端口，计费服务器地址和端口，可选配置 RADIUS 自动探测用户。因此答案选 B。

24．试题答案：B

试题解析：因为基本 ACL 的编号范围是 2000～2999，高级 ACL 的编号范围是 3000～3999。因此答案选 B。

25．试题答案：B

试题解析：如果创建用户时未指定用户所属的域，用户会自动关联默认域 default（管理用户关联到 default_admin 域）。因此答案选 B。

26．试题答案：C

试题解析：VRP 系统不会按配置的先后顺序调整规则的顺序编号，A 选项错误；VRP 系统不会调整顺序编号，会先匹配规则 deny source 20.1.1.0 0.0.0.255，B 选项错误，C 选项正确；配置是正确的，规则的顺序编号不必从小到大配置，D 选项错误。因此答案选 C。

27．试题答案：C

试题解析：10.0.0.1 为私有 IP 地址，私有 IP 地址访问公网需要运用 NAT 技术。因此答案选 C。

28．试题答案：B

试题解析：高级 ACL 可使用 IPv4 报文的源 IP 地址、目的 IP 地址、IP 协议类型、ICMP 类产品管理型、TCP 源/目的端口号、UDP 源/目的端口号、生效时间段等来定义规则；基本 ACL 使用报文的源 IP 地址、分片信息和生效时间段信息来定义规则；用户 ACL 既可使用 IPv4 报文的源 IP 地址或源 UCL（User Control List）组，也可使用目的 IP 地址或目的 UCL 组、IP 协议类型、ICMP 类型、TCP 源/目的端口号、UDP 源/目的端口号等来定义规则，A、C、D 选项正确；二层 ACL 使用报文的以太网帧头信息来定义规则，如根据源 MAC 地址、目的 MAC 地址、二层协议类型等，B 选项错误。因此答案选 B。

29．试题答案：C

试题解析：由图可知，源 IP 为 172.16.105.3.172.16.105.4.172.16.105.5 的流量均会被拒绝，其他的流量可以通过。因此答案选 C。

30．试题答案：A

试题解析：高级 ACL 可使用 IPv4 报文的源 IP 地址、目的 IP 地址、IP 协议类型、ICMP 类型、TCP 源/目的端口号、UDP 源/目的端口号、生效时间段等来定义规则，A 选项正确；基本 ACL 仅使用报文的源 IP 地址、分片信息和生效时间段信息来定义规则，B 选项错误；二层 ACL 使用报文的以太网帧头信息来定义规则，如根据源 MAC 地址、目的 MAC 地址、二层协议类型等，C 选项错误；没有中级 ACL，D 选项错误。因此答案选 A。

4.2 多选题

1．试题答案：ACD

试题解析：高级 ACL 的编号范围为 3000～3999，89 代表 OSPF，1 代表 ICMP，所以本题 B 选项错误。因此答案选 ACD。

2．试题答案：AD

试题解析：私有网络中使用的私网 IP 地址，如果需要访问公网，就必须使用 NAT 技术，将私网地址转换成公网地址，从而实现上网功能，并且在出口设备上必须前往公网的默认路由来实现设备的查表转发，DHCP 和 STP 都不是必要条件。因此答案选 AD。

3．试题答案：CE

试题解析：用 ACL 定义规则时，规则编号可以自定义，并不需要以 10 为基数递增，ACL 在接口上既能用于出方向，也能用于入方向。ACL 可以定义 TCP、UDP 的端口访问，使用 ACL 可以过滤 OSPF 流量，可单独选择 OSPF 协议进行过滤，同一个 ACL 可以在多个接口上进行调用。因此答案选择 CE。

4．试题答案：AD

试题解析：

rule deny source 172.16.1.1 0.0.0.0　　172.16.1.1 子网掩码任意长度都可以匹配。

rule deny source 172.16.0.0 0.255.0.0　　172.X.0.0　都可以匹配。

因此答案选 AD。

5．试题答案：CD

试题解析：Server-map 表项经过一定老化时间后就会被删除。当后续发起新的数据连接时，会重新触发建立 Server-map 表项，Server-map 通常只用于检查首个报文，通道建立后的报文还是根据会话表来转发。Server-map 表在防火墙转发中非常重要，不只是 ASPF 会生成，NAT Server 等特性也会生成 Server-map 表。因此答案选 CD。

6．试题答案：ABCD

试题解析：BFD 检测可以同 VRRP、OSPF、BGP、静态路由模块联动。因此答案选 ABCD。

7．正确答案：AC

试题解析：由于某些特殊应用会在通信过程中临时协商端口号等信息，因此需要设备通过检测报文的应用层数据，自动获取相关信息并创建相应的会话表项，以保证这些应用的正常通信。这个功能称为 ASPF，所创建的会话表项称为 Server-map 表。对于多通道协议，如 FTP 主动模式的 ASPF 功能可以检查控制通道和数据通道的连接建立过程，通过生成 Server-map 表项，确保 FTP 协议能够穿越设备，同时不影响设备的安全检查功能。Server-map 通常只用于检查首个报文，通道建立后的报文还是根据会话表来转发。Server-map 表在防火墙转发中非常重要，不只是 ASPF 会生成，NAT Server 等特性也会生成 Server-map 表。所以正确答案是"ASPF 检查应用层协议信息并且监控连接的应用层协议状态""配置 NAT Server 生成的是静态 Server-map"。因此答案选 AC。

8．试题答案：ABCD

解析：AAA 认证常见的认证方式有不认证、本地认证、Radius 服务器认证、HWTACACS 服务器认证。因此答案选 ABCD。

9．试题答案：BD

试题解析：根据配置认证方式为 Radius 认证，A 选项错误，使用用户名 huawei 进行认证，密码为 cipher 123456，使用用户名 huawei@huawei 进行认证，则密码为 654321，C 选项错误。因此答案选 BD。

10．试题答案：ACD

试题解析：B 是三层 ACL。二层 ACL 可以匹配 MAC 地址以及 VLAN。因此答案选 ACD。

11．试题答案：BC

试题解析：G0/0/3 口做上网限制，并不能影响 A 和 B 选项之间通信，A 选项错误。G0/0/1 上 100.0.12.0 应该是限制出方向，D 选项错误。因此答案选 BC。

12．试题答案：AC

试题解析：deny 17 禁止 UDP，deny 6 禁止 TCP，deny 89 禁止 OSPF，FTP 是 TCP 传输，A 选项正确。ICMP 本题没有被限制，B 选项错误。SNMP 是基于 UDP 的简单网络管理协议，C 选项正确。不能再和其他路由器建立 OSPF 邻居关系，D 选项错误。因此答案选 AC。

13．试题答案：ACD

试题解析：

10.0.2.0=00001010.00000000.00000010.00000000

0.0.254.255=00000000.00000000.11111110.11111111

0 严格匹配，1 任意匹配，所以得到的允许通过网段为

00001010.00000000.xxxxxxx0.xxxxxxxx

B 选项为 00001010.00000000.00000101.00000110，不符合。因此答案选 ACD。

14．试题答案：ABD

试题解析:在状态检查机制打开的情况下,后续包只需匹配会话表,不需要进行安全策略检查。

15．试题答案：ACD

试题解析：Radius-server authentication 200.0.12.1 表示认证服务器的 IP 地址为 200.0.12.1；Radius-server accounting 200.0.12.1 表示计费服务器的 IP 地址为 200.0.12.1；Radius-attribute nas-ip 200.0.12.2 表示路由器发送 Radius 报文的源 IP 地址为 200.0.12.2。因此答案选 ACD。

16．试题答案：BD

试题解析：防火墙能够在三种模式下工作，分别是路由模式、透明模式、混合模式。因此答案选 BD。此题属于记忆题型。

17．试题答案：ACD

试题解析：包括源/目的安全区域、源/目的 IP 地址、源/目的地区和 VLAN。地区本质上是 IP 地址在地理区域上的映射。因此答案选 ACD。

18．试题答案：AB

试题解析:实现包过滤的核心技术是访问控制列表。包过滤防火墙只根据设定好的静态规则来判断是否允许报文通过，提供了对后续分片报文及非分片报文的检测过滤。因此答案选 AB。

19．试题答案：BD

试题解析：inbound 选择 D 选项配置；outbound 选择 B 选项配置。因此答案选 BD。

20．试题答案：ABD

试题解析：高级 ACL 能够匹配一个 IP 数据包中的源 IP 地址、目的 IP 地址、协议类型、ICMP 类型、源/目的端口，生效时间段来定义规则，二层 ACL 使用以太网帧头来定义规则，如根据源/目 MAC 地址二层协议等,用户自定义 ACL 可以使用用户自定义字符串来定义规则。因此答案选 ABD。

21．试题答案：ABC

试题解析：机密性、完整性、可用性是信息安全最关心的三个属性。因此答案选 ABC。

22．试题答案：ABC

试题解析：在信息安全问题上，要综合考虑人员与管理、技术与产品、流程与体系。信息安全管理体系是人员、管理与技术三者的互动。因此答案选 ABC。

23．试题答案：ABCD

试题解析：ACL 被划分为基本 ACL、高级 ACL、二层 ACL、用户自定义 ACL 和用户 ACL 五种类型。因此答案选 ABCD。

4.3　判断题

1．试题答案：A

试题解析：rule 5 permit source 172.16.105.2 0 命令中的通配符为 0，代表精确匹配 172.16.105.2 这个主机地址。因此答案选对。

2．试题答案：B

试题解析：二层 ACL 只能够匹配 MAC 地址，而不能匹配 IP 地址。因此答案选错。

3．试题答案：B

试题解析：NAPT 从地址池中选择地址进行地址转换时不仅转换 IP 地址，同时也会对端口号进行转换，从而实现公有地址与私有地址的 1:n 映射，可以有效提高公有地址利用率，所以 NAPT 是通过端口号区分不同的 IP 地址的。因此答案选错。

4．试题答案：A

试题解析：静态、动态 NAT 都只能实现私有地址和公有地址的一对一映射，如果想实现多对一，就需要用到 NAPT。因此答案选对。

5．正确答案：A

试题解析：华为设备支持两种匹配顺序，分别为自动排序（auto 模式）和配置顺序（config 模式）。默认的 ACL 匹配顺序是 config 模式。题干说法正确，因此答案选对。

6．正确答案：A

试题解析：华为设备支持两种匹配顺序，分别为自动排序（auto 模式）和配置顺序（config 模式）。默认的 ACL 匹配顺序是 config 模式。题干说法正确，因此答案选对。

7．正确答案：A

试题解析：192.168.1.2 是一个私有网络地址，私有网络地址访问公网地址需要经过 NAT 技术，题干说法正确。因此答案选对。

8．正确答案：B

试题解析：NAPT 使用 IP 地址加端口号进行映射，可以把私网 IP 转换为公网 IP，NAPT 中是可以有 ICMP 报文的。因此答案选错。

9．正确答案：A

试题解析：Eth-Trunk 的负载分担模式有基于流和基于包两种方式，两端的负载分担模式中本端自己决定，与对端无关，两端的负载分担模式可以不一致，题干说法正确。因此答案选对。

10．试题答案：A

试题解析：AAA 认证常见的认证方式有不认证、本地认证、radius 服务器认证、HWTACACS 服务器认证。因此答案选对。

11．试题答案：A

试题解析：NAS 基于域来对用户进行管理，每个域都可以配置不同的认证、授权和计费方案，用于对该域下的用户进行认证、授权和计费。因此答案选对。

12．试题答案：A

试题解析：私有 IP 地址不能上公网，必须经过 NAT 把私有 IP 地址转换为公有 IP 地址。因此答案选对。

13．试题答案：A

试题解析：NAT 原地址将发生变化，目的地址不变。因此答案选对。

14．试题答案：A

试题解析：AAA 认证、授权可以在 NAS 设备上完成，也可以交由服务器完成。因此答案选对。

15．试题答案：B

试题解析：无论报文匹配 ACL 的结果是"不匹配""允许""拒绝"，该报文最终是被允许通过还是拒绝通过，实际是由应用 ACL 的各个业务模块来决定的。不同的业务模块，对命中和未命中规则报文的处理方式也各不相同。只要报文未命中规则且仍剩余规则，系统会一直从剩余规则中选择下一条与报文进行匹配。因此答案选错。

16．试题答案：A

试题解析：ACL 的语句顺序决定了对数据包的控制顺序。在 ACL 中，各描述语句的放置顺序是很重要的。当路由器决定某一数据包是被转发还是被阻塞时，会按照各项描述语句在 ACL 中的顺序，根据各描述语句的判断条件，对数据包进行检查，一旦找到某一匹配条件，就结束比较过程，不再检查以后的其他条件判断语句。因此，最有限制性的语句应该放在 ACL 语句的首行。把最有限制性的语句放在 ACL 语句的首行或者语句中靠近前面的位置上，把"全部允许"或者"全部拒绝"这样的语句放在末行或接近末行，这样可以防止出现诸如本该拒绝（放过）的数据包被放过（拒绝）的情况。因此答案选对。

第 5 章　网络服务与应用

5.1　单选题

1．试题答案：A

试题解析：一个连接用于 TCP 控制，一个连接用于传输数据。因此答案选 A。

2．试题答案：D

试题解析：DHCP DISCOVER 的主要作用是设备通过发送广播报文来找到网络中存在的 DHCP

SERVER，广播报文的目的 IP 为 255.255.255.255。因此答案选 D。

3．试题答案：C

试题解析：A 选项中的 RSTP 是解决二层环路问题，B 选项中的 CIDR 是缓解 IPv4 地址紧缺，C 选项中的 Telnet 是管理远程设备，D 选项的 VLSM 是做子网划分。因此答案选 C。

4．试题答案：A

试题解析：FTP 传输数据时支持两种传输模式，分别是 ASCII 模式和二进制模式。ASCII 模式用于传输文本。发送端的字符在发送前被转换成 ASCII 码格式之后进行传输，接收端收到之后再将其转换成字符。二进制模式常用于发送图片文件和程序文件。发送端在发送这些文件时无须转换格式，即可传输。软件升级属于文件传输，应该选择二进制模式，因此答案选 A。

5．试题答案：C

试题解析：主机 A 通过 Telnet 登录到路由器 A，此时会用 TCP 的 23 号端口建立一个 TCP 连接，然后在远程的界面通过 FTP 获取路由器 B 的配置文件，又会使用 TCP 的 20、21 号端口建立数据通道和控制通道，此时又会产生两个 TCP 连接，一共是三个。因此答案选 C。

6．试题答案：A

试题解析：当主机初次启动，需要通过 DHCP 自动获取 IP 地址时，此时主机需要发送 DHCP DISCOVER 报文请求 IP 地址，由于此时主机是没有 IP 地址的，因此需要使用的 0.0.0.0 这个 IP 地址作为源 IP 地址封装数据包。因此答案选 A。

7．试题答案：B

试题解析：DHCP 获取 IP 的流程为，主机先发送 DHCP DISCOVER 报文找到 DHCP SERVER 并且请求 IP 地址，DHCP SERVER 收到后回复 DHCP OFFER 报文，提供 IP 地址以及其他的网络参数给客户端，客户端收到 OFFER 报文后，再回复 DHCP REQUEST 报文发送给 DHCP 服务器，其作用是告诉 DHCP 服务器是否使用了它提供的 IP 地址，当 DHCP 服务器收到 REQUEST 报文后，发送 DHCP ACK 报文对其进行确定，只有再收到 DHCP ACK 报文后，客户端才可以使用服务器分配的 IP 地址。因此答案选 B。

8．试题答案：B

试题解析：SNMP 主要用于监控和管理网络设备，NAT 用于网络地址转化，OSPF 是动态路由协议。只有 RSTP 用于解决环路。因此答案选 B。

9．试题答案：B

试题解析：DHCP 报文定义的多种报文，采用的都是 UDP 协议封装。因此答案选 B。

10．试题答案：C

试题解析：IP 租约期限达到 87.5%（T2）时，如果仍未收到 DHCP 服务器的应答，DHCP 客户端会自动向 DHCP 服务器发送更新其 IP 租约的广播报文。如果收到 DHCP ACK 报文，则租约更新成功；如果收到 DHCP NAK 报文，则重新发起申请过程。因此答案选 C。

11．试题答案：A

试题解析：配置 IP 地址租期的命令为[Huawei-ip-pool-2] lease { day day [hour hour [minute minute]] | unlimited }。因此答案选 A。

12．试题答案：A

试题解析：由于 G1/0/0 接口 IP 地址为 10.10.10.1/24，dhcp select global 使用全局地址池，10.10.10.1/24 会匹配到网段所属的 pool 1，也就是 10.10.10.0/24 网段。因此答案选 A。

13．试题答案：B

试题解析：DHCP 客户端在租期到达 50%时，第一次发送续租报文，如果在租期过去 50%时没有更新，则 DHCP 客户机在租期过去 87.5%时再次向为其提供 IP 地址的 DHCP 服务器联系，如果还不成功，到租约的 100%时，DHCP 客户机必须放弃这个 IP 地址，重新申请。因此答案选 B。

14．试题答案：B

试题解析：DHCP DISCOVER 报文的主要作用是用于发现当前网络中的 DHCP 服务器端。因此答案选 B。

15．试题答案：C

试题解析：默认情况下，DHCP 服务器分配 IP 地址的租期为 24h。因此答案选 C。

16．试题答案：B

试题解析：DHCP 客户端和 DHCP 服务器可以在不同网段，在不同网段时需通过 DHCP 中继来转发 DHCP 报文，因此 A 选项错误、B 选项正确；网络中的 DHCP 服务器数量并无限制，C 选项错误；不同于传统 IP 报文转发，DHCP 中继收到请求或应答报文后，会重新修改报文格式并生成一个新的 DHCP 报文再进行转发，D 选项错误。因此答案选 B。

17．试题答案：B

试题解析：FTP 协议默认情况下使用 20 和 21 号端口。其中，20 用于传输数据，21 用于传输控制信息。23 为 Telnet 的端口，24 端口预留给个人用户邮件系统。因此答案选 B。

5.2 多选题

1．试题答案：ABCD

试题解析：ftp server enable//开启 ftp 功能。

local-user huawei ftp-directory flash:/dhcp/ //指定账号为 huawei 的用户访问的根目录。

local-user huawei password cipher huawei//创建用户名为 huawei、密码为 huawei 的账户。

local-user huawei service-type ftp//指定账号为 huawei 的用户使用 ftp 服务。

因此答案选 ABCD。

2．试题答案：BCD

试题解析：DHCP 方便且便于管理。因此答案选 BCD。

3．试题答案：ABD

试题解析：DHCP 不能分配操作系统名称。因此答案选 ABD。

4．试题答案：ABC

试题解析：A、C 选项都有可能导致此结果。部分主机无法与该 DHCP 服务器正常通信，自动生成的应该是 169.254 0.0，而不是环回地址 127.254.0.0。因此答案选 ABC。

5. 试题答案：AB

试题解析：管理员无法通过 Telnet 登录华为路由器，但是其他管理员可以正常登录，那么该管理员的账号可能已被删除或者被禁用。所以 A、B 选项正确。若路由器的 Telnet 服务已经被禁用，那么应该所有的人员都不能登录，所以 C 选项错误。即使管理员用户账户的权限级别被修改为 0，应该也能登录，只是不能进行操作，因此 D 选项错误。因此答案选 AB。

6. 试题答案：AC

试题解析：PC 从 DHCP 获取地址的过程如下。

PC 广播发送 dhcp discover 包；DHCP 服务器单播发送 dhcp offer 应答包；PC 收到后会广播发送 dhcp request 请求包；DHCP 服务器收到后，会回应 DHCP ack/nak；当 PC 主动释放地址时用 ipconfig /release；当 PC 想重新获取 IP 地址时用 ipconfig/renew。因此答案选 AC。

7. 试题答案：AB

试题解析：用户通过 Telnet 登录设备时，设备上必须配置验证方式，否则用户无法成功登录设备。设备支持不认证、密码认证和 AAA 认证三种用户界面的验证方式，其中 AAA 认证方式的安全性最高。因此答案选 AB。

8. 试题答案：ABD

试题解析：DHCP 包含 DHCP DISCOVER、DHCP OFFER、DHCP REQUEST 以及 DHCP ACK 等报文。因此答案选 ABD。

9. 试题答案：ABCD

试题解析：从整个 ACL 匹配流程可以看出，报文与 ACL 规则匹配后，会产生两种匹配结果"匹配"和"不匹配"。匹配（命中规则）：指存在 ACL 且在 ACL 中查找到符合匹配条件的规则。不论匹配的动作是 permit 还是 deny，都称为"匹配"，而不只是匹配上 permit 规则才算"匹配"。不匹配（未命中规则）：指不存在 ACL 或 ACL 中无规则，或者在 ACL 中遍历了所有规则都没有找到符合匹配条件的规则。切记以上三种情况都称为"不匹配"，A、B 选项说法正确。

默认情况下，从 ACL 中编号最小的规则开始查找，一旦匹配规则，停止查询后续规则，C 选项说法正确；无论报文匹配 ACL 的结果是"不匹配""允许"还是"拒绝"，该报文最终是被允许通过还是拒绝通过，实际是由应用 ACL 的各个业务模块来决定的。不同的业务模块，对命中和未命中规则报文的处理方式也各不相同。例如，在 Telnet 模块中应用 ACL，只要报文命中了 permit 规则，就允许通过；而在流策略中应用 ACL，如果报文命中了 permit 规则，但流行为动作配置的是 deny，该报文会被拒绝通过，D 选项说法正确。因此答案选 ABCD。

10. 试题答案：ABCD

试题解析：

FTP服务器端配置如下：

```
<Huawei> system-view
[Huawei] sysname FTP_Server
[FTP_Server] ftp server enable
[FTP_Server] aaa
[FTP_Server-aaa] local-user admin1234 password irreversible-
cipher Helloworld@6789
[FTP_Server-aaa] local-user admin1234 privilege level 15
[FTP_Server-aaa] local-user admin1234 service-type ftp
[FTP_Server-aaa] local-user admin1234 ftp-directory flash:
```

因此答案选 ABCD。

11．试题答案：BCD

试题解析：NAT 中使用的 easy-ip 在运行 Telnet 命令时，使用设备的相同公网 IP 地址，A 选项错误；给管理员分配各自的用户名与密码，以及不同的权限等级需要使用 AAA 模式，B 选项正确；公司希望给所有的管理员分配各自的用户名与密码，以及不同的权限等级，在配置每个管理员账户时，需要配置不同的权限级别，并且在 AAA 视图下配置三个用户名和各自对应的密码，CD 选项正确。因此答案选 BCD。

12．试题答案：AC

试题解析：基于接口地址池的 DHCP 服务器，连接这个接口网段的用户都从该接口地址池中获取 IP 地址等配置信息。由于地址绑定在特定的接口上，可以限制用户的使用条件，因此在保障了安全性的同时也存在一定局限性。当用户从不同接口接入 DHCP 服务器且需要从同一个地址池获取 IP 地址时，就需要配置基于全局地址池的 DHCP。因此 BD 选项错误。因此答案选 AC。

13．试题答案：ABD

试题解析：DHCP 会面对很多安全威胁的原因包括 DHCP 服务欺骗攻击、ARP "中间人" 攻击、IP/MAC 欺骗攻击和 DHCP 报文泛洪攻击。因此答案选 ABD。

14．试题答案：ABCD

试题解析：客户端经常和别的客户端产生冲突的 IP 地址应当从地址池中排除，选项 E 错误。因此答案选 ABCD。

15．试题答案：ABD

试题解析：DHCP Snooping 主要是解决网络中应用 DHCP 时设备遇到的 DHCP DoS 攻击、DHCP Server 仿冒者攻击、改变 CHADDR 值的烧死攻击、ARP "中间人" 攻击和 IP/MAC Spoofing 攻击问题。因此答案选 ABD。

16．试题答案：ACD

试题解析：Option 82 选项记录了 DHCP Client 的位置信息。设备通过在 DHCP 请求报文中添加 Option 82 选项，可将 DHCP Client 的位置信息发送给 DHCP Server，DHCP Option 82 必须配置在设备的用户侧，不是在 DHCP Server 上配置，ACD 为需要配置。因此答案选 ACD。

17．试题答案：ABC

试题解析：Option 82 选项记录了 DHCP Client 的位置信息。设备在 DHCP 请求报文中添加 Option 82 选项，DHCP Relay 代理将请求报文封装成 IP 单播报文转发给 DHCP Srever，D 选项错误。因此答案选 ABC。

18．试题答案：ABC

试题解析：display dhcp statistics 命令用来查看 DHCP 报文统计信息。display dhcp relay statistics 命令用来查看 DHCP 中继的相关报文统计信息。display dhcp server statistics 命令用来查看 DHCP Server 的统计信息。display dhcp 命令不完整。因此答案选 ABC。

5.3　判断题

1．试题答案：A

试题解析：用户通过 Telnet 登录设备时，设备上必须配置验证方式，否则用户无法成功登录设备。因此答案选对。

2．试题答案：A

试题解析：DHCPv6 不仅可以为 IPv6 主机分配 IPv6 地址/前缀，还可以分配 DNS 服务器 IPv6 地址等网络配置参数。因此答案选对。

3．正确答案：B

试题解析：在指定 DNS 服务器时最多可以指定 8 个，题干说法错误，因此答案选错。

第 6 章　WLAN 基础

6.1　单选题

1．试题答案：D

试题解析：ESS 是使用相同 SSID 的 BSS 集合。

BSSID 用来标识 BSS 的是一个 48 位二进制标识符，通常是该 BSS 里 AP 的 MAC 地址。

SSID 是一个不超过 32 个字符的字符串，这个 SSID 又称 ESSID，对 ESS 做主要标识，即一个可用网络。BSS 是无线网络的基本服务单元区分 AP 范围，一般是直径为 100m 的圆。因此答案选 D。

2．试题答案：B

试题解析：在没有预配置 AC 的 IP 列表时，则启动 AP 动态 AC 发现机制。通过 DHCP 获取 IP 地址，并通过 DHCP 协议中的 Option 返回 AC 地址列表（在 DHCP 服务器上配置 DHCP 响应报文中携带 Option 43，且 Option 43 携带 AC 的 IP 地址列表）。因此答案选 B。

3．试题答案：C

试题解析：Client 是客户端模式、AC 是控制器、AP 是无线接入点，只有 STA 是终端，因此答案选 C。

4．试题答案：D

试题解析：STA 可以通过主动扫描定期搜索周围的无线网络，①客户端发送携带指定 SSID 的 Probe Request；②客户端发送广播 Probe Request。因此答案选 D。

5. 试题答案：D

试题解析：ESS 是使用相同 SSID 的 BSS 集合。BSSID 是用来标识 BSS 的一个 48 位二进制标识符，通常是该 BSS 里 AP 的 MAC 地址。SSID 是一个不超过 32 个字符的字符串，这个 SSID 又称 ESSID，对 ESS 做主要标识，也就是一个可用网络。BSS 是无线网络的基本服务单元，区分 AP 范围，一般是直径为 100m 的圆。因此答案选 D。

6. 试题答案：C

试题解析：Wi-Fi 6 相比 Wi-Fi 5 具有四大优势，分别是带宽宽、高并发、低延迟、低功耗。因此答案选 C。

7. 试题答案：C

试题解析：无线设备也有有线接口，A 选项错。FIT AP 不能独立完成用户接入、认证、业务转发等功能，B 选项错。FAT AP 能独立完成用户接入、认证、业务转发等功能。因此答案选 C。

8. 试题答案：C

试题解析：AP 同 AC 设备通过 CAPWAP 报文进行交互联通，CAPWAP 协议是在传统的 IP 报文上封装 CAPWAP 隧道头形成的。因此答案选 C。

9. 试题答案：C

试题解析：根据 AP 发现 AC 的流程：①AP 从 DHCP Server 获取一个地址；②AP 试图联系一个 AC；③AP 获得 AC 的 IP 地址；④AP 向该 AC 发送发现请求；⑤AC 回应发现响应；⑥建立 CAPWAP 隧道。因此答案选 C。

10. 试题答案：B

试题解析：802.11a 工作在 5GHz 频段，802.11g 工作在 2.4GHz 频段，802.11a 工作在 5.8GHz 频段。802.11n 和 802.11ax 可以同时工作在 2.4GHz 和 5.8GHz 频段。因此答案选 B。

11. 试题答案：A

试题解析：常见的无线局域网 WLAN 的传输介质包括无线电波、红外线、微波、激光等。射线是由各种放射性核素，或者原子、电子、中子等粒子在能量交换过程中发射出的、具有特定能量的粒子束或光子束流。因此答案选 A。

12. 试题答案：B

试题解析：802.11g 工作在 2.4GHz 频段。因此答案选 B。

13. 试题答案：B

试题解析：基本服务集标识符 BSSID（Basic Service Set Identifier）是无线网络的一个身份标识，用 AP 的 MAC 地址表示，D 选项错误；服务集标识符 SSID（Service Set Identifier）是无线网络的一个身份标识，用字符串表示。为了便于用户辨识不同的无线网络，用 SSID 代替 BSSID，B 选项正确；A、C 选项为干扰项。因此答案选 B。

14. 试题答案：B

试题解析：客户端通过侦听 AP 定期发送的 Beacon 帧（信标帧，包含 SSID、支持速率等信息）

发现周围的无线网络，默认状态下，AP 发送 Beacon 帧的周期为 100TUs（1TU=1024 微秒）。因此答案选 B。

15．试题答案：C

试题解析：FIT AP 获取 AC 的 IP 地址方式有 AP 上静态指定方式、广播方式和 DHCP Option 方式。因此答案选 C。

16．试题答案：D

试题解析：客户端发送携带有指定 SSID 的 Probe Request：STA 依次在每个信道发出 Probe Request 帧，寻找与 STA 有相同 SSID 的 AP，只有能够提供指定 SSID 无线服务的 AP 接收到该探测请求后，才回复探查响应。因此答案选 D。

17．试题答案：D

试题解析：在 AC 上配置直接转发方式的命令为[AC-wlan-vap-prof-profile-name] forward-mode { direct-forward | tunnel }。其中，direct-forward 为直接转发；tunnel 为隧道模式。因此答案选 D。

18．试题答案：C

试题解析：CAPWAP（Control And Provisioning of Wireless Access Points Protocol Specification，无线接入点控制和配置协议）定义了如何对 AP 进行管理、业务配置，即 AC 通过 CAPWAP 隧道来实现对 AP 的集中管理和控制。因此答案选 C。

19．试题答案：C

试题解析：此题为记忆题，CCMP>TKIP>WEP。因此答案选 C。

20．试题答案：D

试题解析：

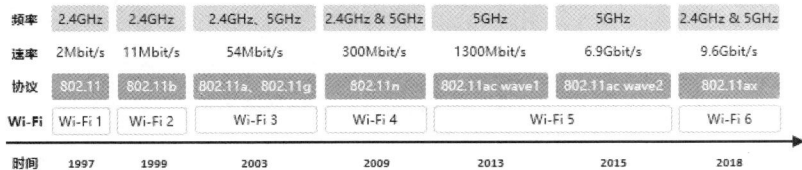

如上图所示，能同时支持 2.4GHz 频段和 5GHz 频段的有 802.11n 与 802.11ax，因此答案选 D。

21．试题答案：C

试题解析：记忆题，在 AC 上配置国家码的命令为 country-code。因此答案选 C。

22．试题答案：D

试题解析：协议标准是 54Mbit/s。因此答案选 D。

23．试题答案：B

试题解析：虚拟接入点 VAP（Virtual Access Point）是 AP 设备上虚拟出来的业务功能实体。用户可以在一个 AP 上创建不同的 VAP 来为不同的用户群体提供无线接入服务。因此答案选 B。

24．试题答案：A

试题解析：本题为记忆题。AP 根据收到的 Join Response 报文中的参数判断当前的系统软件版本是否与 AC 上指定的一致。如果不一致，则 AP 通过发送 Image Data Request 报文请求软件版本，然后进行版本升级，升级方式包括 AC 模式、FTP 模式和 SFTP 模式。因此答案选 A。

25．正确答案：C

解析：本题为记忆题。Wi-Fi 6 所对应的 IEEE 802.11 标准为 IEEE 802.11ax。因此答案选 C。

26．正确答案：C

解析：CAPWAP 是基于 UDP 传输的应用层协议，使用 UDP 端口 5274 进行数据报文的传输，控制报文端口为 UDP 端口 5246。FIT AP 发现 AC 的形式包括单播、广播、Option 43、DNS 发现优先级。因此答案选 C。

6.2 多选题

1．试题答案：ABD

试题解析：Radius 认证一般用于用户计费认证。因此答案选 ABD。

2．试题答案：AD

试题解析：802.11a 和 802.11ac 只工作在 5GHz 频段，802.11g 工作在 2.4GHz 频段。802.11n 既工作在 2.4GHz 频段又工作在 5GHz 频段。因此答案选 AD。

3．试题答案：ABD

试题解析：AC 上添加 AP 的方式有三种，分别为离线导入、自动发现、手工确认未认证列表中的 AP。因此答案选 ABD。

4．试题答案：ABCD

试题解析：

安全策略	链路认证方式	接入认证方式	数据加密方式	说明
WEP	Open	不涉及	不加密或WEP加密	不安全的安全策略
	Shared-key Authentication	不涉及	WEP加密	不安全的安全策略
WPA/ WPA2-802.1X	Open	802.1x（EAP）	TKIP或CCMP	安全性高的安全策略，适用于大型企业
WPA/ WPA2-PSK	Open	PSK	TKIP或CCMP	安全性高的安全策略，适用于中小型企业或家庭用户

如上图所示，WPA2-802.1x、WPA、WPA2-PSK 以及 WEP 的 WLAN 策略都支持 Open 方式的链路认证方式。因此答案选 ABCD。

5．试题答案：ABCD

试题解析：无状态地址自动配置：无须 DHCP 辅助，主机可通过获得 IPv6 前缀自动生成接口 ID。由 RA 设备支持在接入用户的接口上对 802.1x 认证、MAC 认证、SACG 认证、Portal 认证进行同时部署，以使用户通过任意一种认证方式即可接入网络。因此答案选 ABCD。

6．正确答案：ABCD

试题解析：终端安全管理特点——一键修复，降低终端管理维护成本。如果终端不符合企业安全策略，用户往往希望提供自动修复功能，现在已经完全能实现不合规状态的自动修复，用户只需单击鼠标，即可在最短的时间内实现一键修复。桌面安全标准化、降低病毒感染风险：只允许安装标准软件，实现桌面办公标准化；控制非法的 Web 访问，提高工作效率；禁止非标软件的安装，降低病毒感染风险。终端外设管理和行为监控：控制终端外泄途径，通过准入控制确保入网终端强制安装客户端且符合安全要求，监控使用外设和网络进行泄密的行为，同时提供全面审计，满足事后审计需求。所以题目中各个选项的描述都是正确的。因此答案选 ABCD。

7．试题答案：ABCD

试题解析：AC 可以支持 SN 认证、Password 认证、MAC 认证，也可以不认证。因此答案选 ABCD。

8．试题答案：CD

试题解析：IEEE 802.11n 支持在 2.4GHz 和 5GHz 频段下工作。因此答案选 CD。

9．试题答案：ACD

试题解析：企业 WLAN 产品中，无线接入点（Access Point，AP）一般支持 FAT AP（胖 AP）、FIT AP（瘦 AP）和云管理 AP 三种工作模式，根据网络规划的需求，无线接入点可以灵活地在多种模式下切换。

无线接入控制器（Access Controller，AC）一般位于整个网络的汇聚层，提供高速、安全、可靠的 WLAN 业务。

PoE（Power over Ethernet，以太网供电）交换机是指通过以太网网络进行供电，也称为基于局域网的供电系统 PoL（Power over LAN）或有源以太网（Active Ethernet）。PoE 允许电功率通过传输数据的线路或空闲线路传输到终端设备。在 WLAN 网络中，可以通过 PoE 交换机对 AP 设备进行供电。因此答案选 ACD。

10．试题答案：AC

试题解析：只有 802.11n 和 802.11ax 工作在 2.4GHz 和 5GHz 频段。因此答案选 AC。

11．试题答案：AD

试题解析：由于 AP 与 AC 处于不同的三层网络，此时无法通过二层广播来发现 AC，只能通过单播形式。实现单播有两种方法，即 Option 43（通过 DHCP）和 DNS。因此答案选 AD。

12．试题答案：AC

试题解析：为检测 CAPWAP 隧道的连通状态，在 CAPWAP 隧道建立后，AC 使用 Keeplive 和 Echo 进行检测。因此答案选 AC。

13．试题答案：BCD

试题解析：在移动化新网环境趋势下，企业对传统网络提出了有线无线统一管理、随时随地一致的业务体验、移动应用快速部署等新需求。因此答案选 BCD。

14．试题答案：ABCD

试题解析：AP 从 AC 上获取版本进行升级的模式有 FTP、TFTP、AC 和 SFTP 模式，SFTP 较 FTP 更安全。因此答案选 ABCD。

6.3 判断题

1. 试题答案：A

试题解析：FIT AP 需要与 AC 配合使用，FAT AP 无须 AC 即可独立完成无线用户接入，无线用户认证，业务数据转发的工作。因此答案选对。

2. 试题答案：A

试题解析：在 WLAN 应用中，每台 AC 都需要唯一指定 AC 的源 IP 地址，使得该 AC 设备下挂接的所有 AP 学到的 AC 地址都是指定的 AC 源接口 IP 地址，该 IP 地址用于 AP 和 AC 之间的通信。这个源接口支持 LoopBack 或 VLANIF 接口两种类型。可以任意选择其中一个。因此答案选对。

3. 试题答案：A

试题解析：AP 与 AC 之间的控制报文必须通过 CAPWAP 隧道传输。而数据报文可以采用 CAPWAP 传输，也可以采用 AP 直接转发。因此答案选对。

4. 试题答案：B

试题解析：FIT AP 必须配合 AC 一起工作，FAT AP 可以独立工作。因此答案选错。

5. 试题答案：A

试题解析：AP 获取 IP 地址有两种方式，一种方式是静态方式，需要登录到 AP 设备上手工配置 IP 地址。另一种方式是 DHCP 方式，通过配置 DHCP 服务器，使 AP 作为 DHCP 客户端向 DHCP 服务器请求 IP 地址。因此答案选对。

6. 试题答案：A

试题解析：题中描述正确。

7. 试题答案：B

试题解析：WPA 和 WPA2 都使用 TKIP 或 AES 加密算法。因此答案选错。

8. 试题答案：B

试题解析：从 V200R019C10 版本开始，AP 支持 FAT、FIT 和云三种模式共包，即 FAT、FIT 和云模式是一个软件包，所以支持 FAT、FIT 和云模式相互之间直接切换。因此答案选错。

9. 试题答案：A

试题解析：Wi-Fi 6 是下一代 IEEE 802.11ax 标准的简称。因此答案选对。

10. 试题答案：B

试题解析：CAPWAP 报文有两种，一种是控制报文，另一种是数据报文。控制报文主要用于管理 AP，其目的端口号为 5246（使用 UDP 协议）；数据报文主要用于转发用户数据，其目的端口号为 5247（使用 UDP 协议）。因此答案选错。

11. 试题答案：B

试题解析：IEEE 802.11ax 标准支持 5GHz 频段和 2.4GHz 频段。因此答案选错。

12. 试题答案：B

试题解析：STA 发现无线网络的方式有主动扫描和被动扫描，其中主动扫描是 STA 发送 Probe

Request 帧，被动扫描是通过侦听 AP 定期发送的 Beacon 帧。因此答案选错。

13．正确答案：B

试题解析：AP 根据收到的 Join Response 报文中的参数判断当前的系统软件版本是否与 AC 上指定的一致。如果不一致，则 AP 通过发送 Image Data Request 报文请求软件版本，然后进行版本升级，升级方式包括 AC 模式、FTP 模式和 SFTP 模式，如果一致，则不用在 AC 上下载软件版本，题干说法错误。因此答案选错。

14．正确答案：B

试题解析：AP 可以利用 VAP（虚拟接入点）技术，VAP 就是在一个物理实体 AP 上虚拟出的多个 AP。每个被虚拟出的 AP 就是一个 VAP。每个 VAP 提供和物理实体 AP 一样的功能。每个 VAP 对应 1 个 BSS。这样 1 个 AP 就可以提供多个 BSS，可以再为这些 BSS 设置不同的 SSID，题干说法错误。因此答案选错。

15．正确答案：B

试题解析：WLAN 的二层组网指的是 AC 与 AP 处于同一个广播域，题干说法错误。因此答案选错。

16．正确答案：A

试题解析：国家码用来标识 AP 射频所在的国家，不同的国家码规定了不同的 AP 射频特性，包括 AP 的发送功率、支持的信道等，题干说法正确。因此答案选对。

17．正确答案：B

试题解析：2.4GHz 频段被划分为 14 个有重叠的、频率宽度是 20MHz 的信道。其中包含重叠信道和非重叠信道。因此答案选错。

18．正确答案：B

试题解析：为了实现更好的兼容性，在目前的实现中，WPA 和 WPA2 都可以使用 802.1x 的接入认证、TKIP 或 CCMP 的加密算法，它们之间的不同主要表现在协议报文格式上，在安全性上几乎没有差别。因此答案选错。

第 7 章　广域网基础

7.1　单选题

1．试题答案：A

试题解析：Prefix Segment 为前缀的地址标签，启用 SR 的节点会与全局 Segment 相关联，每个节点转发表中均装载全局 Segment 的指令。且每个条目是一条指令，需要手工配置。因此答案选 A。

2．试题答案：C

试题解析：PPP（Point-to-Point Protocol，点到点协议）是一种常见的广域网数据链路层协议，主要用于在全双工的链路上进行点到点的数据传输封装。因此答案选 C。

3．试题答案：B

试题解析：MPLS 的头部长度为 32 位，也就是 4 字节。双层嵌套的意思就是有两个 MPLS 头部，就是 4×2=8（字节）。因此答案选 B。

4．试题答案：A

试题解析：MPLS 标签封装在网络层和数据链路层之间，因此答案选 A。

5．试题答案：D

试题解析：LDP 有两种发现机制，一种是 LDP 基本发现机制，另一种是 LDP 扩展发现机制，因此 A 选项正确。LDP 基本发现机制可以自动发现直连在同一条链路上的 LDP Peers，因此 B 选项正确。

LDP 扩展发现机制能够发现非直连的 LDP Peers，因此 C 选项正确。LDP 基本发现机制可以自动发现直连在同一条链路上的 LDP Peers，在这种情况下，不需要明确指明 LDP Peers，因此 D 选项错误。因此答案选 D。

6．试题答案：C

试题解析：PPPoE 字段中的 Session-ID 与以太网 SMAC 和 DMAC 一起定义了一个 PPPoE 会话。因此答案选 C。

7．试题答案：B

试题解析：display pppoe-client session packet 用于查看 PPPoE 会话的报文统计信息，因此 A 选项错误。display pppoe-client session summary 用于查看 PPPoE 会话的概要信息，其中包含 PPPoE 客户端的会话状态，因此 B 选项正确。display ip interface brief 用于查看接口简要信息，因此 C 选项错误。display current-configuration 用于查看配置过的命令，因此 D 选项错误。因此答案选 B。

8．试题答案：C

试题解析：CHAP 为 PPP 密文认证模式。因此 A 选项错误。

MRU 参数使用接口上配置的 MTU（Maximum Transmission Unit，最大传输单元）值来表示，没有 MRUC 的说法，因此选项 B 错误。魔术字是随机产生的一个数字，随机机制需要保证两端产生相同魔术字的可能性几乎为 0，因此 LCP 使用魔术字来检测链路环路和其他异常情况。因此 C 选项正确。PAP 为 PPP 明文认证模式。因此 D 选项错误。因此答案选 C。

9．试题答案：D

试题解析：该配置命令通常在 PE 设备上配置，因此 A 选项正确。该命令的作用是将各 PE 设备上的 G0/0/1 和 G0/0/2 接口与分配给客户网络的 VPN 实例进行绑定，所以 B 选项正确。设备上的接口与 VPN 实例绑定后，该接口将变为私网接口，并可以配置私网地址，运行私网路由协议。因此 C 选项描述正确。取消接口与 VPN 实例绑定设备会自动清空与 VPN 实例绑定接口下的 IPv4 或者 IPv6 的相关配置。因此 D 选项错误。因此答案选 D。

10．试题答案：A

试题解析：在 MPLS 体系中，由下游 LSR 决定将标签分配给特定 FEC，再通知上游 LSR。因此 A 选项正确。

标签的发布方式可以分为两种：下游自主方式 DU（Downstream Unsolicited）是指对于一个特定的 FEC，LSR 无须上游获得标签请求消息即进行标签分配与分发；下游按需方式 DoD（Downstream on Demand）是指对于一个特定的 FEC，LSR 获得标签请求消息之后才进行标签分配与分发。因此 B、C 选项错误。具有标签分发邻接关系的上游 LSR 和下游 LSR 必须对使用的标签发布方式达成一致，否则无法正常建立 LSP。因此 D 选项错误。因此答案选 A。

11. 试题答案：A

试题解析：不同的路由，下一跳也不同，标签是下游设备传给上游设备的，这里的下游设备可以理解为下一跳设备为本设备的下游，所以分配的标签一定不同。因此答案选 A。

12. 试题答案：C

试题解析：在 MPLS 转发表中，对于同一条路由，入标签是自己分配的，本地生效，出标签是别的设备分配的，所以可能相同。因此答案选 C。

13. 试题答案：B

试题解析：PPPoE 会话的建立有三个阶段，分别是 PPPoE 发现阶段、PPPoE 会话阶段和 PPPoE 终结阶段。不包括数据转发阶段，因此答案选 B。

14. 试题答案：B

试题解析：IP 协议工作在网络层中，主要的功能是 IP 寻址、选路、封装打包以及分片。与题干要求不符，A 选项错误。

链路控制协议（LCP）定义建立、协商和测试数据链路层连接的方法。因此 B 选项正确。

网络层控制协议（NCP）包含一组协议，用于对不同的网络层协议进行连接建立和参数协商。与题干要求不符，C 选项错误。

DHCP（Dynamic Host Configuration Protocol，动态主机配置协议）是一个应用层协议。与题干要求不符，D 选项错误。因此答案选 B。

15. 试题答案：B

试题解析：段路由 SR（Segment Routing）是基于源路由理念而设计的在网络上转发数据包的一种协议。Segment Routing MPLS 是指基于 MPLS 转发平面的 Segment Routing，Segment Routing 将网络路径分成一个个段，并且为这些段和网络中的转发节点分配段标识 ID。通过对段和网络节点进行有序排列（Segment List），就可以得到一条转发路径。因此答案选 B。

16. 试题答案：A

试题解析：MPLS 标签是一个短而定长的且只具有本地意义的标识符，用于唯一标识一个分组所属的 FEC（Forwarding Equivalence Class，转发等价类）。在某些情况下，如要进行负载分担时，一个 FEC 可能会对应多个入标签，但是一台路由器上，一个标签只能代表一个 FEC。标签与 ATM 的 VPI/VCI 以及 Frame Relay 的 DLCI 类似，是一种连接标识符。标签长度为 4 字节，因此答案选 A。

17. 试题答案：A

试题解析：MPLS 通过 exp 字段标识 QoS 信息，exp 分为 0～7 共 8 个等级。因此答案选 A。

18. 试题答案：C

试题解析：MPLS SR 可以直接运用现有的 MPLS 框架进行转发，不一定需要手动配置。因此答案选 C。

19．试题答案：C

试题解析：认证方收到被认证方发送的用户名和密码信息之后，根据本地配置的用户名和密码数据库检查用户名和密码信息是否匹配；如果匹配，则返回 Authenticate-Ack 报文，表示认证成功；否则，返回 Authenticate-Nak 报文，表示认证失败。因此答案选 C。

7.2 多选题

1．试题答案：ABC

试题解析：MPLS 头部包含①标签值（Label）；②实验位（EXP），通常为优先级；③栈底标志位（s）；④TTL。因此答案选 ABC。

2．试题答案：BCD

试题解析：PPP 首先进行 LCP 协商，协商内容包括 MTU（最大传输单元）、魔术字（magic number）、验证方式、异步字符映射等选项。LCP 协商成功后，进入 Establish（链路建立）阶段，如配置了 CHAP 或 PAP 验证，便进入 CHAP 或 PAP 验证阶段，验证通过后才会进入网络协商阶段。因此答案选 BCD。

3．试题答案：BD

试题解析：MPLS 中的 S 只有 1 位，是一个栈底标识。MPLS 支持多层标签，即标签嵌套。S 值为 1 时表明为最底层标签。因此答案选 BD。

4．试题答案：ACD

试题解析：SR 是基于源路由理念而设计的在网络上转发数据包的一种协议。因此答案选 ACD。

5．试题答案：AB

试题解析：PPPoE 会话建立过程分为 Discovery 阶段和 PPPoE Session 阶段。因此答案选 AB。

6．试题答案：ABD

试题解析：PPP 协议提供 LCP（Link Control Protocol，链路控制协议），用于各种链路层参数的协商，如最大接收单元、认证模式等。

PPP 协议提供各种 NCP（Network Control Protocol，网络控制协议），如 IPCP（IP Control Protocol，IP 控制协议），用于各网络层参数的协商，更好地支持了网络层协议。

PPP 提供了安全认证协议族 PAP（Password Authentication Protocol，密码验证协议）和 CHAP（Challenge Handshake Authentication Protocol，挑战握手认证协议）。因此答案选 ABD。

7．试题答案：BD

试题解析：正常的 PPP 链路建立需要经历链路建立阶段、认证阶段和网络层协商阶段，详细过程如下。

通信双方开始建立 PPP 链路时，先进入 Establish 阶段。在 Establish 阶段，进行 LCP 协商：协商通信双方的 MRU（Maximum Receive Unit，最大接收单元）、认证方式和魔术字（Magic Number）

等选项。协商成功后进入 Opened 状态，表示底层链路已建立。

如果配置了认证，将进入 Authenticate 阶段；否则直接进入 Network 阶段。

在 Authenticate 阶段，会根据连接建立阶段协商的认证方式进行链路认证。认证方式有两种：PAP 和 CHAP。如果认证成功，则进入 Network 阶段，否则进入 Terminate 阶段，拆除链路，LCP 状态转为 Down。

在 Network 阶段，PPP 链路进行 NCP 协商。通过 NCP 协商来选择和配置一个网络层协议并进行网络层参数协商。最常见的 NCP 协议是 IPCP，用来协商 IP 参数。

在 Terminate 阶段，如果所有的资源都被释放，通信双方将回到 Dead 阶段。

故 A、C、E 选项正确，B 选项错误。

PPP（Point-to-Point Protocol，点到点协议）是一种常见的广域网数据链路层协议，主要用于在全双工的链路上进行点到点的数据传输封装。故 D 选项错误。因此答案选 BD。

8. 试题答案：ACD

试题解析：并不是报文中的任何信息都可以进行标记或重标记。一般来说，可以对报文的 MAC Address 信息、IP Source, Destination Addess;EXP 信息和 IP DSCP，IP Precedence, 802.1p.EKP 信息进行标记或重标记。该题属于记忆题。因此答案选 ACD。

9. 试题答案：ABC

试题解析：MPLS 封装有不同的方式，如有帧模式和信元模式，Ehernet 和 PPP 使用帧模式封装，ATM 使用信元模式封装。因此答案选 ABC。

10. 试题答案：ABCD

试题解析：根据题目中的图片信息得知，①配置 DHCP 服务器和 DHCP relay 都必须全局开启 DHCP；②为 VLAN 100 接口指定 DHCP 服务器组为 dhcpgroup1；③需要创建 DHCP 服务器组并向服务器组添加 DHCP 服务器；④Vlanif100 接口会将接收到的 DHCP 报文，通过中继发送到外部 DHCP Server。因此答案选 ABCD。

11. 试题答案：BD

试题解析：最后一条命令的 ingress 表示入节点，配置了一条去往 4.4.4.9 的 FEC 的静态 LSP，mpls 功能在全局使能后必须要在对应的接口也需要使能 mpls，如果要配置 mpls，则必须先在全局配置 mpls lsr id，然后才能在全局以及接口配置 mpls 功能。因此答案选 BD。

12. 试题答案：CD

试题解析：根据数据流向，LSP 的入口 LER 称为入节点（Ingress），当收到普通 IP 报文时，查找 FIB 表，如果 Tunnel ID 为 0x0，则进行普通 IP 转发；如果查找 FIB 表，Tunnel ID 为非 0x0，则进行 MPLS 转发。当收到带标签的报文时，查找 LFIB 表，如果对应的出标签是普通标签，则进行 MPLS 转发；查找 LFIB 表，如果对应的出标签是特殊标签，如标签 3，则将报文的标签去掉，进行 IP 转发。在 MPLS 转发过程中，FIB、ILM 和 NHLFE 表项是通过 Tunnel ID 关联的。通过查询 FIB 表和 NHLFE 表指导报文的转发。再理解几个概念。

Tunnel ID：为了给使用隧道的上层应用（如 VPN、路由管理）提供统一的接口，系统自动为隧道分配了一个 ID，也称为 Tunnel ID。该 Tunnel ID 的长度为 32 位，只是本地有效。

NHLFE：下一跳标签转发表项 NHLFE（NextHop Label Forwarding Entry）用于指导 MPLS 报文的转发。NHLFE 包括 Tunnel ID、出接口、下一跳、出标签、标签操作类型等信息。

ILM：入标签到一组下一跳标签转发表项的映射称为入标签映射 ILM（Incoming Label Map）。ILM 包括 Tunnel ID、入标签、入接口、标签操作类型等信息。ILM 在 Transit 节点的作用是将标签和 NHLFE 绑定。通过标签索引 ILM 表，就相当于使用目的 IP 地址查询 FIB，能够得到所有的标签转发信息。此题需掌握 MPLS 转发原理。因此答案选 CD。

13．试题答案：ABD

试题解析：标签栈按后进先出方式组织标签，从栈顶开始处理标签，MPLS（Multi-Protocol Label Switching，多协议标签交换）位于 TCP/IP 协议栈中的链路层和网络层之间，MPLS 标签的长度为 4 字节。因此答案选 ABD。

14．试题答案：ABE

试题解析：自由方式保留邻居发送来的所有标签，需要更多的内存和标签空间，当 IP 路由收敛，下一跳改变时，减少了 LSP 收敛时间。因此答案选 ABE。

15．试题答案：AD

试题解析：LDP 的四类报文类型为 Discovery message、Session message、Advertisement message、Notification message。其中，Session message 类包括 Initialization 报文和 KeepAlive 报文。Initialization 报文在 LDP Session 建立过程中协商参数；KeepAlive 报文用于监控 LDP Session 的 TCP 连接的完整性，因此答案选 AD。BC 为 Advertisement message 实现功能。

16．试题答案：ABC

试题解析：KeepAlive 报文监控 LDP Session 的 TCP 连接的完整性，C 选项正确，LDP 会话建立完成后，双方开始使用 Label Mapping（标签映射）报文相互通告标签映射，D 选项错误。AB 为正确选项。因此答案选 ABC。

17．试题答案：BC

试题解析：VPN Target（也称为 Route Target）用于控制 VPN 路由信息的发布。因此 D 选项错误。RD 与路由一起被携带在 BGP Update 报文中发布给对端。因此 A 选项错误。因此答案选 BC。

18．试题答案：ABCD

试题解析：MPLS VPN 路由的传递过程包括 CE 与 PE 之间的路由交换、公网标签的分配过程以及 VRF 路由注入 MP-BGP 的过程和 MP-BGP 路由注入 VRF 的过程。因此答案选 ABCD。该题属于记忆题。

19．试题答案：BCD

试题解析：标签的两种发布方式为 DU 和 DoD。DU（下游自主方式）：对于到达同一目的地址的报文分组，LSR 无须从上游获得标签请求消息即可进行标签分配与分发。DoD（下游按需方式）：对于到达同一目的地址的报文分组，LSR 获得标签请求消息之后才进行标签分配与分发。标签的分配控制方式包括独立标签分配控制和有序标签分配控制。独立标签分配控制方式：本地 LSR 可以自主地分配一个标签绑定到某个 IP 分组，并通告给上游 LSR，而无须等待下游的标签。有序标签分配控制方式：只有当该 LSR 已经具有此 IP 分组的下一跳的标签，或者 LSR 本身就是该 IP

分组的出节点时，该 LSR 才可以向上游发送此 IP 分组的标签。因此答案选 BCD。

7.3　判断题

1. 试题答案：A

试题解析：PPP 用于广域网的点到点链路，在配置静态路由时，可以指定下一跳地址或者出接口，不会出现以太网中指定出接口而找不到下一跳设备的情况。因此答案选对。

2. 试题答案：B

试题解析：PPPoE 会话支持 PAP 和 CHAP 两种认证方式。因此答案选错。

3. 试题答案：A

试题解析：本题考查 MPLS 的基本概念，因此答案选对。

4. 试题答案：A

试题解析：NAT 主要用于实现位于内网的主机访问外网的功能，当局域网的主机需要访问外部网络时，通过 NAT 技术可以将私网地址转换为公网地址。192.168.1.2 是 C 类地址，属于内网，因此访问公网地址一定要经过 NAT。因此答案选对。

5. 试题答案：A

试题解析：PPP 的网络控制阶段（NCP）由 PPP/IPCP 来完成，会告知对方自己的 IP 地址而且会自动生成一条路由，指向对方，所以数据链路层使用 PPP 封装，链路两端的 IP 地址可以不在同一个网段的说法正确。因此答案选对。

第 8 章　网络管理与运维

8.1　单选题

1. 试题答案：D

试题解析：SNMP 采用广播的方式发送管理消息，A 选项错误。SNMP 可用于无线传输，B 选项错误。SNMP 是个应用层协议，传输层依靠 UDP 协议进行传输，它的数据包在传输层，C 选项错误。因此答案选 D。

2. 试题答案：B

试题解析：SNMPv3 与 SNMPv1 和 SNMPv2c 的工作机制基本一致，但添加了报头数据和安全参数。因此答案选 B。

3. 试题答案：B

试题解析：因为 SNMP 分为管理端和代理端（agent），管理端的默认端口为 UDP 162，主要用来接收 Agent 的消息，如 TRAP 告警消息；Agent 端使用 UDP。因此答案选 B。

4. 试题答案：C

试题解析：reset saved-configuration 是一条清空配置文件的命令，此时应该输入"Y"。因此答案选 C。

5．试题答案：D

试题解析：园区网规划时，互联 IP 地址推荐使用 30 位掩码的 IP 地址，核心设备使用主机地址较小的 IP 地址。因此答案选 D。

6．试题答案：A

试题解析：trap 是一种入口，到达该入口会使 SNMP 被管设备主动通知 SNMP 管理器，而不是等待 SNMP 管理器的再次轮询。在网管系统中，被管设备中的代理可以在任何时候向网络管理工作站报告错误情况，如预制定阈值越界程序等。因此答案选 A。

7．试题答案：D

试题解析：在 eSight 的告警管理功能中，其告警等级分为紧急、重要、次要、提示。因此答案选 D。

8．试题答案：D

试题解析：拥塞避免通常采用的 QoS 技术是 WRED，因此答案选 D。

9．试题答案：D

试题解析：报文标记标识 QoS 优先级的字段，可以对 Vlan tag、IP 或者 DSCP 字段进行标记，不可以对报文的 MAC 进行标记。因此答案选 D。

10．试题答案：A

试题解析：SNMPv1 定义了 5 种协议操作。

Get-Request：NMS 从被管理设备的代理进程的 MIB 中提取一个或多个参数值。

Get-Next Request：NMS 从代理进程的 MIB 中按照字典式排序提取下一个参数值。

Set Request：NMS 设置代理进程 MIB 中的一个或多个参数值。

Response：代理进程返回一个或多个参数值。它是前三种操作的响应操作。

Trap：代理进程主动向 NMS 发送报文，告知设备上发生的紧急或重要事件。

因此答案选 A。

11．试题答案：A

试题解析：Netconf、Json、Restconf 接口都是华为网络设备开放接口，BCD 选项正确，XML 是可扩展标记语言，不是华为网络设备开放接口，A 选项错误。因此答案选 A。

12．试题答案：D

试题解析：园区网搭建的生命周期为网络规划与设计、部署与实施、网络运维、网络优化。因此答案选 D。

13．试题答案：C

试题解析：OPX 的定义是运营成本，因此答案选 C。

14．试题答案：BD

试题解析：权限为 0 也可以登录，A 选项错误。若路由器 Telnet 服务被禁用，其他管理员也无法登录。因此答案选 BD。

15．试题答案：B

试题解析：运行 SNMPv1 协议的网络设备使用 Trap 报文类型主动发送告警信息。因此答案选 B。

16．试题答案：D

试题解析：本题为记忆题，SNMP 使用 UDP 161 端口接收和发送请求，162 端口接收 Trap 告警信息。因此答案选 D。

8.2　多选题

1．试题答案：CD

试题解析：NETCONF 是网络配置协议，RESTCONF 提供编程接口。因此答案选 CD。

2．试题答案：BCD

试题解析：TAB 是补齐命令。因此答案选 BCD。

3．试题答案：ABCD

试题解析：SNMP 由代理进程、被管设备、网络管理站、管理信息库组成。因此答案选 ABCD。

4．试题答案：ABC

试题解析：

频率	2.4GHz	2.4GHz	2.4GHz、5GHz	2.4GHz & 5GHz	5GHz	5GHz	2.4GHz & 5GHz
速率	2Mbit/s	11Mbit/s	54Mbit/s	300Mbit/s	1300Mbit/s	6.9Gbit/s	9.6Gbit/s
协议	802.11	802.11b	802.11a、802.11g	802.11n	802.11ac wave1	802.11ac wave2	802.11ax
Wi-Fi	Wi-Fi 1	Wi-Fi 2	Wi-Fi 3	Wi-Fi 4	Wi-Fi 5		Wi-Fi 6
时间	1997	1999	2003	2009	2013	2015	2018

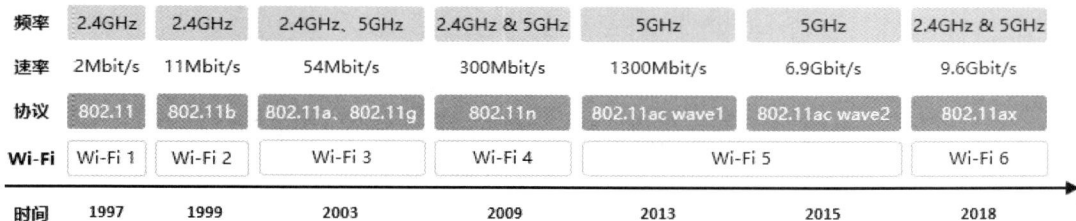

如上图所示，IEEE 802.11 标准支持在 5GHz 频段工作的有 802.11a、802.11n、802.11ac 以及 802.11ax，因此答案选 ABC。

5．试题答案：ABCD

试题解析：eSight 通过 SNMP 协议管理设备，需要设备被网管管理、设备侧配置了正确的 Trap 参数、网管上被管理设备要配置正确的 SNMP 协议及参数以及网管和设备之间要联通，ABCD 选项说法正确，因此答案选 ABCD。

6．试题答案：ACD

试题解析：在网络中，主要是因为带宽的不足，才会导致数据包丢失、延迟和抖动，在不增加带宽的情况下还想确保数据转发的效率和质量，就得使用 QoS 技术。所以这些问题的根本解决方案就是"增加带宽"。除了 B 选项以外，其他选项的描述都是正确的。因此答案选 ACD。

7．试题答案：ABD

试题解析：延时是网络中的一个重要指标，它由四个关键部分组成，分别为处理延时（processing delay）、排队延时（queueing delay）、传输延时（transmission delay）和传播延时（propagation delay）。它会影响用户体验，并可能因多种因素而发生变化。抖动是基于延时产生的，具体而言，就是前后延时的值不一致。抖动是两个数据包延时值之间的差异。它通常会导致丢包和网络拥塞。根据概念，ABD 选项正确。因此答案选 ABD。

8. 试题答案：ABC

试题解析：当拥塞发生时，QoS 的传输时延、传输抖动、传输宽带这些指标将会受到影响。因此答案选 ABC。

9. 试题答案：ABCD

试题解析：eSight 物理拓扑监控能为客户提供高效运维，展示全网网络结构在业务上的关系，能精确监控全网网络运行状态以及图形化展示布局及状态。因此答案选 ABCD。

10. 正确答案：AD

解析：高可用性网络的特点包括故障少、故障恢复时间短，因此答案选 AD。

11. 试题答案：BD

试题解析：SNMP 协议是使用 UDP 实现的，所以 C 选项错误，SNMPv3 报文在安全性方面进行了加强，提供了认证和加密功能，所以 A 选项错误，SNMPv2c 沿用了 v1 版本定义的 5 种协议操作并额外新增了两种操作（GetBulk 和 inform）。因此答案选 BD。

12. 试题答案：AC

试题解析：如果当前队列的平均长度小于 35，报文正常进入队列不丢弃报文；如果当前队列的平均长度大于下限 35，小于上限 40，则该报文被丢弃的概率为 50%；如果当前队列的平均长度大于上限 40，则该报文将会被丢弃。因此答案选 AC。

13. 试题答案：ABD

试题解析：华为 eSight 网管软件通过指定某个 IP 地址，指定某个 IP 地址段；通过 Excel 表格（指定 IP 地址）进行导入。该题属于记忆题。正确答案选 ABD。

14. 试题答案：BC

试题解析：时延是指一个报文从一个网络的一端传送到另一端所需要的时间。单个网络设备的时延包括传输时延、串行化时延、处理时延以及队列时延。由于每个报文的端到端时延不一样，就会导致这些报文不能等间隔到达目的端，这种现象叫作抖动。根据以上定义 B、C 选项正确。因此答案选 BC。

15. 试题答案：ABC

试题解析：在端口镜像技术中，镜像口可以将接收的数据、发送的数据、接收和发送的数据镜像到观察口。因此答案选 ABC。

16. 试题答案：ABCD

试题解析：当用 eSight 对历史告警进行过滤查询时，可通过设置告警源、告警级别或具体的告警事件以及通知的用户、首次发生时间、告警名称等信息，实现有选择性地进行告警过滤查询。因此答案选 ABCD。

17. 试题答案：AB

试题解析：按照分类规则参考信息的不同，流量分类可以分为简单流分类和复杂流分类。因此答案选 AB。该题属于记忆题。

18. 试题答案：BC

试题解析：PQ+WFQ 的优点：可保证低时延业务得到及时调整；实现按权重分配带宽；缺点：无法实现用户自定义分类规则。因此答案选 BC。

19. 试题答案：ABCD

试题解析：eSight 网管要实现能够接收并管理设备上报的告警，需要网管和设备之间要连通，设备被网管管理，设备则需要配置正确的 Trap 参数，网管上被管理设备要配置正确的 SNMP 协议及参数。因此答案选 ABCD。

20. 试题答案：ACD

试题解析：在安全联动解决方案中主要用到三个组件，从下到上依次包括：上报日志设备，由网络中部署的设备（网络设备、安全设备、策略服务器、第三方系统等）来承担，主要负责提供网络、安全日志。联动策略执行设备，由交换机来承担，主要负责安全事件发生后的设备联动部分的安全响应，是执行阻断或引流策略的设备。Agile Controller，方案的大脑，本方案用到的是 Agile Controller 的安全协同组件，这部分负责对日志的采集、处理、事件关联、安全态势展现、安全响应。因此答案选 ACD。

21. 试题答案：AD

试题解析：当软件队列满了之后，再来报文就要丢弃了，此时就要使用拥塞避免技术，它包括尾丢弃和 WRED（Weighted Random Early Detection）丢弃算法策略。尾丢弃模式会引发 TCP 全局同步现象，导致 TCP 连接始终无法建立。为避免 TCP 全局同步现象，出现了 RED（Random Early Detection）技术。RED 通过随机地丢弃数据报文，使多个 TCP 连接不会同时降低发送速度，从而避免了 TCP 的全局同步现象，使 TCP 速率及网络流量都趋于稳定。基于 RED 技术，设备实现了 WRED。流队列支持基于 DSCP 或 IP 优先级进行 WRED 丢弃。每种优先级都可以独立设置报文丢包的上下门限及丢包率，报文到达下限时，开始丢包，随着门限的增高，丢包率不断增加，最高丢包率不超过设置的丢包率，直至到达高门限，报文全部丢弃，这样按照一定的丢弃概率主动丢弃队列中的报文，从而一定程度上避免了拥塞问题。因此拥塞避免机制中的丢弃策略不包括的只有 AD 选项。因此答案选 AD。

8.3 判断题

1. 试题答案：B

试题解析：MIB 是一个虚拟的数据库没错，是 NMS 同 Agent 进行沟通的桥梁，但它不存在于 NMS 上。因此答案选错。

2. 试题答案：A

试题解析：delete vrpcfg.zip 删除的文件放在回收站中，执行 unreserved 命令则是彻底删除，不需要清空回收站。因此答案选对。

3. 试题答案：B

试题解析：permanent 参数为此静态路由永久生效，并且两条路由的目标网段不一致，所以不能实现路由备份。因此答案选错。

4．试题答案：A

试题解析：一个域是由属于同一个域的用户构成的群体。NAS 设备对用户的管理是基于域的，每个接入用户都属于一个域。本题考查概念，因此答案选对。

5．试题答案：B

试题解析：SNMP 除了查看运行状态，还可以下发配置。因此答案选错。

6．试题答案：A

试题解析：运行 SNMP 协议的网络设备，当网络发生故障时，可以通过发送 Trap 报文主动进行告警。因此答案选对。

7．试题答案：A

试题解析：协同层又叫协同应用层，主要用于完成用户意图的各种上层应用程序，此类应用程序（APP）称为协同应用程序，典型的协同层包括 OSS、Openstack 等。因此答案选对。

8．试题答案：A

试题解析：SNMPv1 定义了 5 种协议操作。

Get-Request：NMS 从被管理设备的代理进程的 MIB 中提取一个或多个参数值。

Get-Next-Request：NMS 从代理进程的 MIB 中按照字典式排序提取下一个参数值。

Set-Request：NMS 设置代理进程 MIB 中的一个或多个参数值。

Response：代理进程返回一个或多个参数值。它是前三种操作的响应操作。

Trap：代理进程主动向 NMS 发送报文，告知设备上发生的紧急或重要事件。

因此答案选对。

9．试题答案：A

试题解析：每个被 SNMP 管理的设备都要运行代理（Agent）进程。管理进程和代理进程利用 SNMP 报文进行通信。因此答案选对。

10．试题答案：B

试题解析：SNMP 以 UDP 报文为承载。题中描述不正确，因此答案选错。

11．试题答案：A

试题解析：华为 ARG3 系列路由器默认存在 SNMP 的所有版本（SNMPv1、SNMPv2c 和 SNMPv3）。该题属于概念题，因此答案选对。

第 9 章　IPv6 基础

9.1　单选题

1．试题答案：A

试题解析：IPv6 报头中有两个字段用于提供 QoS 服务，分别为流类别（Traffic Class）字段和流标签（Flow Label）字段。因此答案选 A。

2．试题答案：D

试题解析：EUI-64 的主要作用是通过 MAC 地址来生成 IPv6 的接口标识，其主要方法是将 MAC 地址的第七位取反，然后在 MAC 地址的中间插入固定的数值 FFFE，当 MAC 地址为 00E0-FCEF-0FEC 时，将此 MAC 地址的前两个十六进制转换成二进制，十六进制 00 转成二进制位 0000 0000，将第七位取反就变成了 0000 0010，转换成十六进制为 02，00E0-FCEF-0FEC 就变成了 02E0-FCEF-0FEC，再在中间插入固定数值 FFFE，此时接口标识为 02E0-FCFF-FEEF-0FEC，因此答案选 D。

3．试题答案：C

试题解析：IPv6 链路本地地址以 FE80 开头，因此答案选 C。

4．试题答案：B

试题解析：记忆题，IPv6 基本报头长度为 40 字节，因此答案选 B。

5．试题答案：B

试题解析：IPv6 拥有单播地址、任播地址、组播地址，而没有广播地址，某些 IPv6 的特殊的组播地址依然可以实现广播功能。因此答案选 B。

6．试题答案：A

试题解析：IPv6 的无状态自动配置使用 ICMPv6 的 RA 报文，开启了 ICMPv6 RA 功能的路由器会周期性地通告该链路上的 IPv6 地址前缀，从而实现设备的无状态自动配置。因此答案选 A。

7．试题答案：A

试题解析：IPv6 的全球单播地址的前三位固定为 001，转换为十六进制就是 2，因此 2000:12::1 是一个全球单播地址。因此答案选 A。

8．试题答案：B

试题解析：IPv6 地址是 128 位，因此排除 A。IPv6 地址缩写规范：每组 16 位的单元中的前导 0 可以省略，但是如果 16 位单元的所有位都为 0，那么至少要保留一个 0 字符；拖尾的 0 不能省略。一个或多个连续的 16 位字符为 0 时，可用 "::" 表示，但整个 IPv6 地址缩写中只允许有一个 "::"。因此答案选 B。

9．试题答案：C

试题解析：本题考查 IPv4 与 IPv6 协议报文头信息，IPv6 报文头比 IPv4 报文头增加了 Flow Label 流标签，长度为 20 位，用于区分实时流量，不同的流标签+源地址可以唯一确定一条数据流，中间网络设备可以根据这些信息更加高效率地区分数据流。因此答案选 C。

10．试题答案：B

试题解析：IPv6 报头中 Hop Limit 表示 IPv6 能够经过的最大链路数，它与 IPv4 中的 TTL 类似，区别是不再与时间有关。因此答案选 B。

11．试题答案：A

试题解析：常见的 IPv6 单播地址如全球单播地址、链路本地地址等，要求网络前缀和接口标识必须为 64 位。因此答案选 A。

12．试题答案：B

试题解析：链路本地地址前缀为 FE80，本题很明显是链路本地地址，因此答案选 B。

13．试题答案：D

试题解析：IPv6 地址总长度为 128 位，因此答案为 D。

14．试题答案：C

试题解析：DSCP 中的业务优先级从高到低为 CS、EF、AF、BE。在 AFxy 中，x 代表不同的类别，根据不同的分类后续可以定义进入相对应的队列，x 越大优先级越高；y 代表当队列被装满时丢包的概率，如 AF1 类中的报文，其中丢包概率由小到大排序为 AF11<AF12<AF13。因此答案选 C。

15．试题答案：D

试题解析：组播地址前缀为 FFxx::/8；因此答案选 D。

9.2　多选题

1．试题答案：BC

试题解析：IPv6 地址表示方法中，左侧零可省略，连续零可压缩，连续零只可压缩一次。选项 A 中压缩了右侧零，错误，选项 D 中连续零压缩了两次，错误。因此答案选 BC。

2．试题答案：ACD

试题解析：IPv6 支持静态、DHCP、无状态自动配置等地址配置方式。因此答案选 ACD。

3．试题答案：CD

试题解析：无状态自动配置机制使用 ICMPv6 中的路由器请求报文（Router Solicitation）及路由器通告报文（Router Advertisement）。因此答案选 CD。

4．试题答案：BD

试题解析：IPv6 中 RS、RA 报文主要用于无状态自动配置。RS 用于请求地址前缀信息，RA 用于回复地址前缀信息，RA 报文也会周期性地发送。因此答案选 BD。

5．试题答案：ACD

试题解析：IPv6 只有单播、组播和任播地址。因此答案选 ACD。

6．试题答案：ABC

试题解析：IPv6 支持 IPv6 基本报头、逐跳选项扩展报头、目的选项扩展报头、路由扩展报头、分片扩展报头、认证扩展报头、封装安全有效载荷扩展报头、目的选项扩展报头等。因此答案选 ABC。

9.3　判断题

1．试题答案：A

试题解析：IPv6 使用固定长度的基本报头，从而简化了转发设备对 IPv6 报文的处理，提高了转发效率。IPv6 基本报头的长度为 40 字节。因此答案选对。

2．试题答案：A

试题解析：IPv6 每组 16 位分段中开头的零可以压缩，从而简写整个地址，本题中无法压缩，所以不能简写。因此答案选对。

3．试题答案：A

试题解析：IPv6 协议中，设备通过发送 NS 进行 MAC 地址请求。通过回复 NA 应答对应的 MAC 地址。当设备配置了一个新的 IPv6 地址时，会以自身的 IPv6 地址发送一个 NS 报文进行 DAD 检测。如果收到了 NA 报文，表示该地址标记为 Duplicate（重复的），该地址将不能用于通信。如果未收到 NA 报文，则 PC 判断这个 IPv6 地址可以用，DAD 机制有点类似于 IPv4 中的免费 ARP 检测重复地址。因此答案选对。

4．试题答案：A

试题解析：无状态地址自动配置方案主机根据 RA 中的地址前缀，并结合本地生成的 64 位接口标识（例如 EUI-64），生成单播地址。仅可以获得 IPv6 地址信息，无法获得 NIS、SNTP 和 DNS 服务器等参数，需要配合 DHCPv6 或者手工配置来获取其他配置信息。题干说法正确，因此答案选对。

5．正确答案：A

试题解析：IPv6 的环回地址为 0:0:0:0:0:0:0:1/128 或者::1/128，与 IPv4 中的 127.0.0.1 作用相同，用于本地回环，发往::/1 的数据包实际上就是发给本地，可用于本地协议栈环回测试。题干说法正确，因此答案选对。

6．正确答案：A

试题解析：通过 DHCPv6 报文交互，DHCPv6 服务器端自动配置 IPv6 地址/前缀及其他网络配置参数（DNS、NIS、SNTP 服务器地址等参数）。题干说法正确，因此答案选对。

第 10 章　SDN 与自动化基础

10.1　单选题

1．试题答案：D

试题解析：telnetlib 才是等待交换机回显信息，D 选项错误。因此答案选 ABC。

2．试题答案：C

试题解析：Python 的优点是拥有优雅的语法、动态类型具有解释性质，能够让学习者从语法细节的学习中抽离，专注于程序逻辑。Python 同时支持面向过程和面向对象的编程。Python 拥有丰富的第三方库，可以调用其他语言所写的代码，又被称为胶水语言。因此 D 选项说法正确。

Python 的缺点：运行速度慢。Python 是解释型语言，不需要编译即可运行。代码在运行时会逐行地翻译成 CPU 能理解的机器码，这个翻译过程非常耗时。因此 C 选项说法错误。

Python 是一门完全开源的高级编程语言，它的作者是 Guido Van Rossum。因此 B 选项说法正确。

由于 Python 具有非常丰富的第三方库，加上 Python 语言本身的优点，因此 Python 可以在非常多的领域内使用：人工智能、数据科学、App、自动化运维脚本等。因此 A 选项说法正确。
因此答案选 C。

3．试题答案：A

试题解析：设备配置完成 Telnet 配置，登录的方法为 telnetlib.Telnet（登录地址，23，用户名，密码）。因此答案选 A。

4．试题答案：C

试题解析：

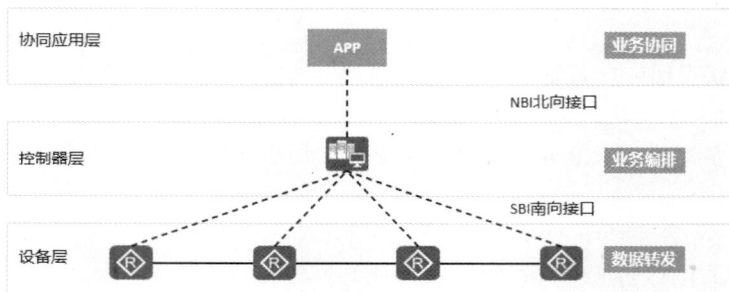

由上图可知：SDN 网络架构包含设备层、控制器层、应用协同层，不包含芯片层。因此答案选 C。

5．试题答案：C

试题解析：传统网络的局限性为不同厂家设备实现机制相似操作命令差异较大，不易于操作。因此答案选 C。

6．试题答案：B

试题解析：倡导定义集中式架构和 OpenFlow 的是 ONF。因此答案选 B。

7．试题答案：A

试题解析：telnet.read_very_eager()在 I/O（eager）中可以读取无阻塞的所有内容。因此答案选 A。

8．试题答案：A

试题解析：SDN 的网络架构所具备的三个基本特征是转控分离、集中控制、开放接口。因此答案选 A。

10.2 多选题

1．试题答案：ABCD

试题解析：Python 是一门完全开源的高级编程语言，它的优点有 Python 拥有优雅的语法、动态类型具有解释性质。能够让学习者从语法细节的学习中抽离，专注于程序逻辑。Python 同时支持面向过程和面向对象的编程。Python 拥有丰富的第三方库，可以调用其他语言所写的代码，又被称为胶水语言。由于 Python 具有非常丰富的第三方库，加上 Python 语言本身的优点，因此 Python 可以在非常多的领域使用：人工智能、数据科学、App、自动化运维脚本等。因此答案选 ABCD。

2．试题答案：ABCD

试题解析：OpenFlow 是控制器与交换机之间的一种南向接口协议。南向接口为控制器与设备交互的协议，包括 NETCONF、SNMP、OpenFlow、OVSDB、PCEP 等。因此答案选 ABCD。

3．试题答案：ABCD

试题解析：ETSI 定义了 NFV 标准架构，由 NFVI、VNF 以及 MANO 主要组件组成。NFVI 包括通用的硬件设施及其虚拟化，VNF 使用软件实现虚拟化网络功能，MANO 实现 NFV 架构的管理和编排。因此答案选 ABCD。

4．试题答案：ABD

试题解析：NFV（网络功能虚拟化）的优点如下。

（1）通过设备合并、借用 IT 的规模化经济，减少设备成本、能源开销。

（2）缩短网络运营的业务创新周期，提升投放市场的速度，使运营商极大地减少网络成熟周期。

（3）网络设备可以多版本、多租户共存，且单一平台为不同应用、用户、租户提供服务，允许运营商跨服务和跨不同客户群共享资源。

（4）基于地理位置、用户群引入精准服务，同时可以根据需要对服务进行快速扩张/收缩。

（5）更广泛、多样的生态系统使能，促进开放，将开放虚拟装置给纯软件开发者、小商户、学术界、鼓励更多的创新，引入新业务，并降低风险带来新的收入增长。因此答案选 ABD。

5．试题答案：ABC

试题解析：NFV（Network Functions Virtualization，网络功能虚拟化），将许多类型的网络设备（如 servers、switches 和 storage 等）构建为一个 Data Center Network，通过借用 IT 的虚拟化技术虚拟化形成 VM（Virtual Machine，虚拟机），然后将传统的 CT 业务部署到 VM 上。在 NFV 架构中，底层为具体物理设备，如服务器、存储设备、网络设备。ABC 选项正确，D 选项错误。因此答案选 ABC。

6．试题答案：BC

试题解析：Python 一般都会按照次序从头到尾执行代码，A 选项说法正确；在写代码时注意多使用注释，帮助读代码人的理解，注释以//开头，B 选项错误；Python 语言支持自动缩进，但在写代码时需要关注格式，C 选项错误；print()的作用是输出括号内的内容，D 选项正确。因此答案选 BC。

10.3　判断题

1．试题答案：A

试题解析：SDN 的本质诉求是让网络更加开放、灵活和简单。转控分离是实现 SDN 的一种方法。因此答案选对。

2．试题答案：A

试题解析：telnetlib 中 telnet_read very_ eagerc 的作用是非阻塞地读取数据，通常需要和 time

模块一起使用。该题属于概念题，题中描述正确。因此答案选对。

3. 试题答案：A

试题解析：Telnetlib 模块提供的 Telnet 类实现了 Telnet 协议。因此答案选对。

4. 正确答案：A

试题解析：在 NFV 的道路上，虚拟化是基础，云化是关键。传统电信网络中，各个网元都是由专用硬件实现，成本高、运维难。虚拟化具有分区、隔离、封装和相对于硬件独立的特征，能够很好地匹配 NFV 的需求。运营商引入此模式，将网元软件化，运行在通用基础设施上。题干说法正确，因此答案选对。